基于Python的时间序列分析

白晓东　编著

清华大学出版社

北京

内 容 简 介

本书在借鉴国内外相关教材优点的基础上，总结作者多年讲授时间序列分析课程的教学经验和体会，本着"教师好用、学生好读"的指导思想，系统地介绍了一元时间序列分析的基本思想、基本原理和基本方法，内容包括时间序列的基本概念、时间序列数据的预处理方式、分解和平滑、趋势的消除、单位根检验和协整、平稳时间序列模型、非平稳时间序列模型、残差自回归模型、季节模型、异方差时间序列模型、谱分析、基于深度学习的时间序列预测以及上述模型的性质、建模、预测，此外还包含了大量的实例. 本书全程使用 Python 语言分析了来自不同学科的真实数据.

本书通俗易懂，理论与应用并重，可作为高等院校统计、经济、商科、工程以及定量社会科学等相关专业的高年级本科生学习时间序列分析的教材或教学参考书，也可作为硕士研究生使用 Python 语言学习时间序列分析的入门书，还可作为相关技术人员进行时间序列数据处理的参考书.

图书在版编目(CIP)数据

基于 Python 的时间序列分析 / 白晓东编著.—北京：清华大学出版社，2023.4 (2024.9重印)
ISBN 978-7-302-62684-8

Ⅰ.①基…　Ⅱ.①白…　Ⅲ.①软件工具—程序设计—应用—时间序列分析—高等学校—教材
Ⅳ.①O211.61-39

中国国家版本馆 CIP 数据核字(2023)第 025958 号

责任编辑：刘　颖
封面设计：傅瑞学
责任校对：王淑云
责任印制：沈　露

出版发行：清华大学出版社
网　　　址：https://www.tup.com.cn, https://www.wqxuetang.com
地　　　址：北京清华大学学研大厦 A 座　　　　　　邮　编：100084
社 总 机：010-83470000　　　　　　　　　　　　邮　购：010-62786544
投稿与读者服务：010-62776969, c-service@tup.tsinghua.edu.cn
质量反馈：010-62772015, zhiliang@tup.tsinghua.edu.cn
印 装 者：三河市龙大印装有限公司
经　　销：全国新华书店
开　　本：185mm×260mm　　印　张：18.25　　　　字　数：439 千字
版　　次：2023 年 4 月第 1 版　　　　　　　　　印　次：2024 年 9 月第 3 次印刷
定　　价：58.00 元

产品编号：093904-01

前 言

时间序列分析是一种处理动态数据的统计方法. 它是基于随机过程理论和数理统计方法而发展起来的, 是寻找动态数据的变化特征, 挖掘隐含信息, 建立拟合模型, 进而预测数据未来发展的有力统计工具, 它广泛应用于经济、金融、气象、天文、物理、化学、生物、医学、质量控制等社会科学、自然科学和生产实践的诸多领域, 已经成为许多行业常用的统计方法.

目前, 国内外有关时间序列分析的教材已有很多, 其中一些偏重于理论的讲述, 需要读者具备比较深厚的概率论与数理统计基础, 主要阅读对象是精英型的统计学专业的学生; 另一些则侧重于模型的应用, 不关注理论和技术细节的推导, 主要阅读对象是经管类专业的学生. 随着我国招生制度的变化和大数据产业的飞速发展, 大部分高校的统计学及其相关专业的培养目标逐步转为复合应用型人才的培养, 强调培养具有数据分析能力的人才的重要性. 显然那些过于偏重理论讲述和过于偏重模型应用的教材不能适应这一变化.

为适应培养要求的转变, 满足更多专业学生的学习需求, 本书在借鉴国内外相关优秀教材的基础上, 着重突出三个特色. 第一是以精简、易懂、深入浅出的方式讲清楚基本概念、基本理论和推导技巧, 着重阐释统计思想和数据处理方法. 同时, 加强实用性, 通过大量实例, 一方面使得学习者深刻认识时间序列的基本概念、常用性质和基本理论; 另一方面也使得他们尽快掌握时间序列数据分析的基本技能. 第二是本书全程使用 Python 语言进行实例分析, 并且提供全部代码. Python 是一个结合了解释性、编译性、互动性和面向对象的高级程序设计语言. 它以 "优雅、明确、简单" 为设计哲学, 用它编写的程序简单易懂、易于维护, 具有很强的亲和力, 它免费开源, 具有很强的移植性、扩展性和嵌入性, 能够在各平台上顺利工作. 此外, Python 拥有丰富的数据分析库, 可适用于各种数据问题的处理, 大大节省了编写底层代码的时间. 尽管与 R 语言相比, Python 的统计模型没有那么多, 而且语法习惯相对不一致, 但是从其基本语法所产生的成千上万的模块使得它几乎可以做任何想做的事情. 因此, 近些年 Python 积累了大量的用户, 并已逐渐成为数据科学领域使用最广泛的语言之一. 第三是本书所使用的数据绝大多数是真实数据. 这些数据都可以在国家统计局网站、中国气象数据网等网站下载. 通过对真实数据的分析, 学习者更能体会到基本理论、数据分析技能和数据分析经验相结合的重要性. 同时, 也给初学者提供了大量免费获取数据资源和练习的机会. 读者可在各章节相应的地方扫二维码获取这些数据资源.

本书以时间序列分析的理论和实例相结合的方式, 有侧重地介绍了以下内容. 第 1 章概述时间序列的发展历程、时间序列的一些基本概念、数据建模的基本步骤和时间序列数据的预处理. 第 2 章和第 3 章分别介绍平稳时间序列模型的概念、性质、建模和预测方法.

第 4 章介绍时间序列数据分解的思想以及常用的数据平滑方法. 第 5 章介绍非平稳时间序列模型的概念、趋势的消除、ARIMA 模型的概念、性质、建模方法以及预测, 最后简单讨论了残差自回归模型. 第 6 章介绍几类常见的季节模型以及它们的建模和预测方法. 第 7 章讨论 "伪回归" 现象、单位根检验和协整. 第 8 章主要讲述 ARCH 模型和 GARCH 模型的概念、估计和检验. 第 9 章介绍时间序列谱分析的一些基本知识, 包括谱表示、谱密度及其估计. 第 10 章简要地介绍三种基于深度学习的时间序列预测方法, 主要包括基于多层感知机、循环神经网络和卷积神经网络的预测. 此外, 本书还配备了一定数量的习题. 目的是希望通过这些习题的演练, 使读者尽快掌握相应章节的基本理论和方法.

本书主要用作高等院校统计、经济、商科、工程以及定量社会科学等相关专业的高年级本科生学习时间序列分析的教材或教学参考书, 也可作为硕士研究生使用 Python 语言学习时间序列分析的入门书, 还可供相关技术人员进行时间序列数据处理时参考.

本书在写作过程中参考了国内外许多优秀的教材和论著, 在此向这些教材或著作的作者表示感谢和敬意. 本书能够及时出版, 还要感谢清华大学出版社刘颖编审的大力支持和帮助. 本书内容在大连民族大学统计学专业讲授多次, 感谢同学们对课程内容的浓厚兴趣和热烈讨论, 同时纠正了一些打印错误.

白晓东

2022 年 3 月

目 录

第1章　引言及基础知识

第1章数据资源

学习目标与要求

1. 了解时间序列分析的发展简史.
2. 理解时间序列的有关基本概念和主要特征.
3. 理解时间序列分析的基本步骤.
4. 学会时间序列数据预处理的方法.

1.1　引言

时间序列分析在人类早期的生产实践和科学研究中发挥了重要作用. 例如, 7000 年前, 古埃及人为了发展农业, 把尼罗河涨落的情况逐天记录下来, 并进行了长期的观察. 他们发现, 在天狼星第一次和太阳同时升起后的两百天左右尼罗河开始泛滥, 洪水持续七八十天, 此后土地肥沃、适于农业种植. 由于掌握了尼罗河泛滥的规律, 古埃及的农业迅速发展, 从而创造了古埃及灿烂的史前文明. 再如, 德国天文学家、药剂师 S. H. Schwabe (1789—1875) 从 1826 年至 1843 年, 在每一个晴天, 认真审视太阳表面, 并且记录下每一个黑点, 对这些记录仔细研究后, 最终发现了太阳黑子活动有 11 年左右的周期性规律. 这一发现被视为天文学上最重要的发现之一.

另外, 许多经济现象的发展都具有随时间演变的特征, 如宏观经济运行中的国内生产总值、消费支出、货币供应量等; 又如, 微观经济运行中的企业产品价格、销售量、销售额、利润等量; 再如, 金融市场中的股价指数、股票价格、成交量等变量的变化. 将这些变量依时间先后记录下来并加以研究, 揭示其中隐含的经济规律, 预测未来经济行为, 已经成为经济研究的重要手段.

像上面这样按照时间的顺序把随机事件变化发展的过程记录下来就构成了一个时间序列, 对时间序列进行观察、研究, 找寻它变化发展的规律, 预测它将来的走势就是时间序列分析.

1.1.1　时间序列的定义

在统计研究中, 一般将按时间顺序排列的一组随机变量

$$X_1, X_2, \cdots, X_t, \cdots \tag{1.1}$$

称为一个**时间序列 (time series)**, 简记为 $\{X_t, t \in T\}$ 或 $\{X_t\}$. 用

$$x_1, x_2, \cdots, x_n \tag{1.2}$$

$$\{x_t, t = 1, 2, \cdots, n\}$$

表示该随机序列的 n 个有序观察值, 称为**序列长度为 n 的观察值序列**, 有时也称观察值序列 (1.2) 为时间序列 (1.1) 的一个**实现**. 在上下文不引起歧义的情况下, 有时一个时间序列也记为 $\{x_t\}$.

下面介绍一些时间序列的例子.

例 1.1 把我国 1953 年至 2020 年国内生产总值 (gross domestic product, GDP) 按照时间顺序记录下来, 就构成了一个序列长度为 68 的国内生产总值观察值序列. 将数据按时间顺序逐一罗列或绘表罗列, 一般不易观察, 为此通常绘制时序图来观察趋势, 所谓时序图是指横轴表示时间, 纵轴表示时间序列的观察值而绘制的图. 借助 Python 绘图软件包可以绘制出许多漂亮的统计图.

首先, 导入 os 模块, 并用该模块中的 chdir() 函数改变工作路径; 导入 numpy 和 pandas 包, 并分别简记为 np 和 pd, 需要指出的是, 本例中没有用到 numpy 包; 导入 warnings 包, 并忽略一些非必要警告信息.

```
import os; os.chdir("D:\\TSBOOKDATA\\Chap1")        #改变工作目录
import numpy as np; import pandas as pd
import warnings; warnings.filterwarnings("ignore") #忽略警告信息
```

其次, 从绘图包 matplotlib 中导入模块 pyplot, 并简记为 plt. 具体语句如下:

```
%matplotlib inline                       #嵌入图形
from matplotlib import pyplot as plt
plt.rcParams['axes.unicode_minus']=False
plt.rcParams['font.family'] = "simsun"   #设置字体为 simsun
plt.style.use('ggplot')                  #设置背景样式
```

Matplotlib 是 Python 绘图的基石, 几乎所有与绘图有关的模块都会把它作为核心的底层. 在此基础上还有 seaborn、bokeh 等模块, 可以绘制风格更美观的图. Plotly 模块主要通过交互的方式来展现数据, 是绘图方面高级的模块. 读者可根据自身需要学习这些高级绘图模块.

需要说明的是, 由于以上两组语句在本书中反复使用, 因此为节省篇幅, 在本书之后的例子中, 我们总是将它们略去, 读者在运行程序时应该自行将它们加上. 这个说明也适用于其他的包、模块和函数. 另外, 如果在导入包或函数时出错, 那么应考虑是否已经安装了相应的包. 在本书中, 程序工作路径都默认为 "D:/TSBOOKDATA/Chapx" (x 为章数), 读者在运行程序时应根据自己的实际情况, 进行修改.

再次, 读取数据, 并指定原数据的第一列作为显示索引, 然后作为 Series 赋值给 GDP. 具体语句如下:

```
GDP = pd.read_csv('ChinaGDP.csv',index_col=0,squeeze=True)
```

最后, 绘制时序图, 并将图像储存在当前目录下文件夹 fig 中, 储存格式为 png. 具体语句如下, 运行结果见图 1.1.

```
fig = plt.figure(figsize=(12,4), dpi=150)
ax = fig.add_subplot(111)
ax.plot(GDP, marker="o", linestyle="-", color='blue')
ax.set_ylabel(ylabel="国内生产总值(单位:亿元)", fontsize=17)
ax.set_xlabel(xlabel="年份", fontsize=17)
plt.xticks(fontsize=15); plt.yticks(fontsize=15)
fig.tight_layout(); plt.savefig(fname='fig/1_1.png')
```

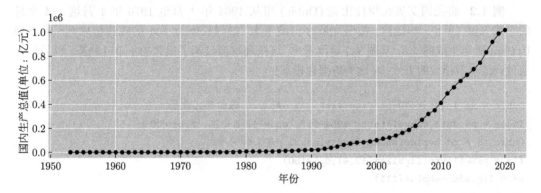

图 1.1　中国 1953 年至 2020 年年度国内生产总值的时序图

从图 1.1 中可以看出, 我国 GDP 从 1992 年开始大幅增长, 1998 年前后增长速度放缓, 而 2004 年之后, 除了 2009 年和 2020 年有小幅增速外, 几乎呈现直线型高速增长趋势.

为了更好地预测这种趋势, 我们关心的是相邻年度 GDP 的关联情况. 为此, 我们可以绘制我国当年 GDP 与上一年 GDP 的散点图. 接上面程序, 我们用下列 Python 语句生成图 1.2. 需要指出的是, 用 plt.show() 语句展示图片后, 需用 plt.close() 结束展示, 否则, 会占用内存资源. 在本书之后的绘图中, 为节省篇幅, 一般都会省去这两个函数, 读者在运行时, 要自己加上. 从图 1.2 可以看出, 相邻年度 GDP 的关联基本呈线性.

```
GDPy = GDP[1::]; GDPx = GDP[:-1]
fig = plt.figure(figsize=(12,4), dpi=150)
ax = fig.add_subplot(111)
ax.scatter(y=GDPy, x=GDPx, color='b', marker='o')
ax.set_ylabel(ylabel="当年 GDP", fontsize=17)
ax.set_xlabel(xlabel="上一年 GDP", fontsize=17)
plt.xticks(fontsize=15); plt.yticks(fontsize=15)
fig.tight_layout(); plt.savefig(fname='fig/1_2.png')
plt.show(); plt.close()
```

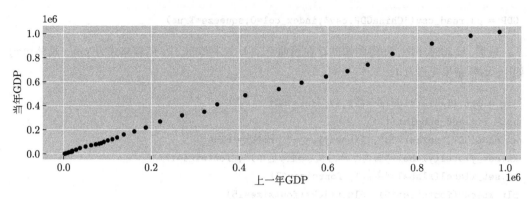

图 1.2　中国当年 GDP 与上一年 GDP 的散点图

例 1.2　将美国艾奥瓦州杜比克 (Dubic) 市从 1964 年 1 月至 1976 年 1 月这 144 个月的平均气温 (单位: 华氏度) 按时间顺序记录下来, 得到长度为 144 的观察值序列. 用下列 Python 语句生成图 1.3. 从图 1.3 可以看出, 这些观察值显示了很强的季节性趋势. 以后将会通过构造季节指数的方式, 对这类数据建模.

```
Dubic = np.loadtxt("DubicCity.txt")        #读入 .txt 格式数据
Index = pd.date_range(start="1964-01", end="1976-01", freq="M")
Dubic_ts = pd.Series(Dubic,index=Index) #建立时间序列
fig = plt.figure(figsize=(12,4),dpi=150)
ax = fig.add_subplot(111)
ax.plot(Dubic_ts,marker="o",linestyle="-",color='blue')
ax.set_ylabel(ylabel="气温",fontsize=17)
ax.set_xlabel(xlabel="年份",fontsize=17)
plt.xticks(fontsize=15); plt.yticks(fontsize=15)
fig.tight_layout(); plt.savefig(fname='fig/1_3.png')
```

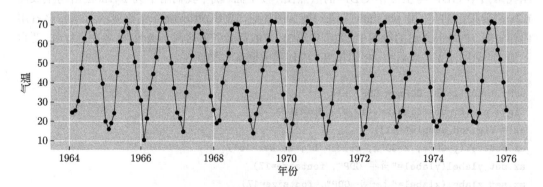

图 1.3　美国艾奥瓦州杜比克市月平均气温的时序图

例 1.3　将美国加利福尼亚州洛杉矶地区从 1880 年至 1995 年这 115 年来的年降水量记录下来, 构成一个序列长度为 115 的观察值序列. 用下列 Python 语句生成时序图 1.4.

```
LosAngeles = np.loadtxt("LosAngeles.txt")
LosTime = pd.date_range(start="1880", end="1995", freq="Y")
LosAngeles_ts = pd.Series(LosAngeles, index=LosTime)
fig = plt.figure(figsize=(12,4), dpi=150)
ax = fig.add_subplot(111)
ax.plot(LosAngeles_ts, marker="o", linestyle="-", color='blue')
ax.set_ylabel(ylabel="降水量 (单位: 英寸)", fontsize=17)
ax.set_xlabel(xlabel="年份", fontsize=17)
plt.xticks(fontsize=15); plt.yticks(fontsize=15)
fig.tight_layout(); plt.savefig(fname='fig/1_4.png')
```

　　从图 1.4 中可以看出, 该地区降水量没有明显的趋势性. 接下来观察相邻年份的相关关系. 由下列 Python 语句生成图 1.5. 从图 1.5 可以看出, 相邻各点没有明显的相关关系. 像这种既无明显的趋势, 也无明显的相关关系的数据, 从统计建模和预测角度看没有研究的意义.

```
Losx = LosAngeles_ts[1::]; Losy = LosAngeles_ts[:-1]
fig = plt.figure(figsize=(12,4), dpi=150)
ax = fig.add_subplot(111)
ax.scatter(y=Losy, x=Losx, color='b', marker='o')
ax.set_ylabel(ylabel="当年降水量 (单位:英寸)", fontsize=17)
ax.set_xlabel(xlabel="上一年降水量 (单位:英寸)", fontsize=17)
plt.xticks(fontsize=15); plt.yticks(fontsize=15)
fig.tight_layout(); plt.savefig(fname='fig/1_5.png')
```

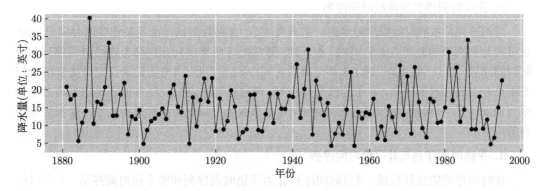

图 1.4　　洛杉矶年降水量的时序图

　　从上述例子可以看出, 时间序列 (有时简称时序) 中观察值的取值随着时间的变化而不同, 反映了相关指标在不同时间进行观察所得到的结果. 这些观察值可以是一个时期内的数据, 也可能是一个时间点上的数据, 通常存在前后时间上的相依性. 从整体上看, 时间序列往往呈现某种趋势性或出现季节性变化的现象, 这种相依性就是系统的动态规律性, 也是进行时间序列分析的基础. 总之, 我们进行时间序列研究的目的是想揭示随机时序 $\{X_t\}$ 的性质, 而要实现这个目标就要分析它的观察值序列 $\{x_t\}$ 的性质, 由观察值序列的性质来建立恰当的模型, 从而推断随机时序 $\{X_t\}$ 的性质.

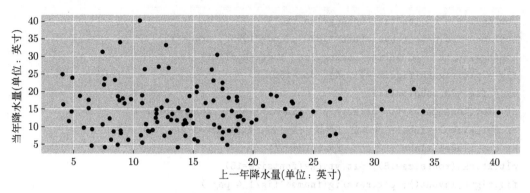

图 1.5　　洛杉矶当年降水量与上一年降水量的散点图

1.1.2　时间序列的分类

在现实中存在不同类别的时间序列. 根据所研究问题的不同, 可以对时间序列做如下不同的分类.

1. 一元时间序列与多元时间序列

每个时间点只观察一个变量的时间序列称为**一元时间序列**. 如果每个时间点同时观察多个变量的时间序列则称为**多元时间序列**. 多元时间序列不仅描述了各个变量的变化情况, 而且还蕴含了各变量间的相互依存关系. 例如, 考查某国或某地区经济运行情况, 就需要同时观察该国国内生产总值、消费支出、投资额、货币供应量等一系列指标, 既要分析每个指标的动态变化情况, 还要分析各个指标之间的动态影响关系.

2. 连续时间序列与离散时间序列

时间序列是按照时间顺序记录的一系列观察值, 这种观察值可能是按连续的时间记录的, 也可能是按离散的时间点来记录的. 相应地, 通常把这两类序列分别称为**连续时间序列**和**离散时间序列**. 例如, 例 1.1～ 例 1.3 都是离散时间序列, 而利用脑电图记录仪记录大脑活动情况则可视为连续时间序列. 对于连续时间序列, 可通过等间隔抽取样本使之转化为离散时间序列加以研究. 一般地, 如果时间间隔足够小, 那么我们可以认为这种过程几乎不会损失原序列的信息.

3. 平稳时间序列与非平稳时间序列

按时间序列的统计性质, 可将时间序列分为**平稳时间序列**和**非平稳时间序列**. 关于时间序列的平稳性与非平稳性将在之后的学习中详细讨论.

此外, 还可以按照模型的表示形式分为**线性时间序列**和**非线性时间序列**, 等等.

1.1.3　时间序列分析的方法回顾

1. 描述性时间序列分析

早期的时间序列分析是通过直观的数据比较或绘图观测, 寻找序列中蕴含的发展规律, 这种分析方法就称为**描述性时间序列分析**. 该方法不采用复杂的模型和分析方法, 仅仅是按照时间顺序收集数据, 描述和呈现序列的波动, 常常能使人们发现意想不到的规律, 具有操作简单、直观有效的特点. 人们在进行时间序列分析时, 往往首先进行描述性分析.

2. 统计时间序列分析

随着研究领域的不断拓展和深入, 单纯的描述性时间序列分析方法越来越显示出局限性. 在许多问题中, 随机变量的发展会表现出很强的随机性, 想通过对序列的简单观察和描述总结出随机变量发展变化的规律, 并准确预测出它们将来的走势通常非常困难. 为了准确地估计随机序列发展变化的规律, 从 20 世纪 20 年代开始, 学术界利用数理统计学原理分析时间序列值内在的相关关系, 由此开辟了一门应用统计学科 —— 时间序列分析.

从时间序列分析方法的发展历史来看, 其大致可分为两类: **频域 (frequency domain) 分析方法**和**时域 (time domain) 分析方法**.

频域分析方法也称为 "频谱分析" 或 "谱分析" 方法. 早期的频域分析方法假设任何一种无趋势的时间序列都可以分解成若干不同频率的周期波动, 借助 Fourier 分析从频率的角度揭示时间序列的规律. 20 世纪 60 年代, Burg 在分析地震信号时提出最大熵谱估计理论. 该理论克服了传统谱分析所固有的分辨率不高和频率泄露等缺点, 使得谱分析进入一个新的阶段, 称为现代谱分析. 谱分析方法是一种非常有用的纵向数据分析方法, 目前已广泛应用于物理学、天文学、海洋学、气候学、电力和通信工程等领域. 谱分析最大的缺点是, 需要较强的数学基础才能熟练使用, 而且分析结果较为抽象, 难以解释.

时域分析方法的基本思想是事件的发展通常都具有一定的惯性, 这种惯性用统计学语言来描述就是序列值之间存在一定的相关关系, 而且这种相关关系具有某种统计规律性. 我们分析的重点就是从序列自相关的角度揭示时间序列的某种统计规律. 相对于谱分析方法, 它具有理论基础扎实、操作步骤规范、分析结果易于解释等优点. 目前已经广泛应用于自然科学和社会科学的各个领域, 成为时间序列分析的主流方法之一.

时域分析方法的起源可以追溯到 20 世纪 20 年代英国统计学家 G. U. Yule 在分析和预测市场变化规律等问题中提出的自回归模型 (AR 模型). 同时, 英国科学家 G. T. Walker 爵士在研究气象问题时得到著名的 Yule-Walker 方程. 这些开创性工作奠定了时域分析方法的基础. 20 世纪 60 年代之后, 随着计算机技术和数据处理技术的迅速发展, 时间序列分析的理论和应用得到迅猛发展. 1970 年, 统计学家 G. E. P. Box 和 G. M. Jenkins 在梳理、发展已有研究成果的基础上, 共同撰写了 *Time Series Analysis: Forecasting and Control* 一书. 该书系统地阐述了对求和自回归移动平均模型 (ARIMA 模型) 的识别、估计、检验和预测的原理和方法. 这些方法已经成为经典的时域分析方法.

在此基础上, 人们不断拓展研究方法. 20 世纪 80 年代以来, 统计学家逐步转向多变量场合、异方差场合和非线性场合的时间序列分析方法的研究, 并取得突破性的进展. 1982 年, R. F. Engle 在研究英国通货膨胀率的建模问题时, 提出了自回归条件异方差模型 (ARCH 模型). 而 Bollerslov 在 1985 年提出的广义自回归条件异方差模型 (GARCH 模型) 则进一步放宽了自回归条件异方差模型的约束条件. 之后, Nelson 等又提出指数广义自回归条件异方差模型 (EGARCH 模型)、方差无穷广义自回归条件异方差模型 (IGARCH 模型) 和依均值广义自回归条件异方差模型 (GARCH-M 模型) 等限制条件更为宽松的异方差模型, 大大推广和补充了自回归条件异方差模型. 它们比传统的方差齐性模型更准确地刻画了金融市场风险的变化过程. R. F. Engle 因此获得 2003 年的诺贝尔经济学奖. 在多变量方面, C. Granger 于

1987 年提出协整理论, 极大地促进了多变量时间序列分析方法的发展. C. Granger 也于 2003 年获得诺贝尔经济学奖. 在非线性场合, 各种新的模型纷纷被提出. Granger 和 Anderson 在 1978 年提出双线性模型; 汤家豪于 1989 年提出门限自回归模型; Chen 和 Tasy 于 1993 年提出非线性可加模型, 等等. 非线性模型是个异常广阔的研究领域, 在该领域中, 模型构造、参数估计、参数检验等各方面都有大量的研究工作需要探究.

1.2　基本概念

在本节中, 我们介绍一些时间序列分析过程中的基本概念. 这些基本概念表明了本书中所研究的时间序列的主要统计性质.

1.2.1　时间序列与随机过程

我们知道, 随机变量是分析随机现象的重要工具, 对于简单的随机现象, 用一个随机变量就可以了, 如某时段内共享单车的使用量, 某时刻候车的人数, 等等. 而对于复杂的随机现象, 用一个随机变量描述就不够了, 需要用若干个随机变量来描述. 一般地, 将一族随机变量放在一起就构成一个随机过程. 具体地, 有下面的定义: 我们将概率空间 $(\Omega, \mathcal{F}, P)$ 上的一族随机变量 $\{X_t, t \in T\}$ 称为一个**随机过程 (stochastic process)**, 其中 t 是参数, 它属于某个集合 T, 通常称 T 为**参数集 (parameter set)**.

参数集 T 可以是离散集, 也可以是连续集. 若 T 为一连续集, 则 $\{X_t\}$ 为一连续型随机过程. 若 T 为离散集, 则称 $\{X_t\}$ 为一离散型随机过程. 当参数集为某时间集合时, 则相应的随机过程就是时间序列. 可见, 时间序列仅仅是随机过程的特殊情况, 因此随机过程的许多概念和性质同样适用于时间序列.

1.2.2　概率分布族及其特征

由数理统计的知识可知, 分布函数能够完整地描述一个随机变量的统计性质. 同样, 要刻画时间序列的统计特征, 就要探讨一列随机变量的统计分布.

设 $\{X_t, t \in T\}$ 为一个随机过程, 对于任意一个 $t \in T$, X_t 是一个随机变量, 它的分布函数 $F_{X_t}(x)$ 可以通过 $F_{X_t}(x) = P(X_t \leqslant x)$ 得到, 这一分布称为**时间序列的一维分布**. 对于 $t_1, t_2 \in T$, 有两个随机变量 X_{t_1}, X_{t_2} 与之对应, X_{t_1}, X_{t_2} 的联合分布函数为 $F_{X_{t_1}, X_{t_2}}(x_1, x_2) = P(X_{t_1} \leqslant x_1, X_{t_2} \leqslant x_2)$, 称为**时间序列的二维联合分布**.

一般地, 任取正整数 n 以及 $t_1, t_2, \cdots, t_n \in T$, 则 n 维向量 $(X_{t_1}, X_{t_2}, \cdots, X_{t_n})^{\mathrm{T}}$ 的联合分布函数为

$$F_{X_{t_1}, X_{t_2}, \cdots, X_{t_n}}(x_1, x_2, \cdots, x_n) = P(X_{t_1} \leqslant x_1, X_{t_2} \leqslant x_2, \cdots, X_{t_n} \leqslant x_n).$$

这些有限维分布函数的全体

$$\{F_{X_{t_1}, X_{t_2}, \cdots, X_{t_n}}(x_1, x_2, \cdots, x_n), \forall n \in \mathbf{Z}^+, \forall t_1, t_2, \cdots, t_n \in T\}$$

称为**时间序列** $\{X_t, t \in T\}$ **的有限维分布族**.

理论上, 时间序列 $\{X_t, t \in T\}$ 的所有统计性质都可通过有限维分布族推导出来, 但是在实际应用中, 要想得到一个时间序列的有限维分布族几乎是不可能的, 而且有限维分布族在使用中通常涉及非常复杂的数学运算, 因而一般情况下, 我们很少直接使用有限维分布族进行时间序列的分析. 事实上, 在时间序列分析中, 更简单实用的方法是通过数字特征来研究其统计规律. 常用的关于时间序列的数字特征有如下几种.

1. 均值函数

对时间序列 $\{X_t, t \in T\}$ 来说, 任意时刻的序列值 X_t 都是一个随机变量. 假设它的分布函数为 $F_{X_t}(x)$, 那么当

$$\mu_t = E(X_t) = \int_{-\infty}^{+\infty} x \mathrm{d}F_{X_t}(x) < +\infty$$

对于所有 $t \in T$ 成立时, 我们称 μ_t 为时间序列 $\{X_t, t \in T\}$ 的**均值函数 (mean function)**. 它反应的是时间序列 $\{X_t, t \in T\}$ 在各个时刻的平均取值水平.

2. 方差函数

当对于所有 $t \in T$

$$\int_{-\infty}^{+\infty} x^2 \mathrm{d}F_{X_t}(x) < +\infty$$

成立时, 我们称

$$\sigma_t^2 = \mathrm{Var}(X_t) = E(X_t - \mu_t)^2 = \int_{-\infty}^{+\infty} (x - \mu_t)^2 \mathrm{d}F_{X_t}(x)$$

为时间序列 $\{X_t, t \in T\}$ 的**方差函数 (variance function)**. 它反应了序列值围绕其均值做随机波动时的平均波动程度.

3. 自协方差函数

类似于随机变量间的协方差, 在时间序列分析中, 我们可以定义**自协方差函数 (autocovariance function)** 的概念. 对于时间序列 $\{X_t, t \in T\}$, 任取 $t, s \in T$, 我们称

$$\gamma(t, s) = \mathrm{Cov}(X_t, X_s) = E[(X_t - \mu_t)(X_s - \mu_s)]$$

为序列 $\{X_t, t \in T\}$ 的自协方差函数.

4. 自相关函数

同样地, 类似于随机变量间的相关系数, 我们可以定义时间序列的**自相关函数 (auto-**

correlation function, ACF). 我们称

$$\rho(t,s) = \mathrm{Cor}(X_t, X_s) = \frac{\gamma(t,s)}{\sqrt{\mathrm{Var}(X_t)}\sqrt{\mathrm{Var}(X_s)}}$$

为序列 $\{X_t, t \in T\}$ 的自相关函数. 时间序列的自协方差函数和自相关函数反应了不同时刻的两个随机变量的相关程度.

5. 偏自相关函数

自相关函数虽然反应了时间序列 $\{X_t, t \in T\}$ 在两个不同时刻 X_t 和 X_s 的相依程度, 但是这种相关包含了 X_s 通过 X_t 和 X_s 之间的其他变量 $X_{s+1}, X_{s+2}, \cdots, X_{t-1}$ 传递到对 X_t $(s < t)$ 的影响, 也就是说自相关函数实际上掺杂了其他变量的影响. 为了剔除中间变量的影响, 人们引入**偏自相关函数 (partial autocorrelation function, PACF)** 的概念. 偏自相关函数定义为

$$\beta(s,t) = \mathrm{Cor}(X_t, X_s | X_{s+1}, \cdots, X_{t-1}) = \frac{\mathrm{Cov}(X_t, X_s | X_{s+1}, \cdots, X_{t-1})}{\sqrt{\mathrm{Var}(X_t)}\sqrt{\mathrm{Var}(X_s)}}, \quad 0 < s < t.$$

一般来讲, 一个时间序列的上述数字特征与时间有关, 因而可看成关于时间的函数. 不同类型时间序列的数字特征会随时间变化呈现不同的变化规律, 如有些时间序列的均值函数或方差函数不随时间的变化而变化, 有些时间序列的自相关函数或偏自相关函数会出现随时间推移而逐渐变小的规律, 等等. 在之后的章节中, 我们将详细讨论不同类型时间序列在数字特征中表现出的差异.

1.2.3　平稳时间序列的定义

对时间序列进行统计推断时, 通常要对其做出某些简化的假设, 其中最重要的假设是平稳性. 根据限制条件的严格程度, 时间序列的平稳性可分为严平稳和宽平稳两个层面.

1. 严平稳时间序列

严平稳是一种条件较为严格的平稳性定义, 它要求序列的所有有限维分布不随时间的推移而发生变化, 从而序列的全部统计性质也不会随着时间的推移而发生变化. 具体地, 定义如下:

设 $\{X_t, t \in T\}$ 为一时间序列. 若对于任意正整数 n, 任取 $t_1, t_2, \cdots, t_n \in T$ 以及任意正数 h, 都有

$$F_{X_{t_1+h}, X_{t_2+h}, \cdots, X_{t_n+h}}(x_1, x_2, \cdots, x_n) = F_{X_{t_1}, X_{t_2}, \cdots, X_{t_n}}(x_1, x_2, \cdots, x_n),$$

则称时间序列 $\{X_t, t \in T\}$ 为**严平稳时间序列 (strictly stationary time series)**.

严平稳时间序列的定义所要求的条件过分严格. 实际中, 要想知道时间序列 $\{X_t, t \in T\}$ 的有限维分布族是极其困难的事情, 而在此基础上判断一个时间序列是否属于严平稳则更难, 所幸时间序列的主要统计性质是由它的低阶矩决定的, 因此可以把严平稳的条件放宽, 仅仅要求其数字特征不随时间发生变化, 这样就得到了宽平稳的概念.

2. 宽平稳时间序列

一般地, 如果一个时间序列 $\{X_t, t \in T\}$ 满足如下三个条件:

(1) 对于任意的 $t \in T$, 有 $E(X_t) = \mu$, μ 为常数;

(2) 对于任意的 $t \in T$, 有 $E(X_t^2) < +\infty$;

(3) 对于任意的 $s, t, k \in T$, 且 $k + t - s \in T$ 有

$$\gamma(s, t) = \gamma(k, k + t - s), \quad 0 < s < t.$$

则称 $\{X_t, t \in T\}$ 为**宽平稳时间序列 (weakly stationary time series)**. 宽平稳也称为弱平稳或二阶矩平稳.

宽平稳的条件显然比严平稳的条件宽泛得多, 更具有可操作性, 它只要求二阶矩具有平稳性, 二阶以上的矩没有做任何要求. 一般情况下, 宽平稳不一定是严平稳; 严平稳也不一定是宽平稳, 如服从柯西分布的严平稳序列就不是宽平稳序列, 因为它不存在一、二阶矩, 所以无法验证它二阶矩平稳. 不过, 存在二阶矩的严平稳序列一定是宽平稳的. 宽平稳一般推不出严平稳, 但当序列服从多元正态分布时, 由宽平稳可以推出严平稳.

例 1.4 如果一个时间序列 $\{X_t, t \in T\}$ 满足: 任取正整数 n 和任意的 $t_1, t_2, \cdots, t_n \in T$, 相应的 n 维随机变量 $\boldsymbol{X}_n = (X_{t_1}, X_{t_2}, \cdots, X_{t_n})^{\mathrm{T}}$ 服从 n 维正态分布, 密度函数为

$$f_{\boldsymbol{X}_n}(\boldsymbol{x}_n) = (2\pi)^{-\frac{n}{2}} |\boldsymbol{\Gamma}_n|^{-\frac{1}{2}} \exp\left[-\frac{1}{2}(\boldsymbol{x}_n - \boldsymbol{\mu}_n)^{\mathrm{T}} \boldsymbol{\Gamma}_n^{-1}(\boldsymbol{x}_n - \boldsymbol{\mu}_n) \right],$$

其中, $\boldsymbol{x}_n = (x_{t_1}, x_{t_2}, \cdots, x_{t_n})^{\mathrm{T}}$; $\boldsymbol{\mu}_n = (\mu_{t_1}, \mu_{t_2}, \cdots, \mu_{t_n})^{\mathrm{T}}$; T 为向量或矩阵的转置符号; $\boldsymbol{\Gamma}_n$ 为协方差阵:

$$\boldsymbol{\Gamma}_n = \begin{pmatrix} \gamma(t_1, t_1) & \gamma(t_1, t_2) & \cdots & \gamma(t_1, t_n) \\ \gamma(t_2, t_1) & \gamma(t_2, t_2) & \cdots & \gamma(t_2, t_n) \\ \vdots & \vdots & & \vdots \\ \gamma(t_n, t_1) & \gamma(t_n, t_2) & \cdots & \gamma(t_n, t_n) \end{pmatrix},$$

那么我们称其为**正态时间序列**.

从正态随机序列的密度函数可以看出, 它的 n 维分布仅由均值向量和协方差阵决定, 因此对于正态随机序列而言, 宽平稳一定严平稳.

需要强调的是, 在实际应用中, 如果不做说明, 我们所说的平稳指的就是宽平稳.

1.2.4 平稳时间序列的一些性质

根据平稳时间序列的定义, 可以将自协方差函数由二维函数 $\gamma(t, s)$ 简化为一维函数 $\gamma(s - t)$:

$$\gamma(t - s) \overset{\text{def}}{=} \gamma(s, t), \quad \forall t, s \in T, \ t > s.$$

由此得到延迟 k 自协方差函数的概念.

一般地, 对于平稳时间序列 $\{X_t, t \in T\}$, 称

$$\gamma(k) = \gamma(t, t+k), \quad \forall t, t+k \in T$$

为该时间序列的**延迟 k 自协方差函数**.

根据平稳时间序列的定义可知, 平稳序列具有常数方差

$$\text{Var}(X_t) = \gamma(t,t) = \gamma(0), \quad \forall t \in T.$$

由延迟 k 自协方差函数的概念可以等价得到**延迟 k 自相关函数**的概念, 为

$$\rho(k) = \frac{\gamma(t, t+k)}{\sqrt{\text{Var}(X_t)}\sqrt{\text{Var}(X_{t+k})}} = \frac{\gamma(k)}{\gamma(0)}.$$

容易验证延迟 k 自相关函数具有如下三个性质:

(1) 规范性

$$\rho(0) = 1 \ \text{且} \ |\rho(k)| \leqslant 1, \quad \forall k.$$

(2) 对称性

$$\rho(k) = \rho(-k).$$

(3) 非负定性

根据协方差阵的非负定性, 可得对于任意正整数 m, 相关矩阵

$$\boldsymbol{P}_m = \begin{pmatrix} \rho(0) & \rho(1) & \cdots & \rho(m-1) \\ \rho(1) & \rho(0) & \cdots & \rho(m-2) \\ \vdots & \vdots & & \vdots \\ \rho(m-1) & \rho(m-2) & \cdots & \rho(0) \end{pmatrix}$$

为非负定矩阵.

我们应注意的是, 虽然一个平稳时间序列唯一决定了它的自相关函数, 但是一个自相关函数未必唯一对应一个平稳时间序列, 因而延迟 k 自相关函数 $\rho(k)$ 对应的模型并不唯一. 这个性质给我们根据样本自相关函数来确定模型增加了难度. 在后面的章节我们将进一步说明这个问题.

1.2.5 平稳性假设的意义

数理统计学是利用样本信息来推测总体信息, 时间序列分析作为数理统计学的一个分

支也不例外。根据统计学常识, 要分析一个 n 维随机向量 $\boldsymbol{X} = (X_1, X_2, \cdots, X_n)^{\mathrm{T}}$, 需要如表 1.1 中结构的数据.

表 1.1 数据表

样本	随机变量		
	X_1	$\cdots$	X_n
1	x_{11}	$\cdots$	x_{n1}
2	x_{12}	$\cdots$	x_{n2}
$\vdots$	$\vdots$		$\vdots$
m	x_{1m}	$\cdots$	x_{nm}

显然, 我们希望维数 n 越小越好, 而对于每个变量希望样本容量 m 越大越好, 这是因为维数越小分析过程越简单, 样本容量越大, 分析结果越可靠. 但是对于时间序列而言, 它在任意时刻 t 的序列值都是一个随机变量, 而且由于时间的不可重复性, 该变量在任意一个时刻只能获得唯一的样本观察值, 其数据结构如表 1.2 所示. 由于某时刻对应的随机变量的样本容量太小, 用该数据直接分析此刻的随机变量基本不会得到可用的结果, 因此必须借用一些辅助信息, 才能得到一些有用的结果. 序列平稳性假设是解决该问题的有效途径之一.

表 1.2 数据表

样本	随机变量			
	X_1	$\cdots$	X_t	$\cdots$
1	x_1	$\cdots$	x_t	$\cdots$

如果一个时间序列是平稳的, 那么其均值函数是常数, 也即 $\{\mu_t, t \in T\}$ 变成了常数序列 $\{\mu, t \in T\}$。这样, 本来每个随机变量 X_t 的均值 μ_t 只能凭借唯一的样本观察值 x_t 来估计, 即 $\hat{\mu} = x_t$, 现在由于 $\mu_t \equiv \mu, \forall t \in T$, 于是每个样本观察值 $x_t, \forall t \in T$ 都变成了 μ 的样本观察值

$$\hat{\mu} = \overline{x} = \frac{1}{n} \sum_{i=1}^{n} x_i.$$

于是, 不但提高了对均值函数的估计精度, 而且大大降低了时间序列分析的难度。

同样地, 基于平稳性可计算出延迟 k 自协方差函数的估计值

$$\hat{\gamma}(k) = \frac{1}{n-k} \sum_{t=1}^{n-k} (x_t - \overline{x})(x_{t+k} - \overline{x})$$

和总体方差的估计值

$$\hat{\gamma}(0) = \frac{1}{n-1} \sum_{t=1}^{n} (x_t - \overline{x})^2.$$

进而可得延迟 k 自相关函数的估计值

$$\hat{\rho}(k) = \frac{\hat{\gamma}(k)}{\hat{\gamma}(0)}, \quad \forall 0 < k < n.$$

当延迟阶数 k 远远小于样本容量时, 有

$$\hat{\rho}(k) \approx \frac{\sum\limits_{t=1}^{n-k}(x_t - \overline{x})(x_{t+k} - \overline{x})}{\sum\limits_{t=1}^{n}(x_t - \overline{x})^2}, \quad \forall 0 < k < n.$$

1.3　时间序列建模的基本步骤

从实际数据出发, 对时间序列建模一般可遵循四个步骤, 即模型识别、模型估计、模型检验和模型应用. 通常上述四个步骤需要经过多次反复, 才能达到比较满意的效果.

1.3.1　模型识别

从实际数据出发建立时间序列模型时, 首先就要进行模型识别. 所谓**模型识别**就是根据时间序列的统计特征选择适当的拟合模型. 通俗地讲, 就是根据数据的特征, 判断所研究的时间序列属于哪一类. 模型识别主要包含如下内容:

(1) 依照所研究的问题科学地收集数据.

(2) 根据时间序列的数据作出相关图, 求出相关函数进行分析. 相关图能够显示出序列变化的趋势性和周期性等特征, 这些特征不但隐含着序列的平稳性的一些特点, 而且能够发现跳点和拐点. 而这些跳点和拐点也是模型识别的重要参考因素.

(3) 判别时间序列是平稳的还是非平稳的. 一般来讲, 判别时间序列的平稳性有两种方法, 一种是图检验法; 另一种是构造统计量进行假设检验的方法. **图检验法**是根据时序图和自相关图显示的特征做出平稳性判别的方法. 它的优点是操作简便、运用广泛; 它的缺点是判别结论带有很强的主观色彩, 因此最好能够用统计检验方法加以辅助判别. 目前最常用的平稳性统计检验方法是**单位根检验**.

(4) 判别时间序列是否为纯随机序列. 当对一个时间序列进行了平稳性判别之后, 序列被分成了平稳序列和非平稳序列两类. 对于非平稳序列通常要通过进一步的检验、变换或处理, 才能够确定适当的拟合模型. 对于平稳序列来讲, 我们需要检验其是否为纯随机的, 因为只有那些序列值之间具有密切相关关系的序列, 才值得我们花时间去挖掘历史数据中的有效信息, 用来预测序列未来的发展. 如果序列值彼此之间没有任何相关性, 那就意味着该序列是一个没有记忆的序列, 过去的行为对将来的发展没有丝毫影响, 这种序列称为**纯随机序列**. 从统计分析的角度而言, 纯随机序列没有任何分析的价值.

(5) 综合考虑时间序列的统计特征辨识合适的模型类型, 初步确定模型结构.

至于常见的时间序列模型有哪些, 它们分别具有哪些统计特征, 以及如何根据样本信息估计数字特征、识别拟合模型等, 将在后续章节详细研究.

1.3.2   模型估计

依照样本信息进行模型识别之后, 我们得到了所分析的时间序列大概服从什么样的模型类型和模型结构, 模型的最终形式还需要估计模型的参数之后才能够确定. 模型的参数决定了不同时刻随机变量之间的相依关系, 也即反映了随机变量随时间变化的记忆性大小和记忆期的长短. 当参数确定了, 变量的动态关系也就确定了. 比如, 通过模型识别判断出时间序列 $\{X_t\}$ 服从二阶自回归模型 (AR(2))

$$X_t = \phi_1 X_{t-1} + \phi_2 X_{t-2} + \varepsilon_t,$$

其中 $\{\varepsilon_t\}$ 是均值为零的白噪声序列 (见 35 页). 模型中的参数 ϕ_1, ϕ_2 表明了 $\{X_t\}$ 的当前值对其前两个时刻的值的依赖程度, 或者说记忆的大小.

在数理统计中, 估计时间序列模型参数的常用方法有: 矩估计、极大似然估计和最小二乘估计. **矩估计方法**是用样本矩代替相应的总体矩, 并通过求解相应的方程而得到参数估计的方法; **极大似然估计**是使得样本出现概率最大, 也就是使得似然函数达到最大而得到参数估计的方法; **最小二乘估计**是使得模型拟合的残差平方和达到最小, 从而求得参数估计的方法. 这三种方法都有各自的优点和不足. 矩估计方法具有简单、直观和计算量小等优点; 其缺点是, 利用信息不足, 估计效率低以及估计精度不高等. 一般进行时间序列分析时, 先用矩估计方法进行初步估计, 然后使用极大似然估计方法或者非线性最小二乘方法进行精确估计.

1.3.3   模型检验

在模型识别时, 为了简化问题我们会提出一些假设, 这些假设往往因人而异, 带有主观因素, 因此必须对模型本身进行检验. 同时, 由于参数估计方法本身也有许多缺点, 而且有些参数贡献不大, 甚至可以忽略, 所以对所估出的参数也必须进行检验. 由于上述两个原因, 所以时间序列模型的检验有两类, 一类是模型的显著性检验; 另一类是模型参数的显著性检验. 这两类检验统称为模型的**诊断性检验**.

模型的显著性检验主要是检验模型的有效性. 一个模型是否有效主要看它提取的相关信息是否充分, 一个好的拟合模型应该确保提取出了观察值序列中几乎所有的样本相关信息, 换言之, 拟合残差项中将不再蕴含任何相关信息, 即残差序列应该为白噪声序列 (其概念见后续章节). 反之, 如果残差序列为非白噪声序列, 那就意味着残差序列中还残留着相关信息未被提取, 这就说明拟合模型不够有效, 需重新选择模型进行拟合.

模型参数的显著性检验主要是检验模型中每一个参数是否显著异于零. 目的是要找出贡献不大的参数并将其剔除, 使得模型更为精简和准确. 一般地, 如果模型中包含了不显著的参数, 不但使得模型参数冗余, 影响自由度, 而且也会影响其他参数的估计精度.

在实际应用中, 如果模型的诊断性检验没有通过, 则需要重新识别、估计和检验, 直到得到一个满意的拟合模型.

如果一个模型通过了检验, 说明在一定的置信水平下, 该模型能够有效地拟合观察值序列的波动, 但这种有效模型有时并不是唯一的. 面对多个显著有效的模型, 到底选择哪个来统计推断更好呢? 为了解决这个问题, 一般需要引进一些信息准则来进行模型优化. 具体地, 在后继章节中, 我们结合具体模型来详细论述.

1.3.4　模型应用

时间序列模型的应用主要包括变量动态结构分析、预测和控制.

动态结构分析是指用已经估计出参数的模型, 对变量的动态变化情况进行考查. 例如, 对于自回归模型 (AR 模型), 可以考查它的记忆特征和记忆衰减情况; 对于滑动平均模型 (MA 模型), 可以考查外部冲击对变量的影响情况和对外部冲击的记忆期限. 动态结构分析对于认识经济金融变量的运行规律具有重要作用.

预测是时间序列建模的最重要的目的, 是指用已经估计出参数的模型, 对变量未来变化进行预报. **控制**是指根据时间序列模型调整输入变量使得系统发展过程保持在目标值上. 当运用时间序列模型进行预测、发现预测值会偏离目标值时, 便可进行必要的控制, 调整当前值使之朝预定目标靠近.

总之, 时间序列建模过程包括模型识别、模型估计、模型检验和优化, 并可能反复多次才能达到比较满意的效果, 最终投入使用. 时间序列分析完整的流程可用图 1.6 表示.

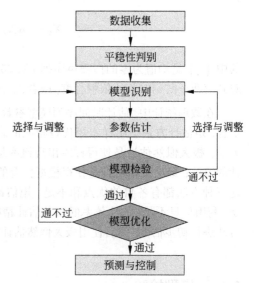

图 1.6　时间序列分析流程图

1.4　数据预处理

时间序列数据建模之初, 我们应该对数据有个初步的认识, 如: 大致观察一下数据的趋势性、季节性; 序列值相近时期的相关性; 初步判断一下序列的平稳性; 判断序列是否有研究的必要, 即检验一下序列是否是白噪声. 这些数据建模前的分析都称为数据的预处理.

1.4.1　时序图与自相关图的绘制

进行时间序列分析的第一步, 通常是利用序列值画出时序图和自相关图进行观察. 正如前面所定义, **时序图**就是一张二维平面图, 一般横坐标表示时间, 纵坐标表示序列取值. 而所谓**自相关图**是平面上的悬垂线图, 横坐标表示延迟时期数, 纵坐标表示自相关系数. 悬垂线表示自相关系数的大小. 通过观察时序图, 我们能够获得序列值的趋势和走向; 通过自相关图我们能够大致获得不同时刻序列值之间的相关关系. 这些能够帮助我们初步判断序列的统计特性.

借助于 Python 语言强大的绘图功能可绘制出所需要的序列时序图和自相关图. 下面举例说明时序图和自相关图的绘制方法.

例 1.5 现给出 2000 年 1 月至 2012 年 10 月新西兰人出国旅游目的地的数据. 下面我们一起来认识这组时间序列数据, 并用 Python 绘制时序图来分析.

首先, 我们读取数据的前两行来认识所给数据的结构, 然后再决定用哪些数据和 read_csv() 中的哪些参数. 具体命令及运行结果如下:

```
nzt = pd.read_csv("NZTravellersDestination.csv")
nzt.head(2)
运行结果:
Date       Australia  Fiji   China    India    UK     US
2000/01    23203      1936   2285     2270     5418   4109
2000/02    16546      1052   1485     1539     3023   3520
```

运行结果显示, 数据分别统计了新西兰人到 Australia、Fiji、China、India、UK、US 这些国家的旅游人数.

其次, 我们绘制 2000 年 1 月至 2012 年 10 月新西兰人月均来中国旅游人数的时序图. 具体命令如下, 运行结果见图 1.7.

```
NtoC = pd.read_csv('NZTravellersDestination.csv', usecols=
        ['Date','China'], parse_dates=['Date'], index_col='Date')
fig = plt.figure(figsize=(12,4), dpi=150)
ax = fig.add_subplot(111)
ax.plot(NtoC, marker="o", linestyle="-", color='blue')
ax.set_ylabel(ylabel="人数", fontsize=17)
ax.set_xlabel(xlabel="年份", fontsize=17)
plt.xticks(fontsize=15); plt.yticks(fontsize=15)
fig.tight_layout(); plt.savefig(fname='fig/1_7.png')
```

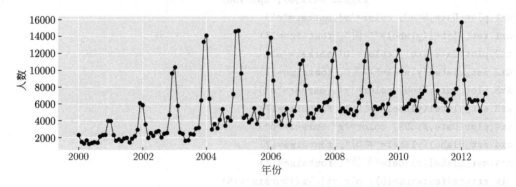

图 1.7　2000 年 1 月至 2012 年 10 月新西兰人月均来中国旅游的时序图

从时序图 1.7, 我们可以看到从 2000 年 1 月到 2012 年 10 月新西兰人月均来中国旅游人数有增长趋势但是增幅和增速不大. 同时新西兰人月均来中国旅游人数有明显的季节性. 每年的圣诞节前后来华旅游人数最多.

我们也可以在同一个窗口, 绘制不同变量的时序图, 来比较这些变量之间的变化. 下面比较新西兰人从 2000 年 1 月至 2012 年 10 月月均到中国、印度、英国和美国四国旅游人数变化的情况. 具体命令如下, 运行结果见图 1.8.

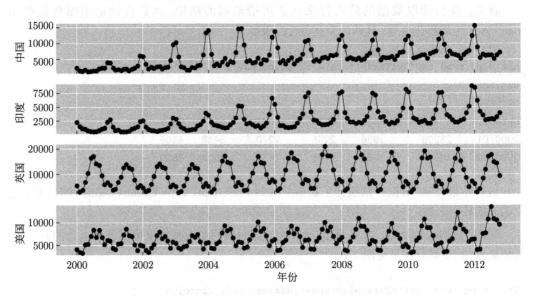

图 1.8　2000 年 1 月至 2012 年 10 月新西兰人月均出国旅游的时序图

```
ucls = ['Date','China','India','UK','US']
NtoF = pd.read_csv('NZTravellersDestination.csv', usecols=ucls,
        parse_dates=['Date'], index_col='Date')
Date = NtoF.index; NtoC = NtoF.China.values; NtoUS = NtoF.US.values
NtoI = NtoF.India.values; NtoU = NtoF.UK.values
new,(ax1,ax2,ax3,ax4) = plt.subplots(4, 1, sharex=True,
                          figsize=(12,6), dpi=150)
ax1.plot(Date,NtoC, color='r',marker="o")
ax1.set_ylabel(ylabel="中国", fontsize=17)
ax2.plot(Date,NtoI, color='b',marker="o")
ax2.set_ylabel(ylabel="印度", fontsize=17)
ax3.plot(Date,NtoU, color='y', marker="o")
ax3.set_ylabel(ylabel="英国", fontsize=17)
ax4.plot(Date,NtoUS, color='g',marker="o")
ax4.set_ylabel(ylabel="美国", fontsize=17)
ax4.set_xlabel(xlabel="年份", fontsize=17)
plt.xticks(fontsize=15); plt.yticks(fontsize=15)
fig.tight_layout(); plt.savefig(fname='fig/1_8.png')
```

语句说明: 第一句用所需数据的列名建立了一个列表. 第二句读取文件中所需的列, 并把 Date 列作为时间索引. 第三、四句从数据框 NtoF 中提取出新西兰人分别到中国、美国、印度和英国旅游的月度数据. 第五句将画布分成四个子图, 并共用 x 轴. 第六句至第十六句绘图并调整横纵轴标签. 最后一句将绘制完成的图命名保存.

从图 1.8 可以看出, 2000 年 1 月至 2012 年 10 月新西兰人月均到中国和印度的人数都有增长趋势, 来中国旅游的人数增长更快些. 去英国和美国的人数比较稳定. 另外, 这四组数据都有明显的季节性. 在每年 12 月左右到中国、印度旅游的人数最多; 而在夏季新西兰人更乐意到英国和美国旅游.

在绘图时, 为了突出比较效果, 可以使用 hlines() 和 vlines() 函数为图形添加水平和垂直参照线. 下面通过例子来说明这两个函数的使用.

例 1.6　绘制 2018 年 10 月至 2021 年 9 月北京市商品住宅施工面积累计值 (单位: 万平方米) 的时序图, 并添加辅助线来比较. 具体命令如下, 运行结果见图 1.9.

```
import matplotlib.ticker as ticker
bjch = pd.read_csv('BJCH.csv', encoding = 'utf-8')
for f in bjch:                         #线性插值
    bjch[f] = bjch[f].interpolate()
    bjch.dropna(inplace=True)
xlabs = bjch.Time; ticker_spacing = xlabs; ticker_spacing = 5
fig = plt.figure(figsize=(12,4), dpi=150)
ax = fig.add_subplot(111)
ax.plot(xlabs, bjch.CCA, color='b', marker='o')
ax.xaxis.set_major_locator(ticker.MultipleLocator(ticker_spacing))
ax.vlines(x=['2020/04','2020/09'], ymin=5230, ymax=6250,
          color="g", linestyle='--')
ax.hlines(y=[5250,6250], xmin='2020/04', xmax='2020/09',
          color="g", linestyle='--')
ax.set_xlabel(xlabel='时间', fontsize=17)
ax.set_ylabel(ylabel='施工面积累计值', fontsize=17)
plt.xticks(fontsize=15); plt.yticks(fontsize=15)
fig.tight_layout(); plt.savefig(fname='fig/1_9.png')
```

语句说明: 第一句导入 ticker 库, 以便改变数据轴的间距来解决日期显示太密的问题. 第三句至第五句进行线性插值, 填充缺失值. 倒数第七句设置数据轴日期的显示.

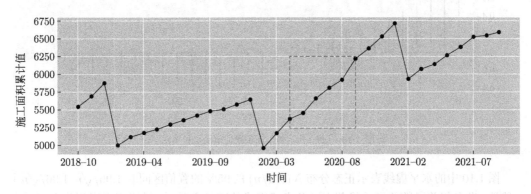

图 1.9　2018 年 10 月至 2021 年 9 月北京市商品住宅施工面积累计值的时序图

例 1.7　接例 1.6, 绘制 2018 年 10 月至 2021 年 9 月北京市商品住宅施工面积累计值的自相关图.

首先, 导入 stattools 模块中的自相关函数 acf(). 自相关函数 acf(ts, nlags) 可以用来计算序列 ts 的延迟 nlags 阶数的自相关系数.

```
from statsmodels.tsa.stattools import acf
```

其次, 为了今后使用方便, 我们定义了一个绘制自相关函数图的函数 ACF():

```
def ACF(ts, lag=20, fname=" "):
    lag_acf = acf(ts, nlags=lag, fft=False)
    plt.vlines(x=list(range(lag+1)), ymin=np.zeros(lag+1),
               ymax=lag_acf, linewidth=2.0, color='black')
    plt.axhline(y=0, linestyle=':', color='blue')
    plt.axhline(y=-1.96/np.sqrt(len(ts)), linestyle='--',
                color='red')
    plt.axhline(y=1.96/np.sqrt(len(ts)), linestyle='--',
                color='red')
    plt.title(''); plt.xticks(fontsize=15); plt.yticks(fontsize=15)
    plt.xlabel(xlabel="lag", fontsize=17)
    plt.ylabel(ylabel="ACF", fontsize=17)
    plt.tight_layout(); plt.savefig(fname=fname)
```

最后, 调用自定义函数 ACF() 绘制自相关函数图, 运行结果见图 1.10.

```
fig = plt.figure(figsize=(12,4), dpi=150)
ax = fig.add_subplot(111)
ACF(bjch['CCA'], lag=30, fname="fig/1_10.png")
```

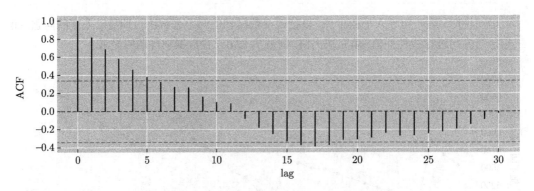

图 1.10　商品住宅施工面积累计值的自相关图

图 1.10 中的水平虚线表示正态分布 $N(0, 1/n)$ 的 95% 的置信区间 $[-1.96/\sqrt{n}, 1.96/\sqrt{n}]$. 一般地, 当自相关函数的悬垂线落在两条虚线围成的区域之外时, 说明相应序列值之间具有显著相关性, 而当自相关函数的悬垂线落入这两条虚线围成的区域之内时, 则说明相应序列

值之间没有明显的相关性, 此时的自相关函数值可认为是由随机噪声引起的, 这其中的道理将在第 3 章中阐释.

1.4.2 数据平稳性的图检验

1. 时序图检验

根据平稳性的定义, 平稳时间序列的均值和方差都为常数, 因此平稳时间序列的时序图应该围绕一条水平线上下波动, 而且波动的范围有界. 如果序列时序图显示出了明显的趋势性或周期性, 那么它通常不是平稳的时间序列. 根据这个性质, 通过时序图就可看出许多时间序列的非平稳性.

例 1.8 绘制 2001 年至 2020 年宁夏回族自治区地区生产总值的时序图. 具体命令如下, 运行结果见图 1.11.

```
NingXiaGDP = pd.read_excel('ningxiaGDP.xlsx', index_col=0,
            squeeze=True)
fig = plt.figure(figsize=(12,4), dpi=150)
ax = fig.add_subplot(111)
ax.plot(NingXiaGDP, marker="o", linestyle="-", color='blue')
ax.xaxis.set_major_locator(ticker.MultipleLocator(4))
ax.set_ylabel(ylabel="宁夏生产总值(单位:亿元)", fontsize=17)
ax.set_xlabel(xlabel="年份", fontsize=17)
plt.xticks(fontsize=15); plt.yticks(fontsize=15)
fig.tight_layout(); plt.savefig(fname='fig/1_11.png')
```

语句说明: 第一句读入 xlsx 格式文件, 通过参数设置使得读出的数据为序列类型. 第二句至第七句绘制时序图. 再次提醒读者, 运行程序之前导入相应包和模块 (见例 1.1 的说明).

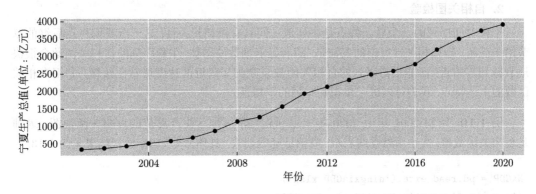

图 1.11 宁夏回族自治区地区生产总值的时序图

从图 1.11 可以看出, 该时序图显示明显的增长趋势, 因此该序列是非平稳的时间序列.

例 1.9 绘制 2000 年 1 月至 2012 年 10 月美国洛杉矶月平均最高 – 最低气温的时序图, 温度单位: ℃. 具体命令如下, 运行结果见图 1.12.

```
col = ["Date","LosAngelesMax","LosAngelesMin"]
LosTemp = pd.read_csv('LosTemp.csv', usecols=col, index_col= 0)
fig = plt.figure(figsize=(12,4), dpi=150)
ax = fig.add_subplot(111)
LosTemp.plot(ax=ax, color=['r','b'], marker='o')
ax.set_ylabel(ylabel="温度", fontsize=17)
ax.set_xlabel(xlabel="时间", fontsize=17)
ax.legend(loc=2, fontsize=12)
plt.xticks(fontsize=15); plt.yticks(fontsize=15)
fig.tight_layout(); plt.savefig(fname='fig/1_12.png')
```

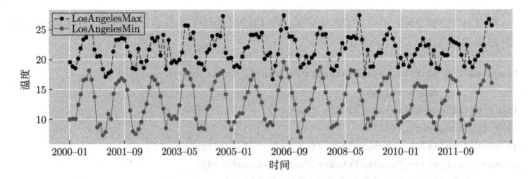

图 1.12　　美国洛杉矶最高 – 最低月平均气温的时序图

语句说明: 第二句读取所需数据; 第五句使用了 Pandas 中数据框的可视化功能.

从图 1.12 可以看出, 洛杉矶月平均最高气温和月平均最低气温分别围绕在 22.5 ℃ 和 13 ℃ 附近随机波动, 没有明显的趋势, 却有很强的周期性, 因此还不能断定为平稳序列. 不过, 我们可以通过自相关图来进一步识别.

2. 自相关图检验

平稳时间序列的一个显著特点是序列值之间具有短期相关性, 这一点我们将在后继的章节给予证明. 短期相关性突出的表征是, 随着延迟期数的增加, 平稳序列的自相关函数会很快地衰减到零附近. 而非平稳序列的自相关函数衰减到零附近的速度通常比较慢. 利用自相关函数的上述特点, 我们可以进一步识别序列的平稳性.

例 1.10　绘制 2001 年至 2020 年宁夏回族自治区地区生产总值的自相关函数图. 纵轴是自相关函数值, 大小用悬垂线表示; 横轴是延迟期数. 具体命令如下, 运行结果见图 1.13.

```
NxGDP = pd.read_excel('ningxiaGDP.xlsx')
fig = plt.figure(figsize=(12,4), dpi=150)
ax = fig.add_subplot(111)
ACF(NxGDP['Ningxia'], lag=15, fname="fig/1_13.png")
```

从图 1.13 中, 我们发现序列的自相关系数递减到零的速度比较缓慢, 而且在较长延迟期里自相关系数一直为正, 之后又一直为负. 在自相关图上显示出三角对称的关系, 这是具有单调趋势的非平稳序列的一种典型的自相关图形式. 这和该序列的时序图 (见图 1.11) 显示的单调递增性是一致的.

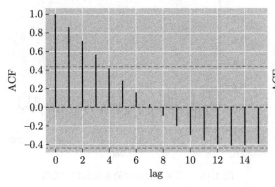

图 1.13 宁夏回族自治区地区生产总值的自相关图

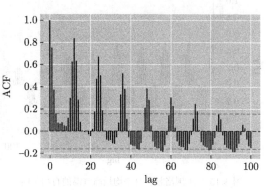

图 1.14 新西兰人月均来华旅游人数的自相关图

例 1.11 绘制 2000 年 1 月至 2012 年 10 月新西兰人月均来华旅游人数的自相关图. 具体命令如下, 运行结果见图 1.14.

```
NtoCh = pd.read_csv('NZTravellersDestination.csv',usecols=['China'])
fig = plt.figure(figsize=(12,4), dpi=150)
ax = fig.add_subplot(111)
ACF(NtoCh['China'], lag=100, fname="fig/1_14.png")
```

自相关图 1.14 显示序列的自相关系数衰减到零的速度非常缓慢, 而且呈现明显的周期规律, 这是具有周期变化规律和递增趋势的非平稳序列的典型特征. 自相关图显示出来的特征与时序图 1.7 显示的带长期递增趋势和周期的性质也高度吻合.

例 1.12 绘制 2000 年 1 月至 2012 年 10 月美国洛杉矶月平均最高气温的自相关图. 注意本例的自相关图和下例中的自相关图一起绘制. 具体命令如下, 运行结果见图 1.15.

```
LosTemp = pd.read_csv('LosTemp.csv')
LosRain = np.loadtxt('LosAngeles.txt')
fig = plt.figure(figsize=(12,4), dpi=150)
ax1 = fig.add_subplot(121)
ACF(LosTemp["LosAngelesMax"], lag=100)
ax2 = fig.add_subplot(122)
ACF(LosRain, lag=100, fname="fig/1_16.png")
```

自相关图 1.15 显示序列的自相关系数呈现长期周期衰减, 而且自相关系数值正、负基本各半地居于横轴上下两侧, 从而判断是非平稳的.

例 1.13 绘制美国加利福尼亚州洛杉矶地区 115 年来的年降水量的自相关图. 具体命令见上, 运行结果见图 1.16.

从图 1.16 可以看出, 自相关系数一阶延迟之后, 立即衰减到零附近, 也不具有明显的周期特征, 因此可以判断为平稳的.

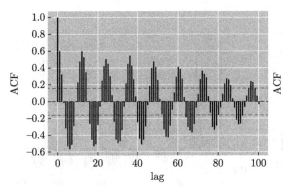

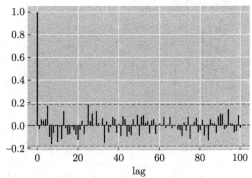

图 1.15　美国洛杉矶月平均最高气温的自相关图　　　　图 1.16　美国洛杉矶年降水量的自相关图

1.4.3　数据的纯随机性检验

当识别出一个序列是平稳时间序列之后, 我们需要进一步分析该序列是否是纯随机序列, 因为如果是纯随机序列的话, 那么意味着序列值之间没有相关关系, 该序列就成为所谓的无记忆序列, 即过去的行为对将来的发展没有丝毫影响, 这样的序列从统计分析的角度而言无任何研究的意义.

下面我们首先引入纯随机序列的概念和性质, 然后讨论纯随机序列的检验方法.

1. 纯随机序列的概念和性质

如果一个时间序列 $\{X_t, t \in T\}$ 满足如下条件:

(1) $\forall t \in T$, 有 $E(X_t) = \mu$;

(2) $\forall t, s \in T$, 有

$$\gamma(t, s) = \begin{cases} \sigma^2, & t = s \\ 0, & t \neq s \end{cases}$$

那么称 $\{X_t, t \in T\}$ 为**纯随机序列** (pure random sequences), 或称为**白噪声序列** (white noise series), 简记为 $X_t \sim \mathrm{WN}(\mu, \sigma^2)$.

显然白噪声序列一定是平稳序列, 而且是最简单的平稳序列. 要注意的是, 虽然白噪声序列简记为 $X_t \sim \mathrm{WN}(\mu, \sigma^2)$, 但是 X_t 不一定服从正态分布.

从白噪声序列的定义易得

$$\gamma(k) = 0, \quad \forall k \neq 0.$$

这说明白噪声序列的各项之间没有任何相关关系, 序列在进行无序的纯随机波动, 这是白噪声序列的本质特征. 在统计分析中, 如果某个随机事件呈现出纯随机波动的特征, 那么该随机事件就不含有任何值得提取的有用信息, 从而分析应该终止.

相反地, 如果序列的某个延迟 k 自协方差函数不为零, 即

$$\gamma(k) \neq 0, \quad \exists k \neq 0,$$

那么说明该序列不是纯随机序列, 其间隔 k 期的序列值之间存在一定程度的相互影响关系, 也即具有相关信息. 我们分析的目的就是要把这种相关信息从观察值序列中提取出来. 如果观察值序列中蕴含的相关信息完全被提取出来, 那么剩下的残差序列就应该呈现出纯随机序列的性质. 因此, 纯随机性还是判别相关信息提取是否充分的一个判别标准.

2. 纯随机性的检验

纯随机性检验也称为白噪声检验, 在学习它之前, 我们先通过时序图和自相关图感知一下白噪声序列的序列值走向和相关程度的表现.

例 1.14 随机产生 500 个服从标准正态分布的白噪声序列观察值, 并绘制其时序图和自相关图.

在 Numpy 中有个子模块 random, 其中包含了 30 多个能够产生随机数的函数. 使用该模块的函数 normal() 可轻松生成正态分布随机数, 如: np.random.normal(μ,σ,n) 可生成 n 个均值为 μ, 标准差为 σ 的正态分布随机数; randn(n) 可生成 n 个标准正态分布的随机数.

本例的具体命令如下, 运行结果见图 1.17.

```
np.random.seed(15) #设置随机种子
white_noise = np.random.randn(500)
fig = plt.figure(figsize=(12,4), dpi=150)
ax1 = fig.add_subplot(121)
ax1.plot(white_noise, marker="o", linestyle="--", color="b")
ax1.set_ylabel(ylabel='white_noise', fontsize=17)
ax1.set_xlabel(xlabel='Time', fontsize=17)
plt.xticks(fontsize=15); plt.yticks(fontsize=15)
ax2 = fig.add_subplot(122)
ACF(white_noise, lag=100, fname='fig/1_17.png')
```

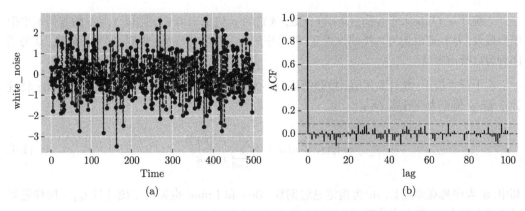

图 1.17 标准正态白噪声序列的时序图和自相关图

从图 1.17 (a) 可知, 标准正态白噪声序列的序列值围绕横轴波动, 波动范围有界. 但波动既无趋势性, 也无周期性, 表现出明显的随机性. 图 1.17 (b) 也显示白噪声序列的样本自相关系数并非都为零, 但是这些自相关系数都非常小, 在零值附近做小幅波动. 这提示我们应该考虑样本自相关系数的分布, 构造统计量来检验序列的纯随机性.

现在我们来学习白噪声检验. 首先我们介绍一个关于白噪声序列延迟非零期的样本自相关函数渐近分布的定理, 该定理由 Barlett 给出.

> **定理 1.1**　如果 $\{X_t, t \in T\}$ 是一个白噪声序列, 而 $\{x_t,\ t = 1, 2, \cdots, n\}$ 为该白噪声序列的一个观察期数为 n 的观察值序列, 那么该序列延迟非零期的样本自相关函数近似服从均值为零, 且方差为序列观察期数倒数的正态分布, 即
>
> $$\hat{\rho}(k) \sim N(0, 1/n), \quad \forall k \neq 0.$$

下面借助于定理 1.1, 构造检验统计量来检验序列的纯随机性. 根据检验对象提出如下假设条件:

原假设 $\mathbf{H}_0$:　$\rho(1) = \rho(2) = \cdots = \rho(m) = 0, \quad \forall m \geqslant 1$;

备择假设 $\mathbf{H}_1$:　至少存在某个 $\rho(k) \neq 0, \quad \forall m \geqslant 1, k \leqslant m$.

原假设 $\mathbf{H}_0$ 意味着延迟期数小于或等于 m 的序列值之间互不相关; 备择假设 $\mathbf{H}_1$ 表明延迟期数小于或等于 m 的序列值之间存在某种相关性.

在样本容量 n 很大的情况下, Box 和 Pierce 构造了如下统计量:

$$Q_{\mathrm{BP}} = n \sum_{k=1}^{m} \hat{\rho}^2(k),$$

其中, n 为序列观察期数; m 为指定延迟期数. 根据正态分布和卡方分布之间的关系, 易得 Q_{BP} 近似服从自由度为 m 的卡方分布, 即

$$Q_{\mathrm{BP}} \sim \chi^2(m).$$

当统计量 Q_{BP} 大于 $\chi^2_{1-\alpha}(m)$ 分位数, 或它的 p 值小于 α 时, 则以 $1 - \alpha$ 的置信水平拒绝原假设, 并有理由认为备择假设成立, 即该序列为非白噪声序列; 否则, 接受原假设, 认为该序列为白噪声序列.

在小样本情形, 统计量 Q_{BP} 检验效果已不太精确. 为克服这一缺陷, Box 和 Ljung 将统计量 Q_{BP} 修正为统计量 Q_{LB}:

$$Q_{\mathrm{LB}} = n(n+2) \sum_{k=1}^{m} \frac{\hat{\rho}^2(k)}{n-k}, \tag{1.3}$$

其中, n 为序列观察期数; m 为指定延迟期数. Box 和 Ljung 也证明了统计量 Q_{LB} 同样近似服从自由度为 m 的卡方分布.

统计量 Q_{BP} 和 Q_{LB} 统称为 Q 统计量. 在实际中, 各种检验场合普遍采用的 Q 统计量通常指的是 Q_{LB} 统计量.

在 Python 中可使用模块 statsmodels.stats.diagnostic 中的函数 acorr_ljungbox() 进行白噪声检验. 该函数的命令格式为

```
acorr_ljungbox(x, lags=None, boxpierce=False, return_df=False)
```

函数 acorr_ljungbox() 的参数说明:

-**x**: 变量名, 可以是序列、列表、数组等.

-**lags**: 延迟阶数. lag=n 表示输出滞后 n 阶的白噪声统计量.

-**boxpierce**: 检验统计量类型:

(1) boxpierce = False, 输出白噪声检验的 Q_{LB} 统计量. 该统计量是默认输出结果.

(2) boxpierce = True, 既输出白噪声检验的 Q_{LB} 统计量又输出 Q_{BP} 统计量.

-**return_df**: 输出格式:

(1) return_df = True, 输出结果的形式为数据框.

(2) return_df = False, 输出结果的形式为数组, 这是默认输出形式.

在进行白噪声检验时, 我们一般取延迟阶数不会太大, 这是因为平稳序列通常具有短期相关性. 如果序列值之间存在显著的相关关系, 通常只存在于延迟时期比较短的序列值之间. 如果一个平稳序列短期延迟的序列值之间都不存在显著的相关关系, 通常长期延迟之间就更不会存在显著的相关关系了. 同时, 如果一个序列显示了短期相关性, 那么该序列就一定不是白噪声序列, 我们就可以对序列值之间的相关性进行分析. 由于对平稳序列而言, 自相关函数随着延迟期数的增长而逐渐趋于零, 因此假若考虑的延迟期数太长, 反而可能淹没了该序列的短期相关性. 这一点我们在之后的章节将会进一步阐释.

例 1.15 计算例 1.14 中白噪声序列分别延迟 6 期和 12 期的 Q_{LB} 统计量的值, 并判断该序列的随机性 ($\alpha = 0.05$). 具体命令及运行结果如下:

```
from statsmodels.stats.diagnostic import acorr_ljungbox #导入函数
acorr_ljungbox(white_noise, lags = [6, 12], return_df = True)
输出结果:
        lb_stat      lb_pvalue          #第1列为延迟期数;
6       7.841193     0.249970           #第2列为LB统计量值;
12      11.480037    0.488288           #第3列为相应的p值.
```

我们分别作了延迟 6 期和 12 期的 Q 检验. 检验结果显示, p 值显著大于显著性水平 $\alpha = 0.05$, 故而该序列不能拒绝纯随机的原假设, 也就是说, 我们有理由相信序列波动没有统计规律, 从而可以停止对该序列的统计分析.

例 1.16 对 2005 年至 2015 年苏格兰百岁老人男女之比序列的平稳性和纯随机性进行检验.

首先, 绘制序列的时序图和自相关图, 进行平稳性的图检验:

```
ratio = pd.read_csv('Centenarians.csv', usecols=['Year','ratio'],
       parse_dates=['Year'], index_col='Year')
fig = plt.figure(figsize=(12,4), dpi=150)
ax1 = fig.add_subplot(121)
ax1.plot(ratio, marker="o", linestyle="--", color="b")
ax1.set_ylabel(ylabel='Ratio', fontsize=17)
ax1.set_xlabel(xlabel='Year', fontsize=17)
plt.xticks(fontsize=15); plt.yticks(fontsize=15)
ax2 = fig.add_subplot(122)
ACF(ratio, lag=10, fname='fig/1_18.png')
```

从时序图 (见图 1.18) 可以看出, 2005 年 至 2015 年 苏格兰百岁老人男女之比始终在 0.14 上下稳定波动. 从自相关图来看, 1 期延迟自相关函数迅速衰减到 2 倍标准差范围内, 3 期延迟之后自相关函数基本在零附近微小波动, 具有平稳序列的特征.

然后, 作纯随机性检验:

```
acorr_ljungbox(ratio,lags=[5, 10],boxpierce=True,return_df=True)
输出结果:
      lb_stat     lb_pvalue     bp_stat     bp_pvalue
5    5.158670     0.396825     3.481084     0.626252
10   6.683855     0.754916     3.863610     0.953290
```

可见, 延迟 5 期和延迟 10 期的 Q_{LB} 和 Q_{BP} 检验统计量的 p 值都大于显著性水平 $\alpha = 0.05$, 所以我们有理由相信该序列是白噪声序列.

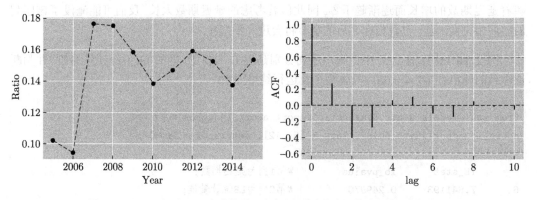

图 1.18   2005 年至 2015 年苏格兰百岁老人男女之比序列的时序图和自相关图

习题 1

1. 什么是时间序列? 请列举生活中观察到的时间序列的例子, 并收集关于这些例子的观察值. 根据所收集到的观察值序列, 绘制其时序图.

2. 时间序列分析的方法有哪些? 分别简述时域方法和频域方法的发展轨迹和特点.

3. 何谓严平稳? 何谓宽平稳? 简述它们之间的区别和联系.

4. 简述平稳性假设的统计意义.

5. 简述时间序列建模全过程.

6. 何谓时间序列平稳性的图检验法? 请简述图检验的思想.

7. 什么是白噪声序列? 简述白噪声检验方法及其操作过程.

8. 若 $y_t = u\cos\alpha t + v\sin\alpha t$, 其中 $\alpha \neq 0$ 是常数, u, v 为随机变量, 证明: $\{y_t\}$ 平稳的充分必要条件是: u, v 是均值为零, 等方差且互不相关的随机变量.

9. 已知 $\{\varepsilon_t\}$ 是一个零均值白噪声过程, 证明: 滑动和过程 $w_t = \sum\limits_{i=0}^{q} \alpha_i \varepsilon_{t-i}$ 也为平稳过程.

10. 若序列长度是 100, 前 12 个样本自相关系数如下:

$$\hat{\rho}(1) = 0.02, \quad \hat{\rho}(2) = 0.05, \quad \hat{\rho}(3) = 0.10, \quad \hat{\rho}(4) = -0.02,$$

$$\hat{\rho}(5) = 0.05, \quad \hat{\rho}(6) = 0.01, \quad \hat{\rho}(7) = 0.12, \quad \hat{\rho}(8) = -0.06,$$

$$\hat{\rho}(9) = 0.08, \quad \hat{\rho}(10) = -0.05, \quad \hat{\rho}(11) = 0.02, \hat{\rho}(12) = -0.05.$$

问: 该序列能否视为纯随机序列 ($\alpha=0.05$)?

11. 表 1.3 是某公司在 2000 年至 2003 年每月的销售量数据.

表 1.3　某公司每月的销售量数据 (行数据)

153	187	234	212	300	221	201	175	123	104	85	78
134	175	243	227	298	256	234	165	124	106	87	74
145	203	189	214	295	220	231	174	119	85	67	75
117	178	149	178	248	202	162	135	120	96	90	63

(1) 绘制该序列的时序图和样本自相关图, 并判断该序列的平稳性.

(2) 判断该序列的纯随机性.

12. 表 1.4 是 1969 年 1 月至 1974 年 5 月芝加哥海德公园内每 28 天发生的抢包案件数.

表 1.4　芝加哥海德公园内每 28 天发生的抢包案件数 (行数据)

10	15	10	10	12	10	7	7	10	14	8	17
14	18	3	9	11	10	6	12	14	10	25	29
33	33	12	19	16	19	19	12	34	15	36	29
26	21	17	19	13	20	24	12	6	14	6	12
9	111	17	12	8	14	144	12	5	8	10	3
16	8	8	7	12	6	10	8	10	5		

(1) 绘制该序列 $\{x_t\}$ 的时序图和样本自相关图, 并判断该序列的平稳性.

(2) 对该序列进行变换

$$y_t = x_t - x_{t-1},$$

并判断序列 $\{y_t\}$ 的平稳性和纯随机性.

13. 表 1.5 是 1945 年至 1950 年费城月度降水量数据 (单位: mm).

表 1.5 1945 年至 1950 年费城月度降水量数据 (行数据)

69.3	80.0	40.9	74.9	84.6	101.1	225.0	95.3	100.6	48.3	144.5	128.3
38.4	52.3	68.6	37.1	148.6	218.7	131.6	112.8	81.8	31.0	47.5	70.1
96.8	61.5	55.6	171.7	220.5	119.4	63.2	181.6	73.9	64.8	166.9	48.0
137.7	80.5	105.2	89.9	174.8	124.0	86.4	136.9	31.5	35.3	112.3	143.0
160.8	97.0	80.5	62.5	158.2	7.6	165.9	106.7	92.2	63.2	26.2	77.0
52.3	105.4	144.3	49.5	116.1	54.1	148.6	159.3	85.3	67.3	112.8	59.4

(1) 计算该序列的样本自相关系数 $\hat{\rho}_k, k = 1, 2, \cdots, 24$.

(2) 绘制该序列的时序图和样本自相关图, 并判断该序列的平稳性.

(3) 判断该序列的纯随机性.

第 2 章　平稳时间序列模型及其性质

学习目标与要求

1. 了解线性差分方程及其解的结构.
2. 掌握自回归模型的有关概念和性质.
3. 掌握移动平均模型的有关概念和性质.
4. 掌握自回归移动平均模型的有关概念和性质.

2.1　差分方程和滞后算子

如果序列值被识别为平稳的非白噪声序列, 那么该序列就蕴含着一定的相关信息. 从统计角度看, 我们就可以设法提取该序列中蕴含的有用信息, 并建立适当的统计模型来拟合该序列. 目前, 最常用的平稳序列拟合模型是自回归模型 (AR 模型)、移动平均模型 (MA 模型) 和自回归移动平均模型 (ARMA 模型). 这三类模型都属于有限参数线性模型, 它们与线性差分方程有着密切的联系, 模型的性质取决于差分方程根的性质. 因此, 在介绍这三类模型之前, 我们先简要学习线性差分方程的求解和滞后算子.

2.1.1　差分运算与滞后算子

1. p 阶差分运算

对于一个观察值序列 $\{x_t\}$ 来讲, 相邻两时刻序列值之差称为**一阶差分** (**first-order difference**), 下面引入**一阶向后差分** (**first-order backward difference**), 记为 ∇x_t, 即

$$\nabla x_t = x_t - x_{t-1}.$$

对一阶向后差分后所得序列 $\{\nabla x_t\}$ 再进行一阶向后差分运算就得到**二阶向后差分** (**second-order backward difference**), 记为 $\nabla^2 x_t$, 于是

$$\nabla^2 x_t = \nabla x_t - \nabla x_{t-1}.$$

类似地, 对 $p-1$ 阶向后差分后所得序列 $\{\nabla^{p-1}x_t\}$ 再进行一阶向后差分就得到 p **阶向后差分** (**p-order backward difference**), 记为 $\nabla^p x_t$,

$$\nabla^p x_t = \nabla^{p-1}x_t - \nabla^{p-1}x_{t-1}.$$

如果没有特别指出, 本书以后将向后差分简称为差分.

2. m 步差分运算

一般地, 称观察值序列 $\{x_t\}$ 相距 m 个时刻的值之差为 m **步差分**, 记作 $\nabla_m x_t$, 即

$$\nabla_m x_t = x_t - x_{t-m}.$$

3. 滞后算子

为了简化后面平稳模型的表达式并便于求解, 我们引入滞后算子的概念. 如果算子 B 满足

$$Bx_t = x_{t-1},$$

那么称 B 为关于时间 t 的 1 步**滞后算子** (**lag operator**), 简称滞后算子 (又称延迟算子).

容易证明滞后算子有如下性质:

(1) $B^0 x_t = x_t$;

(2) $B^k x_t = x_{t-k}, k = 1, 2, \cdots$;

(3) 若 $\{x_t\}$ 和 $\{y_t\}$ 为任意两个序列, 且 c_1 和 c_2 为任意常数, 则有

$$B(c_1 x_t \pm c_2 y_t) = c_1 x_{t-1} \pm c_2 y_{t-1} = c_1 B x_t \pm c_2 B y_t;$$

(4) $(1-B)^n x_t = \sum_{i=0}^{n}(-1)^i \mathrm{C}_n^i B^i x_t$, 其中 $\mathrm{C}_n^i = \frac{n!}{i!(n-i)!}$.

4. 差分运算与滞后算子的关系

根据差分运算和滞后算子的概念, 我们不难用滞后算子表示如下差分运算:

(1) $\nabla^n x_t = (1-B)^n x_t = \sum_{i=0}^{n}(-1)^i \mathrm{C}_n^i B^i x_t = \sum_{i=0}^{n}(-1)^i \mathrm{C}_n^i x_{t-i}$;

(2) $\nabla_n x_t = (1-B^n)x_t$.

2.1.2　线性差分方程

1. 线性差分方程的概念

称如下形式的方程

$$x_t + a_1 x_{t-1} + a_2 x_{t-2} + \cdots + a_n x_{t-n} = f(t), \tag{2.1}$$

为序列 $\{x_t, t = 0, \pm 1, \pm 2, \cdots\}$ 的 n **阶线性差分方程 (nth-order linear difference equation)**, 其中 $n \geqslant 1$; $a_1, a_2, \cdots, a_n$ 为实数, 且 $a_n \neq 0$; $f(t)$ 为 t 的已知函数.

特别地, 如果在 (2.1) 式中 $f(t) \equiv 0$, 即

$$x_t + a_1 x_{t-1} + a_2 x_{t-2} + \cdots + a_n x_{t-n} = 0, \tag{2.2}$$

那么称方程 (2.2) 为 n **阶齐次线性差分方程 (nth-order homogeneous linear difference equation)**. 否则, 称方程 (2.1) 为 n **阶非齐次 (nonhomogeneous) 线性差分方程**.

2. 齐次线性差分方程解的结构

齐次线性差分方程的解的结构依赖于它的特征方程和特征根的取值情况. n 阶齐次线性差分方程 (2.2) 的特征方程为

$$\lambda^n + a_1 \lambda^{n-1} + a_2 \lambda^{n-2} + \cdots + a_n = 0. \tag{2.3}$$

由于 $a_n \neq 0$, 所以方程 (2.3) 有 n 个非零根, 我们称这 n 个非零根为 n 阶齐次线性差分方程 (2.2) 的特征根, 不妨记作

$$\lambda_1, \lambda_2, \cdots, \lambda_n.$$

根据特征根的不同情况, 齐次线性差分方程 (2.2) 的解具有不同的结构. 下面分情况讨论:

(1) 当 $\lambda_1, \lambda_2, \cdots, \lambda_n$ 为特征方程的互不相等的 n 个实根时, 齐次线性差分方程 (2.2) 的通解为

$$x_t = c_1 \lambda_1^t + c_2 \lambda_2^t + \cdots + c_n \lambda_n^t,$$

式中, $c_1, c_2, \cdots, c_n$ 为任意 n 个实常数.

(2) 当 $\lambda_1, \lambda_2, \cdots, \lambda_n$ 中有相同的实根时, 不妨假设 $\lambda_1 = \lambda_2 = \cdots = \lambda_m$ 为 m 个相等实根, 而 $\lambda_{m+1}, \lambda_{m+2}, \cdots, \lambda_n$ 为互不相等的实根, 则齐次线性差分方程 (2.2) 的通解为

$$x_t = (c_1 + c_2 t + \cdots + c_m t^{m-1})\lambda_1^t + c_{m+1}\lambda_{m+1}^t + \cdots + c_n \lambda_n^t,$$

式中, $c_1, c_2, \cdots, c_n$ 为任意 n 个实常数.

(3) 当 $\lambda_1, \lambda_2, \cdots, \lambda_n$ 中有复根时, 由于其复根必然成对共轭出现, 故而不妨假设 $\lambda_1 = a + \mathrm{i}b = r\mathrm{e}^{\mathrm{i}\omega}$, $\lambda_2 = a - \mathrm{i}b = r\mathrm{e}^{-\mathrm{i}\omega}$ 为一对共轭复根, 其中 $r = \sqrt{a^2 + b^2}$, $\omega = \arccos \frac{a}{r}$, 而 $\lambda_3, \lambda_4, \cdots, \lambda_n$ 为互不相同的实根. 这时齐次线性差分方程 (2.2) 的通解为

$$x_t = r^t(c_1 \mathrm{e}^{\mathrm{i}t\omega} + c_2 \mathrm{e}^{-\mathrm{i}t\omega}) + c_3 \lambda_3^t + \cdots + c_n \lambda_n^t,$$

式中, $c_1, c_2, \cdots, c_n$ 为任意实数.

3. 非齐次线性差分方程的解

求解非齐次线性差分方程 (2.1) 需分三步进行. 第一步根据齐次线性差分方程 (2.2) 的特

征根的情况确定方程 (2.2) 的通解 x_t'; 第二步求出非齐次线性差分方程 (2.1) 的一个特解 x_t'', 所谓特解就是满足方程 (2.1) 的任意一个解; 第三步写出非齐次线性差分方程 (2.1) 的通解

$$x_t = x_t' + x_t''.$$

例 2.1　求二阶非齐次线性差分方程

$$x_t - 5x_{t-1} + 6x_{t-2} = 2t - 7 \tag{2.4}$$

的通解.

解　原方程 (2.4) 对应的齐次差分方程

$$x_t - 5x_{t-1} + 6x_{t-2} = 0 \tag{2.5}$$

的特征方程为

$$\lambda^2 - 5\lambda + 6 = 0. \tag{2.6}$$

由特征方程 (2.6) 解得两个不等的特征根: $\lambda_1 = 2$, $\lambda_2 = 3$. 于是, 齐次差分方程 (2.5) 的通解为

$$x_t' = c_1 2^t + c_2 3^t,$$

其中, c_1, c_2 为任意常数. 容易观察得非齐次线性差分方程 (2.4) 的一个特解 $x_t'' = t$. 故得方程 (2.4) 的通解为

$$x_t = c_1 2^t + c_2 3^t + t.$$

2.2　自回归模型的概念和性质

本节介绍较为简单的自回归 (autoregressive, AR) 模型以及它的统计性质. 事实上, 如果把差分方程 (2.1) 中等式右边的 $f(t)$ 换成随机噪声 ε_t, 那么就变成了随机差分方程. 从数学上来看, 下面的 AR 模型就是一种特殊的随机差分方程.

2.2.1　自回归模型的定义

设 $\{x_t, t \in T\}$ 为一个序列, 则称满足如下结构的模型为 p **阶自回归模型 (*p*-order autoregressive model)**, 简记为 AR(p),

$$x_t = \phi_0 + \phi_1 x_{t-1} + \phi_2 x_{t-2} + \cdots + \phi_p x_{t-p} + \varepsilon_t, \tag{2.7}$$

其中, $\phi_0, \phi_1, \phi_2, \cdots, \phi_p$ 为 $p+1$ 个固定常数, 并要求 $\phi_p \neq 0$; $\{\varepsilon_t\}$ 是均值为零的白噪声序列, 且 ε_t 与 x_{t-j} $(j = 1, 2, \cdots)$ 无关.

在模型 AR(p) 中, 要求随机干扰项 $\{\varepsilon_t\}$ 为零均值的白噪声序列, 即满足

$$E(\varepsilon_t) = 0, \ \operatorname{Var}(\varepsilon_t) = \sigma^2, \ E(\varepsilon_t \varepsilon_s) = 0, \ s \neq t,$$

且当期 (即现在时刻) 的随机干扰 ε_t 与过去序列值无关, 即 $E(x_s \varepsilon_t) = 0 \ (\forall s < t)$.

当 $\phi_0 = 0$ 时, 自回归模型 (2.7) 称为**中心化 AR(p) 模型**. 当 $\phi_0 \neq 0$ 时, 自回归模型 (2.7) 称为**非中心化 AR(p) 模型**, 此时, 令

$$\mu = \frac{\phi_0}{1 - \phi_1 - \cdots - \phi_p}, \quad y_t = x_t - \mu$$

则 $\{y_t\}$ 就为中心化序列. 上述变换实际上就是非中心化序列整体平移了一个常数单位, 这种整体移动对序列值之间的相关关系没有任何影响, 所以今后在分析 AR 模型的相关关系时, 都简化为中心化模型进行分析.

应用滞后算子, 中心化 AR(p) 模型可表示为

$$\Phi(B)x_t = \varepsilon_t,$$

其中, $\Phi(B) = 1 - \phi_1 B - \phi_2 B^2 - \cdots - \phi_p B^p$ 称为 p **阶自回归系数多项式**.

例 2.2　设某商品的价格序列为 $\{x_t\}$, 该商品的需求量为 $Q_t^{\mathrm{d}} = a - bx_t$, 而供给量为 $Q_t^{\mathrm{s}} = -c + dx_{t-1}$. 一种较为理想的经营策略是, 需求量与供给量相等, 从而得到 $x_t = (a+c)/b - dx_{t-1}/b$. 事实上, 商品的需求与供给还可能受到收入、偏好等其他众多非主要因素的干扰. 干扰项设为 ε_t, 将其加入模型中有

$$x_t = \frac{a+c}{b} - \frac{d}{b} x_{t-1} + \varepsilon_t. \tag{2.8}$$

一般假设 $\varepsilon_t \sim \mathrm{WN}(0, \sigma^2)$, 而且 ε_t 与 x_{t-1} 不相关是合理的, 此时模型 (2.8) 就是一个非中心化 AR(1) 模型.

将模型 (2.8) 实施中心化变换, 化为形如

$$y_t = \phi_1 y_{t-1} + \varepsilon_t \tag{2.9}$$

的中心化 AR(1) 模型, 可以看到, y_t 依赖于 y_{t-1} 和与 y_{t-1} 不相关的扰动 ε_t.

对模型 (2.9) 进行反复迭代运算, 得到

$$\begin{aligned} y_t &= \phi_1 y_{t-1} + \varepsilon_t = \phi_1 (\phi_1 y_{t-2} + \varepsilon_{t-1}) + \varepsilon_t = \phi_1^2 y_{t-2} + \phi_1 \varepsilon_{t-1} + \varepsilon_t = \cdots \\ &= \sum_{k=0}^{\infty} \phi_1^k \varepsilon_{t-k}. \end{aligned} \tag{2.10}$$

从 (2.10) 式可见, 服从 AR(1) 过程的时间序列 $\{y_t\}$ 经过多次迭代后成为白噪声序列 $\{\varepsilon_t\}$ 的加权和. ϕ_1^k 描述了第 $t-k$ 期噪声对 y_t 的影响. 如果 $|\phi_1| < 1$, 意味着随着 k 的增加, 噪声对 y_t 的影响越来越弱, 特别是当 $k \to \infty$ 时, 噪声对 y_t 的影响趋于零. 在下面我们将看到, 当 $|\phi_1| < 1$ 时, 服从 AR(1) 模型的时间序列 $\{y_t\}$ 是个平稳的时间序列.

在研究序列的统计性质之前, 一个不错的习惯是首先拟合序列值的走向, 得到一个对数据感性的观察. 这样做有时对理论分析大有裨益.

在 Python 中, 模块 statsmodels.tsa.api 中的函数 arma_generate_sample() 能够拟合 AR 模型, 以及后面将要介绍的 MA 模型和 ARMA 模型. 函数 arma_generate_sample() 的使用格式为:

```
import statsmodels.tsa.api as smtsa  #导入相应模块, 并简记为 smtsa
smtsa.arma_generate_sample(ar=, ma=, nsample=, scale= )
```

该函数的参数说明:

- 指定模型系数:

(1) AR(p) 模型为 $ar = np.r\_[1, -\phi_1, -\phi_2, \cdots, -\phi_p]$;

(2) MA(q) 模型为 $ma = np.r\_[1, -\theta_1, -\theta_2, \cdots, -\theta_q]$;

(3) ARMA(p, q) 模型为 (1) 和 (2) 的线性组合.

-nsample: 指定拟合序列的长度.

-scale: 指定拟合序列噪声的标准差, 不特殊指定, 系统默认 scale $= 1$.

例 2.3　拟合下列 AR 模型, 并绘制时序图:

(1) $x_t = 0.6x_{t-1} + \varepsilon_t$;　　　　　　　　(2) $x_t = x_{t-1} + \varepsilon_t$;

(3) $x_t = -1.8x_{t-1} + \varepsilon_t$;　　　　　　　(4) $x_t = x_{t-1} + 0.3x_{t-2} + \varepsilon_t$.

这里 $\varepsilon_t \sim \mathrm{WN}(0, \sigma^2)$.

解　我们用函数 arma generate sample() 拟合这四个序列的序列值, 并绘制时序图, 具体命令如下, 运行结果见图 2.1.

```
import statsmodels.tsa.api as smtsa
n = 100; ma = np.r_[1, 0]
ar11 = np.r_[1, -0.6]; ar12 = np.r_[1, -1]
ar13 = np.r_[1, 1.8];  ar14 = np.r_[1, -1, -0.3]
np.random.seed(231) #设定种子
ar1 = smtsa.arma_generate_sample(ar=ar11, ma=ma, nsample=n)
np.random.seed(232)
ar2 = smtsa.arma_generate_sample(ar=ar12, ma=ma, nsample=n)
np.random.seed(233)
ar3 = smtsa.arma_generate_sample(ar=ar13, ma=ma, nsample=n)
np.random.seed(234)
ar4 = smtsa.arma_generate_sample(ar=ar14, ma=ma, nsample=n)
```

```
fig = plt.figure(figsize=(12,4), dpi=150)
ax1 = fig.add_subplot(221)
ax1.plot(ar1, linestyle="-", color="b")
ax1.set_xlabel(xlabel='(a)', fontsize=17)
plt.xticks(fontsize=15); plt.yticks(fontsize=15)
ax2 = fig.add_subplot(222)
ax2.plot(ar2, linestyle="-", color="b")
ax2.set_xlabel(xlabel='(b)', fontsize=17)
plt.xticks(fontsize=15); plt.yticks(fontsize=15)
ax3 = fig.add_subplot(223)
ax3.plot(ar3, linestyle="-", color="b")
ax3.set_xlabel(xlabel='(c)', fontsize=17)
plt.xticks(fontsize=15); plt.yticks(fontsize=15)
ax4 = fig.add_subplot(224)
ax4.plot(ar4, linestyle="-", color="b")
ax4.set_xlabel(xlabel='(d)', fontsize=17)
plt.xticks(fontsize=15); plt.yticks(fontsize=15)
fig.tight_layout(); plt.savefig(fname='fig/2_1.png')
```

题 (1) 的自回归系数 $\phi_1 = 0.6$, 所以距离时刻 t 越远的噪声对 x_t 影响越小, 时序图 2.1(a) 呈现平稳态势. 题 (2) 的自回归系数 $\phi_1 = 1$, 所以噪声对 x_t 的影响不随时间的推移而减弱. 我们称这种序列为**随机游走 (random walk)**. 从图 2.1 (b) 可见, 随机游走序列在一定时间段具有一定的上升或者下降趋势, 也就是运动的方向有一定的持续性. 与图 2.1 (a) 相比, 随机游走并不是围绕某个值上下波动, 而出现了持续偏离, 因此随机游走序列不是平稳序列. 图 2.1 (c) 表明题 (3) 方差逐渐增大, 而图 2.1 (d) 表明题 (4) 的序列值有明显的减小趋势, 故而它们都不是平稳序列.

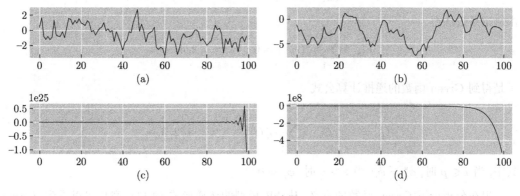

图 2.1 时序图

2.2.2　稳定性与平稳性

AR 模型是最常用的拟合平稳序列的模型之一, 但是并非所有 AR 模型都是平稳的, 甚至有些 AR 模型都不一定是稳定的. 下面我们来学习判别 AR 模型稳定性和平稳性的方法.

1. Green 函数

设 $\{x_t, t \in T\}$ 是一个序列, 如果 x_t 可表示为零均值白噪声序列 $\{\varepsilon_t\}$ 的级数和, 即

$$x_t = G_0 \varepsilon_t + G_1 \varepsilon_{t-1} + G_2 \varepsilon_{t-2} + \cdots,$$

那么系数函数 G_i $(i = 0, 1, 2, \cdots)$ 称为 **Green 函数**.

根据 (2.10) 式, AR(1) 序列可以表示为 $x_t = \sum\limits_{k=0}^{\infty} \phi_1^k \varepsilon_{t-k}$, 所以 AR(1) 模型的 Green 函数为 $G_k = \phi_1^k$.

下面根据待定系数法, 求中心化 AR(p) 模型的 Green 函数. 显然, 任何一个中心化 AR(p) 序列经过反复迭代运算总可以表示成

$$x_t = \sum_{k=0}^{\infty} G_k \varepsilon_{t-k} = \Big(\sum_{k=0}^{\infty} G_k B^k \Big) \varepsilon_t. \tag{2.11}$$

(2.11) 式通常称为 **AR 模型的传递形式**. 将 (2.11) 式代入 $\Phi(B) x_t = \varepsilon_t$ 得

$$\Big(1 - \sum_{i=1}^{p} \phi_i B^i \Big) \Big(\sum_{k=0}^{\infty} G_k B^k \Big) \varepsilon_t = \varepsilon_t,$$

整理得

$$\Big[G_0 + \sum_{k=1}^{\infty} \Big(G_k - \sum_{i=1}^{k} \phi_i^* G_{k-i} \Big) B^k \Big] \varepsilon_t = \varepsilon_t.$$

由待定系数法得

$$G_k - \sum_{i=1}^{k} \phi_i^* G_{k-i} = 0, \quad k = 1, 2, 3, \cdots.$$

于是得到 Green 函数的递推计算公式

$$G_0 = 1, \quad G_k = \sum_{i=1}^{k} \phi_i^* G_{k-i}, \quad k = 1, 2, 3, \cdots,$$

其中, 当 $i \leqslant p$ 时, $\phi_i^* = \phi_i$; 当 $i > p$ 时, $\phi_i^* = 0$.

现在分析一下 Green 函数的意义. 从 AR 模型的传递形式 (2.11), 我们可以看到, Green 函数 G_k 是 $t - k$ 时刻的干扰项 ε_{t-k} 的权数, $|G_k|$ 越大, 表明过去的干扰对时刻 t 的序列值影响也越大, 说明系统的记忆性越强. 如果 $|G_k| \to 0, k \to \infty$, 那么说明过去的干扰的影响逐渐衰减; 如果当 $k \to \infty$ 时, $|G_k|$ 不收敛于零, 那么说明过去干扰的影响不随时间的推移而衰退. 这样的序列将是不平稳的.

借助于 Green 函数的概念, 我们可以考查序列如下三种类型的稳定性.

(1) 如果存在常数 $M > 0$, 使得对于一切 k, $|G_k| \leqslant M$, 那么称序列 $\left\{ x_t = \sum\limits_{k=0}^{\infty} G_k \varepsilon_{t-k} \right\}$ 是**稳定的** (stable).

(2) 如果 $k \to \infty$ 时, $|G_k| \to 0$, 则称序列 $\left\{ x_t = \sum\limits_{k=0}^{\infty} G_k \varepsilon_{t-k} \right\}$ 是**渐近稳定的** (asymptotically stable).

(3) 如果存在常数 $a > 0, b > 0$, 使得对于一切 k, $|G_k| \leqslant ae^{-bk}$, 则称序列 $\left\{ x_t = \sum\limits_{k=0}^{\infty} G_k \varepsilon_{t-k} \right\}$ 是**一致渐近稳定的** (uniformly asymptotically stable).

2. AR 模型平稳性的判别

下面的定理给出了判别 AR 模型平稳性的充分必要条件.

定理 2.1 设 $\{x_t, t \in T\}$ 是一个中心化 AR(p) 模型

$$\Phi(B)x_t = \varepsilon_t,$$

其中 $\Phi(B) = 1 - \phi_1 B - \phi_2 B^2 - \cdots - \phi_p B^p$, 则 $\{x_t, t \in T\}$ 平稳的充分必要条件是

$$\Phi(u) = 1 - \phi_1 u - \phi_2 u^2 - \cdots - \phi_p u^p = 0$$

的根在单位圆外.

证明 设 $\Phi(u) = 0$ 的 p 个根为 $1/\lambda_1, 1/\lambda_2, \cdots, 1/\lambda_p$, 则 $\Phi(B)$ 可表示为

$$\Phi(B) = a(1 - \lambda_1 B)(1 - \lambda_2 B) \cdots (1 - \lambda_p B).$$

从而

$$x_t = \Phi^{-1}(B)\varepsilon_t = \frac{1}{a(1 - \lambda_1 B)(1 - \lambda_2 B) \cdots (1 - \lambda_p B)}\varepsilon_t.$$

用待定系数法, 得

$$x_t = \sum_{k=1}^{p} a_k (1 - \lambda_k B)^{-1} \varepsilon_t,$$

其中 a_k 是有限实数. 于是有

$$x_t = \sum_{k=1}^{p} a_k \Big(\sum_{i=0}^{\infty} \lambda_k^i B^i \Big) \varepsilon_t = \sum_{i=0}^{\infty} \Big(\sum_{k=1}^{p} a_k \lambda_k^i \Big) \varepsilon_{t-i}. \tag{2.12}$$

(2.12) 式是一个白噪声加权和. $\{x_t\}$ 平稳的充分必要条件是权系数绝对收敛于零, 而权系数绝对收敛于零的充分必要条件是所有的 $\lambda_i (i = 1, 2, \cdots, p)$ 的绝对值小于 1, 即它的根 $1/\lambda_i$ 都在单位圆之外.

推论 2.1 AR(p) 模型 $\{x_t\}$ 平稳的充要条件是它的齐次线性差分方程 $\Phi(B)x_t = 0$ 的特征根都在单位圆内.

证明 根据定理 2.1, 只需证明自回归系数多项式方程 $\Phi(u) = 0$ 的根是齐次线性差分方程 $\Phi(B)x_t = 0$ 的特征根的倒数即可. 事实上, 设 λ_i ($i = 1, 2, \cdots, p$) 为齐次线性差分方程 $\Phi(B)x_t = 0$ 的特征根, 任取一个 λ_i 代入特征方程, 得

$$\lambda_i^p - \phi_1 \lambda_i^{p-1} - \phi_2 \lambda_i^{p-2} - \cdots - \phi_p = 0.$$

把 $1/\lambda_i$ 代入自回归系数多项式, 得

$$\begin{aligned}
\Phi\left(\frac{1}{\lambda_i}\right) &= 1 - \phi_1 \frac{1}{\lambda_i} - \phi_2 \frac{1}{\lambda_i^2} - \cdots - \phi_p \frac{1}{\lambda_i^p} \\
&= \frac{1}{\lambda_i^p}\left[\lambda_i^p - \phi_1 \lambda_i^{p-1} - \phi_2 \lambda_i^{p-2} - \cdots - \phi_p\right] = 0.
\end{aligned}$$

证毕.

根据推论 2.1 知, AR(p) 模型平稳的充要条件是它的齐次线性差分方程的特征根都在单位圆内, 而特征根是由自回归系数决定的, 因此满足这个条件的自回归系数构成一个集合, 这个集合我们称为平稳域. 更准确地, 我们有下列定义.

对于一个 AR(p) 模型来讲, 我们称使其特征根都在单位圆内的 p 个系数构成的向量的集合为 **AR(p) 模型的平稳域**, 即

$$\{(\phi_1, \phi_2, \cdots, \phi_p) : 特征根都在单位圆内\}.$$

对于低阶 AR 模型用平稳域的方法判别其稳定性更为方便.

例 2.4 求 AR(1) 模型 $x_t = \phi_1 x_{t-1} + \varepsilon_t$ 的平稳域.

解 根据 AR(1) 模型的特征方程 $\lambda - \phi_1 = 0$ 得特征根为 $\lambda = \phi_1$. 再由推论 2.1 知, AR(1) 模型平稳的充要条件是 $|\phi_1| < 1$, 故而得到 AR(1) 模型的平稳域就是 $\{\phi_1 : -1 < \phi_1 < 1\}$.

例 2.5 求 AR(2) 模型 $x_t = \phi_1 x_{t-1} + \phi_2 x_{t-2} + \varepsilon_t$ 的平稳域.

解 设 AR(2) 模型的特征方程 $\lambda^2 - \phi_1 \lambda - \phi_2 = 0$ 的两个特征根分别为 λ_1 和 λ_2, 则根据推论 2.1 和一元二次方程根与系数的关系知 AR(2) 模型平稳的充要条件为

$$|\phi_2| = |\lambda_1 \lambda_2| < 1;$$

$$\phi_2 + \phi_1 = 1 - (1 - \lambda_1)(1 - \lambda_2) < 1;$$

$$\phi_2 - \phi_1 = 1 - (1 + \lambda_1)(1 + \lambda_2) < 1.$$

于是得到 AR(2) 模型的平稳域

$$\{(\phi_1, \phi_2) : |\phi_2| < 1, \phi_2 \pm \phi_1 < 1\}.$$

3. AR 模型平稳性与稳定性的关系

对于 AR 模型来讲, 平稳性与稳定性有如下关系.

定理 2.2 中心化 AR(p) 模型

$$x_t = \phi_1 x_{t-1} + \phi_2 x_{t-2} + \cdots + \phi_p x_{t-p} + \varepsilon_t \tag{2.13}$$

平稳的充分必要条件是它渐近稳定或一致渐近稳定.

证明 设 $\lambda_1, \lambda_2, \cdots, \lambda_p$ 是中心化 AR(p) 模型的 p 个特征根, 则根据 (2.12) 式得 Green 函数

$$G_i = \sum_{k=1}^{p} a_k \lambda_k^i, \quad i \geqslant 0.$$

当 AR(p) 模型平稳时, $|\lambda_k| < 1, k = 1, 2, \cdots, p.$ 记 $A = \max_{1 \leqslant k \leqslant p} \{|a_k|\}, B = \max_{1 \leqslant k \leqslant p} \{|\lambda_k|\}$, 则得

$$|G_i| \leqslant p A B^i = p A e^{-(-\ln B)i}, \quad i \geqslant 0. \tag{2.14}$$

于是得到, 平稳 AR(p) 模型是一致稳定的, 且渐近稳定的.

反之, 若 AR(p) 模型是一致稳定的, 或渐近稳定的, 则

$$\lim_{i \to \infty} |G_i| = 0.$$

从而, $|\lambda_k| < 1, k = 1, 2, \cdots, p.$ 因此, AR(p) 模型是平稳的.

不过, 如果 AR(p) 模型仅满足稳定性, 那么不一定是平稳的. 如: 随机游动序列 $\{y_t = \sum_{i=0}^{\infty} \varepsilon_{t-i}\}$, 其中 $G_i = 1$, 因而是稳定的, 但不是平稳的.

2.2.3 平稳自回归模型的统计性质

1. 均值函数

假如 AR(p) 模型 (2.7) 满足平稳性条件, 在等式两边同时取期望, 得

$$E(x_t) = \phi_0 + \phi_1 E(x_{t-1}) + \phi_2 E(x_{t-2}) + \cdots + \phi_p E(x_{t-p}) + E(\varepsilon_t).$$

根据平稳性条件, 得 $E(x_t) = \mu, \forall t \in T.$ 由于 $\{\varepsilon_t\}$ 是白噪声序列, 所以 $E(\varepsilon_t) = 0.$ 于是, 我们得到

$$\mu = \frac{\phi_0}{1 - \phi_1 - \cdots - \phi_p}.$$

特别地, 对于中心化 AR(p) 模型, 有 $E(x_t) = 0.$

2. 方差函数

假如 AR(p) 模型是平稳的, 对其传递形式 (2.11) 两边求方差, 有

$$\mathrm{Var}(x_t) = \sum_{i=0}^{\infty} G_i^2 \mathrm{Var}(\varepsilon_t) = \sigma_\varepsilon^2 \sum_{i=0}^{\infty} G_i^2,$$

其中, $\{\varepsilon_t\}$ 为白噪声序列. 因为 $\{x_t\}$ 平稳, 所以根据 (2.14) 式, 得

$$\sum_{i=0}^{\infty} G_i^2 < +\infty.$$

这表明平稳序列 $\{x_t\}$ 方差恒为常数 $\sigma_\varepsilon^2 \sum_{i=0}^{\infty} G_i^2$.

3. 自协方差函数

在中心化 AR(p) 平稳模型 (2.13) 两边同时乘以 $x_{t-k}, k \geqslant 1$, 然后求期望, 得

$$E(x_t x_{t-k}) = \phi_1 E(x_{t-1} x_{t-k}) + \cdots + \phi_p E(x_{t-p} x_{t-k}) + E(\varepsilon_t x_{t-k}).$$

根据 AR(p) 模型的定义和平稳性, 得自协方差函数的递推公式:

$$\gamma(k) = \phi_1 \gamma(k-1) + \cdots + \phi_p \gamma(k-p). \tag{2.15}$$

4. 自相关函数

在自协方差函数递推公式 (2.15) 等号两边同除以方差函数 $\gamma(0)$, 就得到自相关函数的递推公式:

$$\rho(k) = \phi_1 \rho(k-1) + \cdots + \phi_p \rho(k-p). \tag{2.16}$$

例 2.6　求平稳 AR(1) 模型 $x_t = \phi_1 x_{t-1} + \varepsilon_t$ 的方差、自协方差函数和自相关函数.

解　由 (2.10) 式知其传递形式为

$$x_t = \sum_{i=0}^{\infty} \phi_1^i \varepsilon_{t-i}.$$

从而 Green 函数 $G_i = \phi_1^i, i = 0, 1, 2, \cdots$, 于是得平稳 AR(1) 模型的方差

$$\mathrm{Var}(x_t) = \sum_{i=0}^{\infty} G_i^2 \mathrm{Var}(\varepsilon_t) = \sum_{i=0}^{\infty} \phi_1^{2i} \sigma_\varepsilon^2 = \frac{\sigma_\varepsilon^2}{1 - \phi_1^2}.$$

由 (2.15) 式知, 平稳 AR(1) 模型的自协方差函数为

$$\gamma(k) = \phi_1 \gamma(k-1) = \phi_1^k \gamma(0) = \phi_1^k \frac{\sigma_\varepsilon^2}{1 - \phi_1^2}, \quad \forall k \geqslant 1,$$

因而平稳 AR(1) 模型的自相关函数为 $\rho(k) = \phi_1^k, k \geqslant 0$.

例 2.7 求平稳 AR(2) 模型 $x_t = \phi_1 x_{t-1} + \phi_2 x_{t-2} + \varepsilon_t$ 的方差、自协方差函数的递推公式以及自相关函数的递推公式.

解 根据 Green 函数可推出 AR(2) 模型的方差为

$$\gamma(0) = \frac{1 - \phi_2}{(1 + \phi_2)(1 - \phi_1 - \phi_2)(1 + \phi_1 - \phi_2)} \sigma_\varepsilon^2.$$

在 (2.15) 式中, 取 $k = 1$ 得 $\gamma(1) = \phi_1 \gamma(0) + \phi_2 \gamma(1)$, 从而

$$\gamma(1) = \frac{\phi_1 \gamma(0)}{1 - \phi_2}.$$

于是得到平稳 AR(2) 模型的自协方差函数的递推公式为

$$\begin{cases} \gamma(0) = \dfrac{1 - \phi_2}{(1 + \phi_2)(1 - \phi_1 - \phi_2)(1 + \phi_1 - \phi_2)} \sigma_\varepsilon^2; \\[2mm] \gamma(1) = \dfrac{\phi_1 \gamma(0)}{1 - \phi_2}; \\[2mm] \gamma(k) = \phi_1 \gamma(k-1) + \phi_2 \gamma(k-2), \quad k \geqslant 2. \end{cases}$$

自相关函数的递推公式为

$$\rho(k) = \begin{cases} 1, & k = 0; \\[2mm] \dfrac{\phi_1}{1 - \phi_2}, & k = 1; \\[2mm] \phi_1 \rho(k-1) + \phi_2 \rho(k-2), & k \geqslant 2. \end{cases}$$

平稳 AR(p) 模型的自相关函数的两个显著性质是, 拖尾性和呈指数衰减. 下面我们简要说明这两个性质.

从 (2.16) 式可以看出 AR(p) 模型的自相关函数递推公式是一个 p 阶齐次差分方程. 不妨设它有 p 个互不相同的实特征根 λ_i $(i = 1, 2, \cdots, p)$, 则滞后 k 阶的自相关函数的通解为

$$\rho(k) = c_1 \lambda_1^k + c_2 \lambda_2^k + \cdots + c_p \lambda_p^k, \tag{2.17}$$

其中, c_i $(i = 1, 2, \cdots, p)$ 是不全为零的任意常数.

通过 (2.17) 式可以看出, $\rho(k)$ 始终非零, 即不会在 k 大于某个值之后就恒为零, 这个性质称为**拖尾性**. AR(p) 模型的自相关函数的拖尾性质有直观的解释. 对于平稳 AR(p) 模型

$$x_t = \phi_1 x_{t-1} + \phi_2 x_{t-2} + \cdots + \phi_p x_{t-p} + \varepsilon_t,$$

虽然表达式直接显示 x_t 受当期 ε_t 和最近 p 期的序列值 $x_{t-1}, \cdots, x_{t-p}$ 的影响, 但是 x_{t-1} 也

会受到 x_{t-1-p} 的影响, 以此类推, x_t 之前的每个值 $x_{t-1}, x_{t-2}, \cdots$ 对 x_t 都会有影响, 这种特性表现在自相关函数上就是自相关系数的拖尾性.

另外对于平稳 AR(p) 模型而言, 其特征值 $|\lambda_i| < 1, i = 1, 2, \cdots, p$, 所以当 $k \to \infty$ 时, $\rho(k) \to 0$, 且随着时间的推移是呈指数 λ^k 的速度衰减的. 这种自相关函数以指数衰减的性质就是 1.5 节中利用自相关图判断平稳序列时所说的 "短期相关性", 它是平稳序列的一个重要特征. 这个特征表明只有近期的序列值对现时值的影响比较明显, 间隔越远的过去值对现时值的影响越小.

例 2.8 观察以下四个平稳 AR 模型的自相关图:

(1) $x_t = 0.8x_{t-1} + \varepsilon_t$;　　　　　　　　(2) $x_t = -0.7x_{t-1} + \varepsilon_t$;

(3) $x_t = -0.2x_{t-1} + 0.3x_{t-2} + \varepsilon_t$;　　　(4) $x_t = 0.2x_{t-1} - 0.3x_{t-2} + \varepsilon_t$.

其中, $\{\varepsilon_t\}$ 为标准正态白噪声序列.

解　我们按如下命令绘制出四个自相关图 (见图 2.2).

```
n = 200; ma = np.r_[1, 0]
ar11 = np.r_[1, -0.8];ar12 = np.r_[1,0.7]
ar13 = np.r_[1,0.2,-0.3];ar14 = np.r_[1,-0.2,0.3,]
np.random.seed(281)
ar1 = smtsa.arma_generate_sample(ar=ar11, ma=ma, nsample=n)
np.random.seed(282)
ar2 = smtsa.arma_generate_sample(ar=ar12, ma=ma, nsample=n)
np.random.seed(283)
ar3 = smtsa.arma_generate_sample(ar=ar13, ma=ma, nsample=n)
np.random.seed(284)
ar4 = smtsa.arma_generate_sample(ar=ar14, ma=ma, nsample=n)
fig = plt.figure(figsize=(12,4), dpi=150)
ax1 = fig.add_subplot(221)
ACF(ar1, lag=30); ax1.set_xlabel(xlabel='(1)', fontsize=17)
ax2 = fig.add_subplot(222)
ACF(ar2, lag=30); ax2.set_xlabel(xlabel='(2)', fontsize=17)
ax3 = fig.add_subplot(223)
ACF(ar3, lag=30); ax3.set_xlabel(xlabel='(3)', fontsize=17)
ax4 = fig.add_subplot(224)
ACF(ar4, lag=30); ax4.set_xlabel(xlabel='(4)', fontsize=17)
fig.tight_layout(); plt.savefig(fname='fig/2_2.png')
```

从图 2.2 看到, 这四个 AR 模型不论它们具有何种形式的特征根, 它们的自相关函数都呈现出拖尾性和指数衰减性. 只是由于特征根的不同会导致自相关函数的衰减方式也不一样: 模型 (1) 的自相关函数按负指数衰减到零附近; 模型 (2) 的自相关函数呈现正负相间地衰减; 模型 (3) 的自相关函数具有 "伪周期" 的衰减特征. 模型 (4) 的自相关函数虽然没有明显的衰减规律, 但是衰减速度非常快. 这些都是平稳模型自相关函数常见的特征.

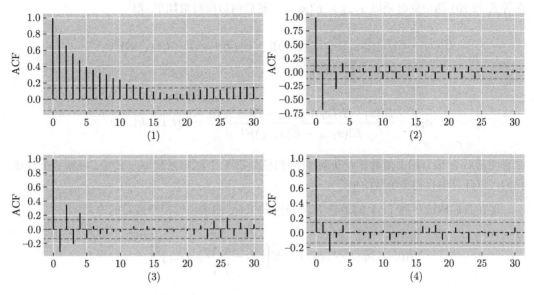

图 2.2　平稳时间序列的自相关图

5. 偏自相关函数

由 1.2 节我们知道, 偏自相关函数的概念反映了给定其他变量值的条件下, 第 s 期与第 t 期变量的条件相关系数. 具体地, 对于平稳序列 $\{x_t\}$ 而言, 所谓**滞后 k 偏自相关函数**就是给定中间 $k-1$ 个随机变量 $x_{t-1}, x_{t-2}, \cdots, x_{t-k+1}$ 的条件下, x_{t-k} 与 x_t 的相关系数, 反映了剔除中间 $k-1$ 个变量值的干扰之后, x_{t-k} 对 x_t 的纯粹相关影响的度量. 其数学表述是

$$\beta(t, t-k) = Cor(x_t, x_{t-k}|x_{t-1}, \cdots, x_{t-k+1}) = \frac{E[(x_t - \hat{E}(x_t))(x_{t-k} - \hat{E}(x_{t-k}))]}{E[(x_{t-k} - \hat{E}(x_{t-k}))^2]},$$

其中, $\hat{E}(x_t) = E[x_t|x_{t-1}, \cdots, x_{t-k+1}], \hat{E}(x_{t-k}) = E[x_{t-k}|x_{t-1}, \cdots, x_{t-k+1}]$.

对于中心化平稳序列 $\{x_t\}$, 用过去 k 期序列值 $x_{t-1}, x_{t-2}, \cdots, x_{t-k}$ 对 x_t 作 k 阶自回归拟合, 有

$$x_t = \phi_{k1}x_{t-1} + \phi_{k2}x_{t-2} + \cdots + \phi_{kk}x_{t-k} + \varepsilon_t, \tag{2.18}$$

式中, $\{\varepsilon_t\}$ 是均值为零的白噪声序列, 且对任意 $s < t, E(\varepsilon_t x_s) = 0$.

以 $x_{t-1}, x_{t-2}, \cdots, x_{t-k+1}$ 为条件, 在 (2.18) 式两边同时求条件期望, 得

$$\hat{E}(x_t) = \phi_{k1}x_{t-1} + \phi_{k2}x_{t-2} + \cdots + \phi_{k(k-1)}x_{t-k+1} + \phi_{kk}\hat{E}(x_{t-k}) + E(\varepsilon_t|x_{t-1}, \cdots, x_{t-k+1})$$

$$= \phi_{k1}x_{t-1} + \phi_{k2}x_{t-2} + \cdots + \phi_{k(k-1)}x_{t-k+1} + \phi_{kk}\hat{E}(x_{t-k}). \tag{2.19}$$

用 (2.18) 式减去 (2.19) 式, 得

$$x_t - \hat{E}(x_t) = \phi_{kk}(x_{t-k} - \hat{E}(x_{t-k})) + \varepsilon_t. \tag{2.20}$$

在等式 (2.20) 两边同时乘以 $x_{t-k} - \hat{E}(x_{t-k})$, 然后两边同时求期望, 得

$$E[(x_t - \hat{E}(x_t))(x_{t-k} - \hat{E}(x_{t-k}))] = \phi_{kk}E[(x_{t-k} - \hat{E}(x_{t-k}))^2],$$

于是

$$\phi_{kk} = \frac{E[(x_t - \hat{E}(x_t))(x_{t-k} - \hat{E}(x_{t-k}))]}{E[(x_{t-k} - \hat{E}(x_{t-k}))^2]} = \beta(t, t-k).$$

这表明滞后 k 偏自相关函数就是 k 阶自回归模型第 k 个回归系数 ϕ_{kk} 的值. 根据这个性质, 我们可以计算偏自相关函数的值.

现在我们构造序列 $\{x_t\}$ 的最佳 k 阶自回归拟合, 即求使得模型残差的方差

$$R(\phi_{k1}, \phi_{k2}, \cdots, \phi_{kk}) = E\left[\left(x_t - \sum_{i=1}^{k} \phi_{ki} x_{t-i}\right)^2\right]$$

最小的参数 $\phi_{k1}, \phi_{k2}, \cdots, \phi_{kk}$.

记

$$\boldsymbol{\Phi} = (\phi_{k1}, \phi_{k2}, \cdots, \phi_{kk}), \quad \boldsymbol{x} = (x_{t-1}, x_{t-2}, \cdots, x_{t-k}), \quad \boldsymbol{\Gamma} = (\gamma(1), \gamma(2), \cdots, \gamma(k)),$$

则

$$
\begin{aligned}
R(\phi_{k1}, \phi_{k2}, \cdots, \phi_{kk}) &= E\left[\left(x_t - \boldsymbol{\Phi}\boldsymbol{x}^{\mathrm{T}}\right)^2\right] \\
&= E\left[x_t^2 - 2x_t\boldsymbol{\Phi}\boldsymbol{x}^{\mathrm{T}} + \boldsymbol{\Phi}\boldsymbol{x}^{\mathrm{T}}\boldsymbol{x}\boldsymbol{\Phi}^{\mathrm{T}}\right] \\
&= \gamma(0) - 2\boldsymbol{\Phi}\boldsymbol{\Gamma}^{\mathrm{T}} + \boldsymbol{\Phi}\begin{pmatrix} \gamma(0) & \gamma(1) & \cdots & \gamma(k-1) \\ \gamma(1) & \gamma(0) & \cdots & \gamma(k-2) \\ \vdots & \vdots & & \vdots \\ \gamma(k-1) & \gamma(k-2) & \cdots & \gamma(0) \end{pmatrix}\boldsymbol{\Phi}^{\mathrm{T}}.
\end{aligned}
$$

$R(\phi_{k1}, \phi_{k2}, \cdots, \phi_{kk})$ 关于各变元 $\phi_{k1}, \phi_{k2}, \cdots, \phi_{kk}$ 求偏导, 并根据取得极值的必要条件, 得

$$\partial R/\partial \boldsymbol{\Phi} = -2\boldsymbol{\Gamma}^{\mathrm{T}} + 2\begin{pmatrix} \gamma(0) & \gamma(1) & \cdots & \gamma(k-1) \\ \gamma(1) & \gamma(0) & \cdots & \gamma(k-2) \\ \vdots & \vdots & & \vdots \\ \gamma(k-1) & \gamma(k-2) & \cdots & \gamma(0) \end{pmatrix}\boldsymbol{\Phi}^{\mathrm{T}} = \boldsymbol{0}.$$

于是有

$$\begin{pmatrix} 1 & \rho(1) & \cdots & \rho(k-1) \\ \rho(1) & 1 & \cdots & \rho(k-2) \\ \vdots & \vdots & & \vdots \\ \rho(k-1) & \rho(k-2) & \cdots & 1 \end{pmatrix} \boldsymbol{\Phi}^{\mathrm{T}} = \boldsymbol{\Psi}^{\mathrm{T}}, \tag{2.21}$$

其中, $\boldsymbol{\Psi} = (\rho(1), \rho(2), \cdots, \rho(k))$. 我们称方程组 (2.21) 为 **Yule-Walker 方程**. 该方程组的解 $\boldsymbol{\Phi} = (\phi_{k1}, \phi_{k2}, \cdots, \phi_{kk})$ 的最后一个分量 ϕ_{kk} 就是滞后 k 偏自相关函数.

特别地, 若线性方程组 (2.21) 的系数行列式不为零, 则根据 Cramer 法则, 得

$$\phi_{kk} = \frac{D_k}{D}, \tag{2.22}$$

其中, $D = \begin{vmatrix} 1 & \rho(1) & \cdots & \rho(k-1) \\ \rho(1) & 1 & \cdots & \rho(k-2) \\ \vdots & \vdots & & \vdots \\ \rho(k-1) & \rho(k-2) & \cdots & 1 \end{vmatrix}, D_k = \begin{vmatrix} 1 & \rho(1) & \cdots & \rho(1) \\ \rho(1) & 1 & \cdots & \rho(2) \\ \vdots & \vdots & & \vdots \\ \rho(k-1) & \rho(k-2) & \cdots & \rho(k) \end{vmatrix}.$

D 为线性方程组 (2.21) 的系数行列式; D_k 为将 D 中的第 k 列换成 $\boldsymbol{\Psi}^{\mathrm{T}}$ 而其余不变后构成的行列式.

对于中心化平稳 AR(p) 模型而言, 当 $k > p$ 时, $\phi_{kk} = 0$, 即滞后 k 偏自相关函数为 0. 这个性质我们称为平稳 AR(p) 模型的 p **步截尾性**. 下面我们证明这个性质.

事实上, 对于 AR(p) 模型 (2.7), 我们可作出如下 k 个方程构成的方程组

$$\begin{pmatrix} 1 & \rho(1) & \cdots & \rho(p-1) \\ \rho(1) & 1 & \cdots & \rho(p-2) \\ \vdots & \vdots & & \vdots \\ \rho(k-1) & \rho(k-2) & \cdots & \rho(k-p) \end{pmatrix} \begin{pmatrix} \phi_1 \\ \phi_2 \\ \vdots \\ \phi_p \end{pmatrix} = \begin{pmatrix} \rho(1) \\ \rho(2) \\ \vdots \\ \rho(k) \end{pmatrix}.$$

可见右边的列向量是左边系数矩阵的 p 个列向量的非零线性组合. 由 (2.22) 式, 立马得到 $D_k = 0$, 进而 $\phi_{kk} = 0$.

平稳 AR(p) 模型的偏自相关函数的 p 步截尾性、自相关函数的拖尾性和指数衰减性是其模型识别的重要依据.

例 2.9 分别求中心化平稳 AR(1) 模型:

$$x_t = \phi_1 x_{t-1} + \varepsilon_t$$

和中心化平稳 AR(2) 模型:

$$x_t = \phi_1 x_{t-1} + \phi_2 x_{t-2} + \varepsilon_t$$

的偏自相关函数.

解 根据 (2.22) 式, 我们立刻得到中心化平稳 AR(1) 模型的偏自相关函数为

$$\phi_{kk} = \begin{cases} \phi_1, & k = 1; \\ 0, & k \geqslant 2. \end{cases}$$

中心化平稳 AR(2) 模型的偏自相关函数为

$$\phi_{kk} = \begin{cases} \dfrac{\phi_1}{1 - \phi_2}, & k = 1; \\ \phi_2, & k = 2; \\ 0, & k > 2 \end{cases}$$

例 2.10 考查例 2.8 中平稳 AR 模型的偏自相关函数的截尾性.

解 由例 2.9 的结论容易计算出例 2.8 中模型 (1) 和模型 (2) 的偏自相关函数分别为

$$\phi_{kk} = \begin{cases} 0.8, & k = 1; \\ 0, & k \geqslant 2 \end{cases} \quad 和 \quad \phi_{kk} = \begin{cases} -0.7, & k = 1; \\ 0, & k \geqslant 2. \end{cases}$$

模型 (3) 和模型 (4) 的偏自相关函数分别为

$$\phi_{kk} = \begin{cases} -2/7, & k = 1; \\ 0.3, & k = 2; \\ 0, & k \geqslant 3 \end{cases} \quad 和 \quad \phi_{kk} = \begin{cases} 2/13, & k = 1; \\ -0.3, & k = 2; \\ 0, & k \geqslant 3. \end{cases}$$

我们也可以通过绘制偏自相关函数图来观察平稳自回归模型的截尾性. 由于本书之后要经常绘制偏自相关图, 所以我们先定义函数 PACF():

```
def PACF(ts, lag=20, xlabel='',fname=" "):
    lag_pacf = pacf(ts, nlags=lag)
    plt.vlines(x=list(range(lag+1)), ymin=np.zeros(lag+1),
               ymax=lag_pacf, linewidth=2.0, color='b')
    plt.axhline(y=0, linestyle=':', color='blue')
    plt.axhline(y=-1.96/np.sqrt(len(ts)),linestyle='--',color='red')
```

```
plt.axhline(y=1.96/np.sqrt(len(ts)),linestyle='--',color='red')
plt.title(''); plt.xticks(fontsize=15); plt.yticks(fontsize=15)
plt.xlabel(xlabel=xlabel,fontsize=17)
plt.ylabel(ylabel="PACF",fontsize=17)
plt.tight_layout(); plt.savefig(fname=fname)
```

现在继续例 2.8 的操作, 我们用下列语句绘制偏自相关函数图, 运行结果见图 2.3.

```
from statsmodels.tsa.stattools import pacf
fig = plt.figure(figsize=(12,6), dpi=150)
ax1 = fig.add_subplot(221)
PACF(ar1, lag=30, xlabel='(1)')
ax2 = fig.add_subplot(222)
PACF(ar2, lag=30, xlabel='(2)')
ax3 = fig.add_subplot(223)
PACF(ar3, lag=30, xlabel='(3)')
ax4 = fig.add_subplot(224)
PACF(ar4, lag=30, xlabel='(4)')
fig.tight_layout(); plt.savefig(fname='fig/2_3.png')
```

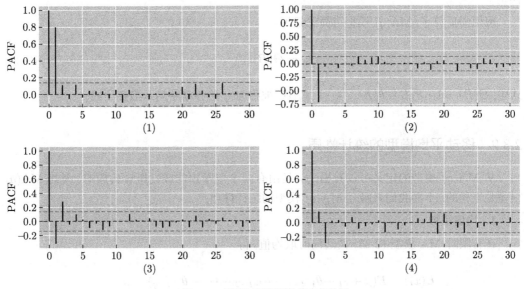

图 2.3　平稳时间序列的偏自相关图

图 2.3 中的虚线表示正态分布 $N(0, 1/n)$ 的 95% 的置信区间, 这个范围包含在它的 2 倍标准差范围内. 一般地, 如果偏自相关函数小于 2 倍标准差, 那么我们认为偏自相关函数几乎为零. 从图 2.3 可以看出, 尽管由于样本的随机性, 样本的偏自相关函数不会和理论计算出的有一样严格的截尾特性, 但是可以看出两个 AR(1) 模型的样本偏自相关函数一阶显著不为零, 一阶之后都近似为零; 两个 AR(2) 模型的样本偏自相关函数二阶显著不为零, 二阶之后都近似为零. 这从直观验证了偏自相关函数的截尾性.

2.3   移动平均模型的概念和性质

2.2 节我们学习了自回归模型, 主要研究第 t 期的序列值受 $t-1, t-2, \cdots$ 期序列值以及当期随机干扰值的影响. 本节主要讨论序列在 t 时刻的值与 $t, t-1, t-2, \cdots$ 时刻随机干扰值的相关关系. 这种相关关系主要是通过移动平均 (moving average, MA) 模型来建立的.

2.3.1   移动平均模型的定义

设 $\{x_t, t \in T\}$ 是一个时间序列, 称满足如下结构的模型为 q **阶移动平均模型** (**q-order moving average model**), 简记为 MA(q),

$$x_t = \mu + \varepsilon_t - \theta_1 \varepsilon_{t-1} - \theta_2 \varepsilon_{t-2} - \cdots - \theta_q \varepsilon_{t-q} \tag{2.23}$$

其中, $\theta_q \neq 0$, 并且 $\{\varepsilon_t\}$ 是均值为零的白噪声序列.

当 $\mu = 0$ 时, 模型 (2.23) 称为中心化 MA(q) 模型. 对于非中心化 MA(q) 模型, 我们做平移变换 $y_t = x_t - \mu$, 可将其转化为中心化 MA(q) 模型. 这种中心化变换不会影响序列值之间的相关关系, 所以此后所说的 MA(q) 模型在没有特殊规定时, 一般都指的是中心化 MA(q) 模型.

应用滞后算子, MA(q) 模型可简单记为

$$x_t = \Theta(B) \varepsilon_t \tag{2.24}$$

式中, $\Theta(B) = 1 - \theta_1 B - \theta_2 B^2 - \cdots - \theta_q B^q$, 被称为 q **阶移动平均系数多项式**.

2.3.2   移动平均模型的统计性质

从 MA(q) 模型的定义可以看出, x_t 是由有限个白噪声的线性组合构成的, 因此 MA(q) 模型是平稳的. 下面我们来研究 MA(q) 模型的统计性质.

1. 均值函数

在有限阶 MA 模型 (2.23) 两边同时取均值, 得

$$E(x_t) = E(\mu + \varepsilon_t - \theta_1 \varepsilon_{t-1} - \theta_2 \varepsilon_{t-2} - \cdots - \theta_q \varepsilon_{t-q}) = \mu,$$

即有限阶 MA 模型的均值函数是常数 μ. 特别地, 中心化有限阶 MA 模型的期望为零.

2. 方差函数

在 MA(q) 模型 (2.23) 两边同时取方差, 得

$$\mathrm{Var}(x_t) = \mathrm{Var}(\mu + \varepsilon_t - \theta_1 \varepsilon_{t-1} - \theta_2 \varepsilon_{t-2} - \cdots - \theta_q \varepsilon_{t-q}) = (1 + \theta_1^2 + \cdots + \theta_q^2)\sigma_\varepsilon^2.$$

可见 MA(q) 模型的方差也恒为常数.

3. 自协方差函数

$$
\begin{aligned}
\gamma(k) &= E(x_t x_{t-k}) \\
&= E[(\varepsilon_t - \theta_1\varepsilon_{t-1} - \cdots - \theta_q\varepsilon_{t-q})(\varepsilon_{t-k} - \theta_1\varepsilon_{t-k-1} - \cdots - \theta_q\varepsilon_{t-k-q})] \\
&= \begin{cases}
(1 + \theta_1^2 + \cdots + \theta_q^2)\sigma_\varepsilon^2, & k = 0; \\[2mm]
\left(-\theta_k + \displaystyle\sum_{i=1}^{q-k} \theta_i\theta_{k+i}\right)\sigma_\varepsilon^2, & 1 \leqslant k \leqslant q; \\[4mm]
0, & k > q.
\end{cases}
\end{aligned}
\tag{2.25}
$$

由 (2.25) 式可见, MA(q) 模型的自协方差函数具有 q 阶截尾性.

4. 自相关函数

由 (2.25) 式易得

$$
\rho(k) = \frac{\gamma(k)}{\gamma(0)} = \begin{cases}
1, & k = 0; \\[2mm]
\dfrac{-\theta_k + \displaystyle\sum_{i=1}^{q-k} \theta_i\theta_{k+i}}{1 + \theta_1^2 + \cdots + \theta_q^2}, & 1 \leqslant k \leqslant q; \\[4mm]
0, & k > q.
\end{cases}
$$

例 2.11 求 MA(1) 模型: $x_t = \varepsilon_t - \theta_1\varepsilon_{t-1}$ 和 MA(2) 模型: $x_t = \varepsilon_t - \theta_1\varepsilon_{t-1} - \theta_2\varepsilon_{t-2}$ 的自相关函数.

解 MA(1) 模型和 MA(2) 模型的自相关函数分别为

$$
\rho(k) = \begin{cases}
1, & k = 0; \\[2mm]
-\theta_1/(1 + \theta_1^2), & k = 1; \\[2mm]
0, & k \geqslant 2.
\end{cases}
\quad \text{和} \quad
\rho(k) = \begin{cases}
1, & k = 0; \\[2mm]
(-\theta_1 + \theta_1\theta_2)/(1 + \theta_1^2 + \theta_2^2), & k = 1; \\[2mm]
-\theta_2/(1 + \theta_1^2 + \theta_2^2), & k = 2; \\[2mm]
0, & k \geqslant 3.
\end{cases}
$$

5. 逆函数

自回归模型传递形式的实质是用过去和现在的干扰项表示当前序列值, 其系数就是 Green 函数. 对于一个移动平均模型来讲, 我们也可以用现在和过去的序列值表示当前干扰项, 即

$$
\varepsilon_t = I(B)x_t = \left(\sum_{i=0}^{\infty} I_i B^i\right)x_t.
\tag{2.26}
$$

我们称 (2.26) 式为平均移动模型的**逆转形式**, 并称系数 $I_0 = 1, I_i, i = 1, 2, \cdots$ 为**逆函数**. 然而, 并不是所有移动平均模型都可以写成逆转形式.

例 2.12　考查下列两个 MA(1) 模型

$$x_t = \varepsilon_t - \theta \varepsilon_{t-1}, \tag{2.27}$$

和

$$x_t = \varepsilon_t - \frac{1}{\theta} \varepsilon_{t-1}. \tag{2.28}$$

易见模型 (2.27) 和模型 (2.28) 的自相关函数相等. 将它们分别写成自相关模型形式

$$\frac{x_t}{1 - \theta B} = \varepsilon_t,$$

和

$$\frac{x_t}{1 - (1/\theta)B} = \varepsilon_t.$$

容易看出, 如果 $|\theta| < 1$, 那么

$$\sum_{i=0}^{\infty} \theta^i B^i = \frac{1}{1 - \theta B},$$

即模型 (2.27) 具有逆转形式

$$\varepsilon_t = \sum_{i=0}^{\infty} \theta^i B^i x_t,$$

而此时 $\sum_{i=0}^{\infty} \theta^{-i} B^i$ 发散, 故模型 (2.28) 不具有逆转形式. 反之, 如果 $|\theta| > 1$, 那么

$$\sum_{i=0}^{\infty} \theta^{-i} B^i = \frac{1}{1 - (1/\theta)B},$$

即模型 (2.28) 具有逆转形式

$$\varepsilon_t = \sum_{i=0}^{\infty} \theta^{-i} B^i x_t,$$

而 $\sum_{i=0}^{\infty} \theta^i B^i$ 发散, 故模型 (2.27) 不具有逆转形式.

一般地, 若一个 MA 模型具有逆转形式, 我们也称该模型为**可逆的**; 否则, 称该模型为**不可逆的**. 通常情况下, 不同的 MA 模型可以有相同的自相关函数, 但是对于可逆的 MA 模型来讲, 其自相关函数与该模型是一一对应的. 下面我们分析移动平均模型可逆的条件.

将 MA(q) 模型 (2.24) 表示为

$$\varepsilon_t = \frac{x_t}{\Theta(B)}, \tag{2.29}$$

其中, $\Theta(B)$ 为模型 (2.24) 所示. 设 $1/\lambda_i, i = 1, 2, \cdots, q$ 是系数多项式 $\Theta(B)$ 的 q 个零点, 则

(2.29) 式可以表示为

$$\varepsilon_t = \frac{x_t}{(1 - \lambda_1 B)(1 - \lambda_2 B) \cdots (1 - \lambda_q B)}.$$

容易看出, (2.29) 式具有逆转形式当且仅当 $|\lambda_i| < 1, i = 1, 2, \cdots, q$, 即系数多项式 $\Theta(B)$ 的 q 个零点 $1/\lambda_i, i = 1, 2, \cdots, q$ 在单位圆外. 这个条件我们称为 **MA(q) 模型的可逆性条件**.

例 2.13 写出 MA(2) 模型

$$x_t = \varepsilon_t - \theta_1 \varepsilon_{t-1} - \theta_2 \varepsilon_{t-2}$$

的可逆性条件.

解 根据可逆性条件, 得

$$\begin{cases} \lambda_1 + \lambda_2 = \theta_1; \\ \lambda_1 \lambda_2 = -\theta_2, \end{cases} \quad \text{且} \quad |\lambda_1| < 1, \quad |\lambda_2| < 1.$$

由此计算得出 MA(2) 模型的可逆性条件

$$|\theta_2| < 1, \text{且} \quad \theta_2 \pm \theta_1 < 1.$$

当 MA(q) 模型 (2.24) 满足可逆性条件时, 它可以写成逆转形式 (2.26). 我们将 (2.26) 式代入 (2.24) 式, 得

$$\Theta(B)I(B)x_t = x_t,$$

将上式展开得

$$\left(1 - \sum_{k=1}^{q} \theta_k B^k\right)\left(1 + \sum_{i=1}^{\infty} \theta_i B^i\right)x_t = x_t.$$

由待定系数法得逆函数的递推公式为

$$\begin{cases} I_0 = 1; \\ I_i = \sum_{k=1}^{i} \tilde{\theta}_k I_{i-k}, \quad i \geqslant 1, \end{cases} \quad \text{其中} \quad \tilde{\theta}_k = \begin{cases} \theta_k, & k \leqslant q; \\ 0, & k > q. \end{cases}$$

例 2.14 判断模型 $x_t = \varepsilon_t - 0.8\varepsilon_{t-1} + 0.64\varepsilon_{t-2}$ 的可逆性, 如果可逆, 那么写出该模型的逆转形式.

解 根据例 2.13 以及

$$|\theta_2| = 0.64 < 1,$$

$$\theta_2 + \theta_1 = -0.64 + 0.8 = 0.16 < 1,$$

$$\theta_2 - \theta_1 = -0.64 - 0.8 = -1.44 < 1,$$

可知该模型可逆. 再根据逆函数的递推公式, 以及 $\theta_2 = -0.64 = -0.8^2 = -\theta_1^2$, 得逆函数为

$$I_k = \begin{cases} (-1)^n 0.8^k, & k = 3n \text{ 或 } 3n+1 \ (n = 0, 1, \cdots); \\ 0, & k = 3n + 2. \end{cases}$$

从而该模型的逆转形式为

$$\varepsilon_t = \sum_{n=0}^{\infty} (-1)^n 0.8^{3n} x_{t-3n} + \sum_{n=0}^{\infty} (-1)^n 0.8^{3n+1} x_{t-3n-1}.$$

6. 偏自相关函数的拖尾性

对于可逆的 MA(q) 模型而言, 其逆转形式实质上是个 AR(∞) 模型. 于是根据 AR 模型偏自相关函数的截尾性知, 可逆的 MA(q) 模型偏自相关函数 ∞ 截尾, 即其偏自相关函数具有拖尾性.

例 2.15   求 MA(1) 模型: $x_t = \varepsilon_t - \theta_1 \varepsilon_{t-1}$ 的偏自相关函数的表达式.

解   由偏自相关函数的求法可知, 延迟 k 阶偏自相关函数是 Yule-Walker 方程 (2.21) 的解的最后一个分量 ϕ_{kk}, 于是根据 (2.22) 式有

$$\phi_{11} = \rho_1 = \frac{-\theta_1}{1 + \theta_1^2};$$

$$\phi_{22} = \frac{-\rho_1^2}{1 - \rho_1^2} = \frac{-\theta_1^2}{1 + \theta_1^2 + \theta_1^4};$$

$$\phi_{33} = \frac{\rho_1^3}{1 - 2\rho_1^2} = \frac{-\theta_1^3}{1 + \theta_1^2 + \theta_1^4 + \theta_1^6};$$

$$\vdots$$

$$\phi_{kk} = \frac{-\theta_1^k}{1 + \theta_1^2 + \theta_1^4 + \cdots + \theta_1^{2k}}.$$

从上述 MA(1) 模型的偏自相关函数的表达式, 我们看到其偏自相关函数具有拖尾性. 另外, 从 MA 模型偏自相关函数图, 也可观察到其偏自相关函数具有拖尾性.

例 2.16   绘制下列 MA 模型的偏自相关函数图, 并观察 MA 模型偏自相关函数的拖尾性.

(1) $x_t = \varepsilon_t - 0.5\varepsilon_{t-1}$;　　　　　　(2) $x_t = \varepsilon_t - 0.25\varepsilon_{t-1} + 0.5\varepsilon_{t-2}$.

其中, $\{\varepsilon_t\}$ 是标准正态白噪声序列.

解   应用下列 Python 语句绘制 MA 模型的偏自相关函数图, 运行结果如图 2.4 所示.

```
n = 100; ar = np.r_[1, 0]
ma1 = np.r_[1, -0.5]; ma2 = np.r_[1, -0.25, 0.5]
np.random.seed(216)
ma11 = smtsa.arma_generate_sample(ar=ar, ma=ma1, nsample=n)
np.random.seed(217)
ma22 = smtsa.arma_generate_sample(ar=ar, ma=ma2, nsample=n)
fig = plt.figure(figsize=(12,4), dpi=150)
ax1 = fig.add_subplot(121)
PACF(ma11, lag=30, xlabel='(1)')
ax2 = fig.add_subplot(122)
PACF(ma22, lag=30, xlabel='(2)', fname='fig/2_4.png')
```

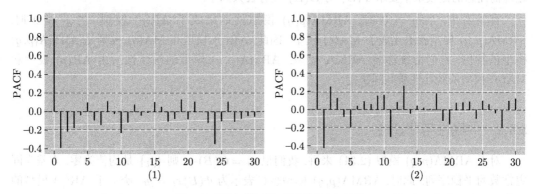

图 2.4 移动平均时间序列的偏自相关图

由图 2.4 可见, 模型 (1) 和模型 (2) 均具有拖尾性.

2.4 自回归移动平均模型的概念和性质

在前面两节我们分别讨论了自回归模型和移动平均模型. 在实际问题中, 我们还经常遇到这样的序列: 它的当前序列值不仅与以前序列值有关, 而且还与当前以及以前的干扰值有关. 我们称这样的时间序列为自回归移动平均模型. 具体地, 定义如下.

2.4.1 自回归移动平均模型的定义

设 $\{x_t, t \in T\}$ 是一个时间序列, 称满足如下结构的模型为 **自回归移动平均 (autoregressive moving average, ARMA) 模型**, 简记为 $\text{ARMA}(p,q)$:

$$x_t = \phi_0 + \phi_1 x_{t-1} + \cdots + \phi_p x_{t-p} + \varepsilon_t - \theta_1 \varepsilon_{t-1} - \theta_2 \varepsilon_{t-2} - \cdots - \theta_q \varepsilon_{t-q}, \tag{2.30}$$

其中, $\phi_p \neq 0, \theta_q \neq 0$; $\{\varepsilon_t\}$ 是均值为零的白噪声序列, 且 $\{\varepsilon_t\}$ 与 $\{x_{t-j}\}$ $(j = 1, 2, \cdots)$ 无关, 即 $E(x_s \varepsilon_t) = 0$ 对 $\forall s < t$.

　　若 $\phi_0 = 0$, 该模型称为 **中心化 ARMA(p,q) 模型**. 由于模型 (2.30) 总可以中心化, 而且中心化后并不影响序列值之间的相关关系, 所以以下研究的自回归移动平均模型如果不做特殊约定, 我们自动默认为中心化自回归移动平均模型.

　　借助于延迟算子, ARMA(p,q) 模型可简记为

$$\Phi(B)x_t = \Theta(B)\varepsilon_t, \tag{2.31}$$

其中

$$\Phi(B) = 1 - \phi_1 B - \phi_2 B^2 - \cdots - \phi_p B^p, \quad \text{为 } p \text{ 阶自回归系数多项式};$$

$$\Theta(B) = 1 - \theta_1 B - \theta_2 B^2 - \cdots - \theta_q B^q, \quad \text{为 } q \text{ 阶移动平均系数多项式}.$$

这里需注意的是模型中要求 $\Phi(B)$ 与 $\Theta(B)$ 没有公共因子.

　　容易看出, 当 $q = 0$ 时, ARMA(p,q) 模型就退化成了 AR(p) 模型; 当 $p = 0$ 时, ARMA(p,q) 模型就退化成了 MA(q) 模型. 因此, AR(p) 模型和 MA(q) 模型是 ARMA(p,q) 模型的特例, 它们都统称为 ARMA 模型. ARMA(p,q) 模型的统计性质由 AR(p) 模型和 MA(q) 模型的统计性质共同决定.

2.4.2　平稳性与可逆性

　　对于 ARMA(p,q) 模型 (2.31) 来讲, 我们记 $y_t = \Theta(B)\varepsilon_t$, 则 $\{y_t\}$ 是均值为零, 方差为固定常数的平稳序列. 此时, ARMA(p,q) 模型也可表示为 $\Phi(B)x_t = y_t$. 类似于 AR(p) 模型的平稳性分析, 我们可推得 ARMA(p,q) 模型平稳性的条件是 $\Phi(B) = 0$ 的根都在单位圆外. 可见, ARMA(p,q) 模型的平稳性完全由其自回归部分的平稳性所决定.

　　同样地, 我们也容易看出 ARMA(p,q) 模型的可逆性也完全由其移动平均部分决定, 即 ARMA(p,q) 模型的可逆条件是 $\Theta(B) = 0$ 的根都在单位圆外.

　　综上所述, 当 $\Phi(B) = 0$ 和 $\Theta(B) = 0$ 的根都在单位圆外时, ARMA(p,q) 模型是一个平稳可逆模型.

2.4.3　Green 函数与逆函数

　　对于平稳可逆 ARMA(p,q) 模型 (2.31), 它具有如下传递形式

$$x_t = \Phi(B)^{-1}\Theta(B)\varepsilon_t = \sum_{i=0}^{\infty} G_i \varepsilon_{t-i},$$

其中, $G_i \ (i = 0, 1, 2, \cdots)$, 就是 **Green 函数**.

　　通过待定系数法, 可以推得 ARMA(p,q) 模型 (2.31) 的 Green 函数的递推公式

$$\begin{cases} G_0 = 1, \\ G_k = \sum_{i=1}^{k} \phi_i' G_{k-i} - \theta_k', \quad k \geqslant 1, \end{cases}$$

式中

$$\phi_i^{'} = \begin{cases} \phi_i, & 1 \leqslant i \leqslant p, \\ 0, & i > p, \end{cases} \quad \text{且} \quad \theta_k^{'} = \begin{cases} \theta_k, & 1 \leqslant k \leqslant q, \\ 0, & k > q. \end{cases}$$

同样地, 对于平稳可逆 ARMA(p, q) 模型 (2.31), 它具有如下逆转形式

$$\varepsilon_t = \Theta(B)^{-1}\Phi(B)x_t = \sum_{i=0}^{\infty} I_i x_{t-i},$$

其中, I_i $(i = 0, 1, 2, \cdots)$, 就是**逆函数**.

通过待定系数法, 易得 ARMA(p, q) 模型 (2.31) 的逆函数的递推公式

$$\begin{cases} I_0 = 1, \\ I_k = \sum_{i=1}^{k} \theta_i^{'} I_{k-i} - \phi_k^{'}, & k \geqslant 1, \end{cases}$$

其中, $\theta_i^{'}$ 和 $\phi_k^{'}$ 的定义同上.

2.4.4 ARMA(p, q) 模型的统计性质

1. 均值

在平稳可逆 ARMA(p, q) 模型

$$x_t = \phi_0 + \phi_1 x_{t-1} + \cdots + \phi_p x_{t-p} + \varepsilon_t - \theta_1 \varepsilon_{t-1} - \theta_2 \varepsilon_{t-2} - \cdots - \theta_q \varepsilon_{t-q}$$

两边求均值, 得

$$\mu = E(x_t) = \frac{\phi_0}{1 - \phi_1 - \cdots - \phi_p}.$$

2. 自协方差函数

$$\gamma(k) = E(x_t x_{t+k})$$

$$= E\Big[\Big(\sum_{i=0}^{\infty} G_i \varepsilon_{t-i}\Big)\Big(\sum_{j=0}^{\infty} G_j \varepsilon_{t+k-j}\Big)\Big]$$

$$= E\Big[\sum_{i=0}^{\infty} G_i \sum_{j=0}^{\infty} G_j \varepsilon_{t-i} \varepsilon_{t+k-j}\Big]$$

$$= \sigma_\varepsilon^2 \sum_{i=0}^{\infty} G_i G_{i+k}.$$

3. 自相关函数

$$\rho(k) = \frac{\gamma(k)}{\gamma(0)} = \frac{\displaystyle\sum_{i=0}^{\infty} G_i G_{i+k}}{\displaystyle\sum_{i=0}^{\infty} G_i^2}.$$

由上式我们看出, $\mathrm{ARMA}(p,q)$ 模型的自相关函数拖尾. 这是由于 $\mathrm{ARMA}(p,q)$ 模型可以转化为无穷阶移动平均模型. 同样地, $\mathrm{ARMA}(p,q)$ 模型也可以转化为无穷阶自回归模型, 因此, $\mathrm{ARMA}(p,q)$ 模型的偏自相关函数也拖尾.

例 2.17　绘制 $\mathrm{ARMA}(1,2)$ 模型:

$$x_t = 0.8x_{t-1} + \varepsilon_t - 0.8\varepsilon_{t-1} + 0.64\varepsilon_{t-2}$$

的自相关函数图和偏自相关函数图, 并观察它们的拖尾性, 其中 $\{\varepsilon_t\}$ 为标准正态白噪声序列.

解　用下列 Python 语句, 分别绘制自相关函数图和偏自相关函数图, 运行结果如图 2.5 所示.

```
n = 200; ar = np.r_[1,-0.8]; ma = np.r_[1, -0.8, 0.64]
np.random.seed(218)
ar1ma2 = smtsa.arma_generate_sample(ar=ar, ma=ma, nsample=n)
fig = plt.figure(figsize=(12,4), dpi=150)
ax1 = fig.add_subplot(121)
ACF(ar1ma2, lag=30)
ax2 = fig.add_subplot(122)
PACF(ar1ma2, lag=30, xlabel='lag', fname='fig/2_5.png')
```

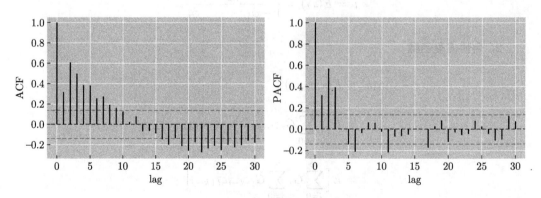

图 2.5　自相关图和偏自相关图

由图 2.5 可见, 该模型自相关函数图和偏自相关函数图都具有拖尾性.

第2章学习指导

习题 2

1. 写出下列模型的滞后算子表达式:

(1) $x_t = \varepsilon_t + 0.3\varepsilon_{t-1} + 0.6\varepsilon_{t-2}$;　　　(2) $x_t = x_{t-1} - 0.3x_{t-2} + 0.7x_{t-3} + \varepsilon_t$;

(3) $x_t - x_{t-1} = \varepsilon_t - 0.9\varepsilon_{t-4}$;　　　(4) $x_t - 0.5x_{t-1} = \varepsilon_t - 0.2\varepsilon_{t-1} + 0.3\varepsilon_{t-2}$.

2. 已知某个平稳 AR(1) 模型为

$$x_t = 0.7x_{t-1} + \varepsilon_t, \quad \varepsilon_t \sim \mathrm{WN}(0,\ 1),$$

求: $E(x_t), \mathrm{Var}(x_t), \rho(2)$ 和 ϕ_{22}.

3. 已知某个平稳 AR(2) 模型为

$$x_t = \phi_1 x_{t-1} + \phi_2 x_{t-2} + \varepsilon_t, \quad \varepsilon_t \sim \mathrm{WN}(0,\ \sigma_\varepsilon^2),$$

且 $\rho(1) = 0.5, \rho(2) = 0.3$, 求: ϕ_1 和 ϕ_2 的值.

4. 设一个 AR(2) 模型:

$$(1 - 0.5B)(1 - 0.3B)x_t = \varepsilon_t, \quad \varepsilon_t \sim \mathrm{WN}(0,\ 1),$$

求: $E(x_t), \mathrm{Var}(x_t), \rho(k)$ 和 $\phi_{kk}, k = 1, 2, 3$.

5. 设一个 AR(2) 模型具有如下形式:

$$x_t = x_{t-1} + cx_{t-2} + \varepsilon_t,$$

其中 $\{\varepsilon_t\}$ 为零均值白噪声序列, 试确定 c 的取值范围, 以保证 $\{x_t\}$ 为平稳序列, 并给出该序列 $\rho(k)$ 的表达式.

6. 试证明对任意常数 c, 如下 AR(3) 模型是非平稳的:

$$x_t = x_{t-1} + cx_{t-2} - cx_{t-3} + \varepsilon_t, \quad \varepsilon_t \sim \mathrm{WN}(0,\ \sigma_\varepsilon^2).$$

7. 已知某中心化 MA(1) 模型一阶自相关系数 $\rho(1) = 0.4$, 求该模型的表达式.

8. 已知某 MA(2) 模型为

$$x_t = \varepsilon_t - 0.7\varepsilon_{t-1} + 0.4\varepsilon_{t-2}, \quad \varepsilon_t \sim \mathrm{WN}(0,\ \sigma_\varepsilon^2),$$

求: $E(x_t), \mathrm{Var}(x_t)$, 以及 $\rho(k), k \geqslant 1$.

9. 已知一个无穷阶的 MA 模型具有如下形式:

$$x_t = \varepsilon_t + C(\varepsilon_{t-1} + \varepsilon_{t-2} + \cdots), \quad \varepsilon_t \sim \mathrm{WN}(0,\ \sigma_\varepsilon^2),$$

证明: (1) 对任意非零常数 C, 序列 $\{x_t\}$ 都是非平稳的序列.

　　(2) 序列 $\{x_t\}$ 的一阶差分序列 $\{y_t\}$ 是平稳序列, 并求 $\{y_t\}$ 的自相关函数表达式.

10. 判别下列模型的平稳性和可逆性, 其中 $\{\varepsilon_t\}$ 为白噪声序列:

(1) $x_t = 0.5x_{t-1} + 1.2x_{t-2} + \varepsilon_t$;　　　(2) $x_t = 1.1x_{t-1} - 0.3x_{t-2} + \varepsilon_t$;

(3) $x_t = \varepsilon_t - 0.9\varepsilon_{t-1} + 0.3\varepsilon_{t-2}$;　　　(4) $x_t = \varepsilon_t + 1.3\varepsilon_{t-1} - 0.4\varepsilon_{t-2}$;

(5) $x_t = 0.7x_{t-1} + \varepsilon_t - 0.6\varepsilon_{t-1}$;　　　(6) $x_t = -0.8x_{t-1} + 0.5x_{t-2} + \varepsilon_t - 1.1\varepsilon_{t-1}$.

11. 已知某序列的 Green 函数为 $G_1 = 0.3$, $G_i = (0.5)^{i-2}, i = 2, 3, \cdots$, 试求相应的 ARMA 表达式.

12. 设如下 ARMA(1, 1) 模型:

$$x_t = 0.6x_{t-1} + \varepsilon_t - 0.3\varepsilon_{t-1},$$

确定该模型的 Green 函数, 使该模型可以表示为无穷阶的 MA 模型.

13. 设如下 ARMA(2, 2) 模型:

$$\Phi(B)x_t = 3 + \Theta(B)\varepsilon_t,$$

其中, $\Phi(B) = (1 - 0.5B)^2$, $\varepsilon_t \sim \mathrm{WN}(0,\ \sigma_\varepsilon^2)$, 求: $E(x_t)$.

第 3 章　平稳时间序列的建模和预测

学习目标与要求

1. 了解平稳时间序列的建模过程.
2. 掌握模型识别的方法.
3. 掌握自回归模型、移动平均模型和自回归移动平均模型未知参数的常用估计方法.
4. 理解自回归模型、移动平均模型和自回归移动平均模型的检验和优化思想.
5. 理解模型预测的准则, 并掌握平稳序列的预测方法.

3.1　自回归移动平均模型的识别

第 2 章我们学习了 ARMA 模型的统计性质, 应用这些统计性质可以对观察值序列进行预处理. 如果经过数据的预处理判别该序列为平稳非白噪声序列, 那么我们就可以按照 ARMA 模型的统计性质对该序列建模. 建模应该遵循第 1 章所述的建模步骤, 对于 ARMA 模型的建模具体步骤如下:

(1) 根据样本观察值, 计算自相关函数和偏自相关函数的估计值.

(2) 根据自相关函数和偏自相关函数的估计值的性质, 对 ARMA(p, q) 模型进行定阶, 给出 p, q 的值.

(3) 对模型中的未知参数进行估计.

(4) 对模型进行检验. 如果拟合模型未通过检验, 那么返回到第二步重新定阶, 再次选择拟合模型.

(5) 模型优化. 如果有多个拟合模型通过了检验, 那么需要从这些模型中选择最优的拟合模型.

(6) 利用优化后的拟合模型预测序列未来的走势.

下面我们按照上述 ARMA 模型的建模步骤, 讨论平稳序列的建模.

3.1.1　自相关函数和偏自相关函数的估计

设 $x_1, x_2, \cdots, x_n$ 是平稳序列 $\{x_t, t \in T\}$ 的一个样本, 则我们可以根据如下公式估计出

该序列的自相关函数

$$\hat{\rho}(k) = \frac{\sum\limits_{t=1}^{n-k}(x_t - \bar{x})(x_{t+k} - \bar{x})}{\sum\limits_{t=1}^{n}(x_t - \bar{x})^2}, \quad \forall \ 0 < k < n.$$

将样本的自相关函数代入 Yule-Walker 方程

$$\begin{pmatrix} 1 & \hat{\rho}(1) & \cdots & \hat{\rho}(k-1) \\ \hat{\rho}(1) & 1 & \cdots & \hat{\rho}(k-2) \\ \vdots & \vdots & & \vdots \\ \hat{\rho}(k-1) & \hat{\rho}(k-2) & \cdots & 1 \end{pmatrix} \begin{pmatrix} \phi_{k1} \\ \phi_{k2} \\ \vdots \\ \phi_{kk} \end{pmatrix} = \begin{pmatrix} \hat{\rho}(1) \\ \hat{\rho}(2) \\ \vdots \\ \hat{\rho}(k) \end{pmatrix}. \tag{3.1}$$

在方程 (3.1) 中, 依次取 $k = 1, 2, \cdots, n$, 并利用如下公式, 求得偏自相关函数的估计值

$$\hat{\phi}_{kk} = \frac{\hat{D}_k}{\hat{D}},$$

其中

$$\hat{D} = \begin{vmatrix} 1 & \hat{\rho}(1) & \cdots & \hat{\rho}(k-1) \\ \hat{\rho}(1) & 1 & \cdots & \hat{\rho}(k-2) \\ \vdots & \vdots & & \vdots \\ \hat{\rho}(k-1) & \hat{\rho}(k-2) & \cdots & 1 \end{vmatrix}, \hat{D}_k = \begin{vmatrix} 1 & \hat{\rho}(1) & \cdots & \hat{\rho}(1) \\ \hat{\rho}(1) & 1 & \cdots & \hat{\rho}(2) \\ \vdots & \vdots & & \vdots \\ \hat{\rho}(k-1) & \hat{\rho}(k-2) & \cdots & \hat{\rho}(k) \end{vmatrix}.$$

3.1.2　模型识别的方法

当估计出模型的自相关函数和偏自相关函数后, 我们可以根据估计值表现出的拖尾和截尾性质, 估计出合适的自相关阶数 $\hat{p}$ 和移动平均阶数 $\hat{q}$, 从而选择出适当的 ARMA 模型拟合观察值序列. 我们将这个过程称为**模型识别**. 可见, 此时模型识别过程就是模型定阶的过程.

自相关函数和偏自相关函数的截尾意味着从某步之后的自相关函数和偏自相关函数为零, 但是由于样本的随机性, 样本自相关函数和样本偏自相关函数不可能呈现出完美的截尾情况, 而只可能在零附近区域随机波动. 另一方面, 平稳时间序列具有短期相关性, 即随着延迟阶数 k 的增大, 样本自相关函数 $\hat{\rho}(k)$ 和样本偏自相关函数 $\hat{\phi}_{kk}$ 迅速衰减至零附近波动. 因此, 我们在定阶时必须考虑, 随着延迟阶数的增大, 样本自相关函数和样本偏自相关函数衰减

到零附近波动时, 何时可看作样本自相关函数或样本偏自相关函数的截尾, 何时可看作正常衰减至零值附近的拖尾. 但是这实际上没有绝对的标准, 很大程度上依靠分析人员的主观经验. 尽管如此, 我们还是可以提供一些理论依据, 帮助人们来做合理分析.

根据 ARMA(p,q) 模型的统计性质, 我们可得到如下定阶原则 (见表 3.1):

表 3.1　ARMA(p,q) 模型定阶原则

模　型	AR(p)	MA(q)	ARMA(p,q)
$\hat{\rho}(k)$	拖　尾	截　尾	拖　尾
$\hat{\phi}_{kk}$	截　尾	拖　尾	拖　尾

正如上面所述, 表 3.1 中样本自相关函数 $\hat{\rho}(k)$ 和样本偏自相关函数 $\hat{\phi}_{kk}$ 的截尾指的是, 它们的值在零附近区域做小幅波动, 而不是像总体自相关函数和总体偏自相关函数那样具有严格的截尾. 不过, 我们可以通过研究样本自相关函数 $\hat{\rho}(k)$ 和样本偏自相关函数 $\hat{\phi}_{kk}$ 的近似分布, 来选取适当的阶数.

研究表明, 当样本容量 n 充分大时, 样本自相关函数 $\hat{\rho}(k)$ 近似服从正态分布:

$$\hat{\rho}(k) \sim N(0, 1/n);$$

而样本偏自相关函数 $\hat{\phi}_{kk}$ 也近似服从正态分布:

$$\hat{\phi}_{kk} \sim N(0, 1/n).$$

根据正态分布的性质, 得

$$P_r\big(|\hat{\rho}(k)| \leqslant 2/\sqrt{n}\big) \approx 95.5\%;$$

且

$$P_r\big(|\hat{\phi}_{kk}| \leqslant 2/\sqrt{n}\big) \approx 95.5\%.$$

因此, 若满足不等式 $|\hat{\rho}(k)| \leqslant 2/\sqrt{n}$ 的比例达到了 95.5%, 则可以认为 $\hat{\rho}(k)$ 截尾; 同样地, 若满足不等式 $|\hat{\phi}_{kk}| \leqslant 2/\sqrt{n}$ 的比例达到了 95.5%, 则可以认为 $\hat{\phi}_{kk}$ 截尾.

在实际应用中, 一般按照 2 倍标准差作为截尾标准, 即如果样本自相关函数 $\hat{\rho}(k)$ 或样本偏自相关函数 $\hat{\phi}_{kk}$ 在最初的 l 阶明显超出 2 倍标准差范围, 而之后几乎 95.5% 的值都落在 2 倍标准差范围内, 而且衰减到 2 倍标准差范围内的速度很快, 则通常可以认为 l 阶截尾.

例 3.1　选择合适的模型拟合 2016 年 1 月至 2017 年 6 月青海省居民消费指数.

解　首先, 读入数据并绘制时序图. 具体命令如下, 运行结果见图 3.1.

```
qhcpi_df = pd.read_csv('cpi.csv', usecols = ['Date', 'QHCPI'],
        index_col = 0)
fig = plt.figure(figsize=(12,4), dpi=150)
```

```
ax = fig.add_subplot(111)
ax.plot(qhcpi_df, marker = "o", linestyle="-", color='blue')
ax.xaxis.set_major_locator(ticker.MultipleLocator(3))
ax.set_ylabel(ylabel = "青海省居民消费指数", fontsize = 17)
ax.set_xlabel(xlabel = "时间", fontsize = 17)
plt.xticks(fontsize = 15); plt.yticks(fontsize =1 5)
fig.tight_layout(); plt.savefig(fname = 'fig/3_1.png')
```

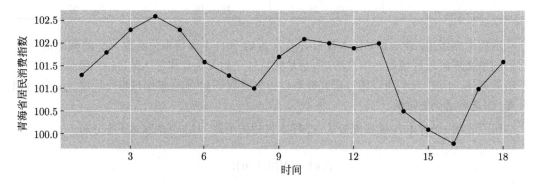

图 3.1   青海省居民消费指数序列的时序图

时序图 3.1 显示序列具有平稳特征. 然后, 我们做白噪声检验. 具体命令及运行结果如下:

```
acorr_ljungbox(qhcpi_df, lags = [6, 12],boxpierce = False,
               return_df = True)
输出结果:
      lb_stat        lb_pvalue
6     15.530496      0.016509
12    35.800803      0.000349
```

做延迟 6 阶和延迟 12 阶的白噪声检验, 表明该序列为非白噪声序列. 最后, 根据自相关函数图和偏自相关函数图定阶. 具体命令如下, 运行结果见图 3.2.

```
fig = plt.figure(figsize = (12,4), dpi = 150)
ax1 = fig.add_subplot(121)
ACF(qhcpi_df,lag=16)
ax2 = fig.add_subplot(122)
PACF(qhcpi_df, lag = 8, xlabel ='lag',fname = 'fig/3_2.png')
```

一方面, 从样本自相关函数图来看, 自相关函数延迟一阶之后, 衰减到 2 倍标准差范围内; 而样本偏自相关函数图也表明偏自相关函数延迟二阶之后, 完全衰减到 2 倍标准差范围内. 这些进一步说明该序列具有短期相关性, 显示序列的平稳的特征.

另一方面, 样本自相关函数图衰减到 2 倍标准差范围内值呈现 "伪正弦波动", 说明自相关函数呈现拖尾现象; 偏自相关函数图呈现了二阶截尾特征. 因此, 我们可以初步确定拟合模

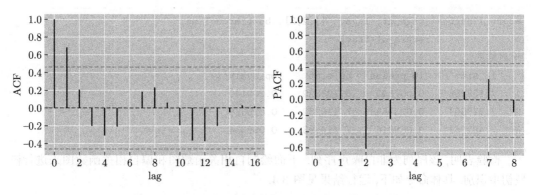

图 3.2 青海省居民消费指数序列的自相关图和偏自相关图

型为 AR(2).

例 3.2 选择合适的模型拟合 1956 年至 2016 年某城市各月的交通事故数.

解 读入数据, 并绘制时序图, 观察序列走势. 具体命令如下, 运行结果如图 3.3 所示.

```
jtsgs_df = pd.read_csv('SGS.csv', usecols=['year', 'JTSGS'],
        index_col=0)
fig = plt.figure(figsize=(12,4), dpi=150)
ax = fig.add_subplot(111)
ax.plot(jtsgs_df, marker="o", linestyle="-", color='blue')
ax.xaxis.set_major_locator(ticker.MultipleLocator(10))
ax.set_ylabel(ylabel="交通事故数", fontsize=17)
ax.set_xlabel(xlabel="年份", fontsize=17)
plt.xticks(fontsize=15); plt.yticks(fontsize=15)
fig.tight_layout(); plt.savefig(fname='fig/3_3.png')
```

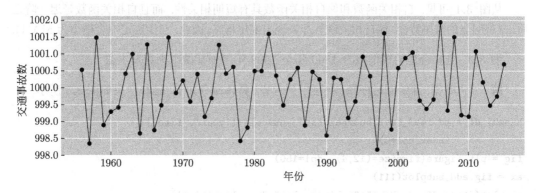

图 3.3 1956 年至 2016 年某城市各月的交通事故数的时序图

图 3.3 表明, 序列时序图呈现平稳特征. 下面进行延迟 6 阶和延迟 12 阶的白噪声检验. 具体命令及运行结果如下:

```
acorr_ljungbox(jtsgs_df, lags = [1,2,3], boxpierce=True,
            return_df=True)
输出结果:
    lb_stat     lb_pvalue    bp_stat      bp_pvalue
1   7.138955    0.007543     6.793522     0.009149
2   7.477507    0.023784     7.110232     0.028578
3   7.482251    0.058016     7.114593     0.068334
```

　　检验表明, 该序列为非白噪声序列. 下面绘制自相关函数图和偏自相关函数图来进行模型初步识别. 具体命令如下, 运行结果见图 3.4.

```
fig = plt.figure(figsize=(12,4), dpi=150)
ax1 = fig.add_subplot(121)
ACF(jtsgs_df,lag=24)
ax2 = fig.add_subplot(122)
PACF(jtsgs_df,lag=24, xlabel='lag', fname='fig/3_4.png')
```

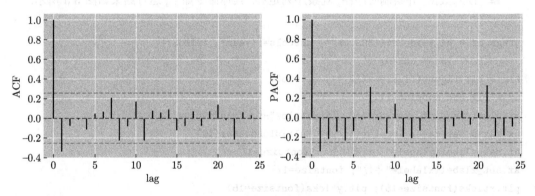

图 3.4　1956 年至 2016 年某城市各月交通事故数的自相关图和偏自相关图

　　从图 3.4 可见, 自相关函数和偏自相关函数具有短期相关性, 而且自相关函数延迟一阶之后, 呈现明显的截尾特征, 偏自相关函数却表现出拖尾形态, 因此, 初步选定拟合模型为 MA(1).

　　例 3.3　选择合适的模型拟合 1860 年至 1909 年国外某城市火灾发生数.

　　解　读入数据, 并绘制时序图, 观察序列走势. 具体命令如下, 运行结果如图 3.5 所示.

```
huozai_df = pd.read_csv('huozhai.csv', usecols=['year','fire'],
            index_col=0)
fig = plt.figure(figsize=(12,4), dpi=150)
ax = fig.add_subplot(111)
ax.plot(jtsgs_df, marker="o", linestyle="-", color='blue')
ax.xaxis.set_major_locator(ticker.MultipleLocator(10))
ax.set_ylabel(ylabel="火灾数", fontsize=17)
ax.set_xlabel(xlabel="年份", fontsize=17)
```

```
plt.xticks(fontsize=15); plt.yticks(fontsize=15)
fig.tight_layout(); plt.savefig(fname='fig/3_5.png')
```

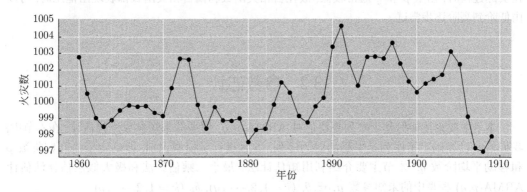

图 3.5   1860 年至 1909 年国外某城市火灾发生数的时序图

从图 3.5 可以看出, 序列呈现平稳特征. 下面进行延迟 5 阶和延迟 10 阶的白噪声检验. 具体命令及运行结果如下:

```
acorr_ljungbox(huozai_df,lags=[5,10],boxpierce=True,return_df=True)
输出结果:
      b_stat          lb_pvalue       bp_stat         bp_pvalue
5     36.858889       6.392530e-07    34.457506       0.000002
10    47.515346       7.607979e-07    43.089325       0.000005
```

检验表明, p 值远远小于 0.05, 该序列为非白噪声序列. 下面绘制自相关函数图和偏自相关函数图来进行模型初步识别. 具体命令如下, 运行结果如图 3.6 所示.

```
fig = plt.figure(figsize=(12,4), dpi=150)
ax1 = fig.add_subplot(121)
ACF(huozai_df,lag=24)
ax2 = fig.add_subplot(122)
PACF(huozai_df,lag=24, xlabel='lag', fname='fig/3_6.png')
```

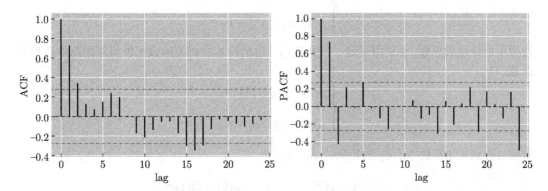

图 3.6   1860 年至 1909 年国外某城市火灾发生数序列的自相关图和偏自相关图

从图 3.6 可见, 自相关函数和偏自相关函数具有短期相关性, 同时自相关函数和偏自相关函数都表现出明显的拖尾形态, 因此, 初步选定拟合模型为 ARMA(2,1). 这里需要说明的是, 在实际建模时, 由于 p 和 q 通常较低, 故在自相关函数和偏自相关函数都表现出拖尾时, 可以由低阶到高阶逐步尝试.

3.2 参数估计

本节主要论述如何基于序列观察值对 ARMA(p,q) 模型的未知参数进行估计. 在本节中, 我们假定已经确定了序列是平稳的时间序列, 并且进行了模型识别, 即确定了自回归阶数 p 和移动平均阶数 q. 本节主要介绍利用矩估计法、最小二乘估计法和极大似然估计法估计 ARMA(p,q) 模型中的未知参数 $\mu, \sigma_\varepsilon^2, \theta_i\ (i=1,2,\cdots,q), \phi_k\ (k=1,2,\cdots,p)$.

3.2.1 矩估计法

所谓**矩估计法 (moment estimation)**, 就是令样本矩等于相应的总体矩, 通过求解所得方程得到未知参数的估计方法. 矩估计法具有简单直观, 计算量相对较小, 且不需要假设总体分布等优点, 但是矩估计法忽略了观察值序列的其他信息, 因而导致其估计精度不高. 在实际中, 它常被用来做初始估计, 以确定最小二乘估计或极大似然估计中迭代计算的初值.

1. AR(p) 模型的矩估计

对于 AR(1) 模型: $x_t = \phi_1 x_{t-1} + \varepsilon_t$, 未知参数为 ϕ_1. 由于 $\rho(1) = \phi_1$, 所以用样本自相关函数 $\hat{\rho}(1)$ 替代总体自相关函数 $\rho(1)$ 后, 得 ϕ_1 的估计 $\hat{\phi}_1$:

$$\hat{\phi}_1 = \hat{\rho}(1). \tag{3.2}$$

对于 AR(2) 模型: $x_t = \phi_1 x_{t-1} + \phi_2 x_{t-2} + \varepsilon_t$, 未知参数为 ϕ_1, ϕ_2. 根据 Yule-Walker 方程, 得

$$\begin{cases} \rho(1) = \phi_1 + \rho(1)\phi_2, \\ \rho(2) = \rho(1)\phi_1 + \phi_2. \end{cases}$$

按照矩估计法的思想, 分别用延迟一阶和延迟二阶的样本自相关函数代替相应的总体自相关函数, 得

$$\begin{cases} \hat{\rho}(1) = \phi_1 + \hat{\rho}(1)\phi_2, \\ \hat{\rho}(2) = \hat{\rho}(1)\phi_1 + \phi_2. \end{cases}$$

求解后得到未知参数 ϕ_1, ϕ_2 的矩估计 $\hat{\phi}_1$, $\hat{\phi}_2$:

$$\hat{\phi}_1 = \hat{\rho}(1)\frac{1 - \hat{\rho}(2)}{1 - [\hat{\rho}(1)]^2}, \qquad \hat{\phi}_2 = \frac{\hat{\rho}(2) - [\hat{\rho}(1)]^2}{1 - [\hat{\rho}(1)]^2}. \tag{3.3}$$

对于 AR(p) 模型: $x_t = \phi_1 x_{t-1} + \phi_2 x_{t-2} + \cdots + \phi_p x_{t-p} + \varepsilon_t$, 未知参数 $\phi_1, \phi_2, \cdots, \phi_p$ 的估计类似. 在 Yule-Walker 方程中, 分别用延迟 k ($k = 1, 2, \cdots, p$) 阶的样本自相关函数 $\hat{\rho}(k)$ 代替总体自相关函数 $\rho(k)$, 得到**样本 Yule-Walker 方程**

$$\begin{pmatrix} 1 & \hat{\rho}(1) & \cdots & \hat{\rho}(p-1) \\ \hat{\rho}(1) & 1 & \cdots & \hat{\rho}(p-2) \\ \vdots & \vdots & & \vdots \\ \hat{\rho}(p-1) & \hat{\rho}(p-2) & \cdots & 1 \end{pmatrix} \begin{pmatrix} \phi_1 \\ \phi_2 \\ \vdots \\ \phi_p \end{pmatrix} = \begin{pmatrix} \hat{\rho}(1) \\ \hat{\rho}(2) \\ \vdots \\ \hat{\rho}(p) \end{pmatrix}. \tag{3.4}$$

求解线性方程组 (3.4), 得到估计 $\hat{\phi}_1, \hat{\phi}_2, \cdots, \hat{\phi}_p$. 我们称这样得到的估计为**Yule-Walker 估计**.

2. MA(q) 模型的矩估计

首先考虑 MA(1) 模型: $x_t = \varepsilon_t - \theta_1 \varepsilon_{t-1}$. 该模型的待估参数是 θ_1. 由例 2.11 知

$$\rho(1) = \frac{-\theta_1}{1 + \theta_1^2}.$$

从而得

$$\rho(1)\theta_1^2 + \theta_1 + \rho(1) = 0.$$

用 $\hat{\rho}(1)$ 替换上面一元二次方程中 $\rho(1)$, 并解之, 得

$$\hat{\theta}_1 = \frac{-1 \pm \sqrt{1 - 4\hat{\rho}^2(1)}}{2\hat{\rho}(1)}.$$

考虑到 MA(1) 模型的可逆性条件为 $|\theta_1| < 1$, 可得未知参数的估计

$$\hat{\theta}_1 = \frac{-1 + \sqrt{1 - 4\hat{\rho}^2(1)}}{2\hat{\rho}(1)}.$$

对于高阶的 MA(q) 模型: $x_t = \varepsilon_t - \theta_1 \varepsilon_{t-1} - \theta_2 \varepsilon_{t-2} - \cdots - \theta_q \varepsilon_{t-q}$, 其待估参数 $\theta_1, \theta_2, \cdots, \theta_q$ 的计算较为复杂. 将方程组

$$\rho(k) = \frac{-\theta_k + \sum_{i=1}^{q-k} \theta_i \theta_{k+i}}{1 + \theta_1^2 + \cdots + \theta_q^2}, \quad k = 1, 2, \cdots, q,$$

中的 $\rho(k)$ 用 $\hat{\rho}(k)$ 代替, 求解上述非线性方程组, 就可得未知参数的矩估计 $\hat{\theta}_1, \hat{\theta}_2, \cdots, \hat{\theta}_q$. 但是解非线性方程组比较麻烦, 一般都是借助数值算法求得的. 同时, 就 MA 模型而言, 用矩估计法所得估计精度一般较差, 所以我们不再做进一步探讨.

3. ARMA(p,q) 模型的矩估计

对于一般的 ARMA(p,q) 模型的矩估计将更为复杂, 且估计精度较差, 所以我们仅以 ARMA($1,1$) 模型的矩估计为例来说明估计过程.

ARMA($1,1$) 模型: $x_t = \phi_1 x_{t-1} + \varepsilon_t - \theta_1 \varepsilon_{t-1}$ 的待估参数为 ϕ_1, θ_1, 故需要构造两个方程.

由 ARMA(p,q) 模型的自相关函数公式

$$\rho(k) = \frac{\displaystyle\sum_{i=0}^{\infty} G_i G_{i+k}}{\displaystyle\sum_{i=0}^{\infty} G_i^2} \tag{3.5}$$

知, 我们需首先确定 ARMA($1,1$) 模型的 Green 函数. 而根据 ARMA 模型 Green 函数的递推公式, 可推得 ARMA($1,1$) 模型的 Green 函数为

$$\begin{cases} G_0 = 1; \\ G_i = (\phi_1 - \theta_1)\phi_1^{i-1}, \quad i = 1, 2, \cdots. \end{cases} \tag{3.6}$$

在 (3.5) 式中分别取 $k = 1, 2$, 并将 (3.6) 式代入, 得

$$\begin{cases} \rho(1) = \dfrac{(\phi_1 - \theta_1)(1 - \theta_1\phi_1)}{1 + \theta_1^2 - 2\theta_1\phi_1}; \\ \rho(2) = \theta_1\rho(1). \end{cases} \tag{3.7}$$

在 (3.7) 式中, 分别用 $\hat{\rho}(1)$ 和 $\hat{\rho}(2)$ 替换 $\rho(1)$ 和 $\rho(2)$, 并求解关于 ϕ_1, θ_1 的方程组, 结合可逆性条件: $|\theta_1| < 1$, 得到矩估计的唯一解

$$\begin{cases} \hat{\phi}_1 = \dfrac{\hat{\rho}(2)}{\hat{\rho}(1)}; \\ \hat{\theta}_1 = \begin{cases} \dfrac{c + \sqrt{c^2 - 4}}{2}, & c \leqslant -2, \\[2mm] \dfrac{c - \sqrt{c^2 - 4}}{2}, & c \geqslant 2, \end{cases} \quad 其中, \quad c = \dfrac{1 + \hat{\phi}_1^2 - 2\hat{\rho}(2)}{\hat{\phi}_1 - \hat{\rho}(1)}. \end{cases}$$

4. 噪声方差 σ_ε^2 的矩估计

回顾序列 $\{x_t, t \in T\}$ 均值 μ 的估计为

$$\hat{\mu} = \overline{x} = \frac{1}{n}\sum_{t=1}^{n} x_t,$$

方差 $\sigma_x^2 = \gamma(0)$ 的估计为

$$\hat{\sigma}_x^2 = \frac{1}{n-1}\sum_{t=1}^{n}(x_t - \bar{x})^2.$$

对于 AR(p) 模型而言, 在等式 $x_t = \phi_1 x_{t-1} + \phi_2 x_{t-2} + \cdots + \phi_p x_{t-p} + \varepsilon_t$ 两边同时乘以 x_t, 并求期望, 得

$$\gamma(0) = \phi_1\gamma(1) + \phi_2\gamma(2) + \cdots + \phi_p\gamma(p) + \sigma_\varepsilon^2. \tag{3.8}$$

将 $\gamma(k) = \gamma(0)\rho(k)$ 代入 (3.8) 式, 整理得

$$\gamma(0) = \frac{\sigma_\varepsilon^2}{1 - \phi_1\rho(1) - \phi_2\rho(2) - \cdots - \phi_p\rho(p)}. \tag{3.9}$$

由 (3.9) 式得 σ_ε^2 的矩估计为

$$\hat{\sigma}_\varepsilon^2 = (1 - \hat{\phi}_1\hat{\rho}(1) - \hat{\phi}_2\hat{\rho}(2) - \cdots - \hat{\phi}_p\hat{\rho}(p))\hat{\sigma}_x^2.$$

特别地, 对于 AR(1) 模型, 因为 $\hat{\phi}_1 = \hat{\rho}(1)$, 所以

$$\hat{\sigma}_\varepsilon^2 = (1 - \hat{\rho}^2(1))\hat{\sigma}_x^2.$$

考虑 MA(q) 模型, 使用 (2.25) 式, 得到 σ_ε^2 的矩估计为

$$\hat{\sigma}_\varepsilon^2 = \frac{\hat{\sigma}_x^2}{1 + \hat{\theta}_1^2 + \hat{\theta}_2^2 + \cdots + \hat{\theta}_q^2}.$$

对 ARMA(p,q) 模型, 我们仅以 ARMA(1,1) 模型: $x_t = \phi_1 x_{t-1} + \varepsilon_t - \theta_1\varepsilon_{t-1}$ 为例讨论. 由

$$\begin{cases} E(\varepsilon_t x_t) = \sigma_\varepsilon^2, \\ E(\varepsilon_{t-1} x_t) = (\phi_1 - \theta_1)\sigma_\varepsilon^2, \end{cases}$$

得

$$\begin{cases} \gamma(0) = E(x_t^2) = \phi_1\gamma(1) + [1 - \theta_1(\phi_1 - \theta_1)]\sigma_\varepsilon^2; \\ \gamma(1) = E(x_{t-1}x_t) = \phi_1\gamma(0) - \theta_1\sigma_\varepsilon^2. \end{cases} \tag{3.10}$$

解方程 (3.10) 得

$$\sigma_x^2 = \gamma(0) = \frac{1 - 2\phi_1\theta_1 + \theta_1^2}{1 - \phi_1^2}\sigma_\varepsilon^2. \tag{3.11}$$

进一步由 (3.11) 式得

$$\hat{\sigma}_{\varepsilon}^2 = \frac{1 - \hat{\phi}_1^2}{1 - 2\hat{\phi}_1\hat{\theta}_1 + \hat{\theta}_1^2}\hat{\sigma}_x^2.$$

最后指出, 对非中心化 ARMA 模型 $\{x_t, t \in T\}$, 总可以进行样本中心化处理, 即令 $y_t = x_t - \overline{x}$, 则 $\{y_t, t \in T\}$ 可视为中心化 ARMA 模型.

3.2.2　最小二乘估计

所谓的**最小二乘估计 (least squares estimation)**, 就是使得残差平方和达到最小的未知参数值. 下面分情况来讨论.

1. AR(p) 模型的最小二乘估计

AR(p) 模型的待估参数为 $\boldsymbol{\Phi} = (\phi_1, \phi_2, \cdots, \phi_p)$. 记 $F_t(\boldsymbol{\Phi}) = \phi_1 x_{t-1} + \phi_2 x_{t-2} + \cdots + \phi_p x_{t-p}$, 则残差项为

$$\varepsilon_t = x_t - F_t(\boldsymbol{\Phi}).$$

条件残差平方和 $Q(\boldsymbol{\Phi})$ 为

$$Q(\boldsymbol{\Phi}) = \sum_{t=p+1}^{n} \varepsilon_t^2 = \sum_{t=p+1}^{n} (x_t - \phi_1 x_{t-1} - \phi_2 x_{t-2} - \cdots - \phi_p x_{t-p})^2.$$

按照最小二乘估计的思想, 使得条件残差平方和 $Q(\boldsymbol{\Phi})$ 达到最小的 $\boldsymbol{\Phi}$ 的取值 $\hat{\boldsymbol{\Phi}} = (\hat{\phi}_1, \hat{\phi}_2, \cdots, \hat{\phi}_p)$ 就是待估参数的最小二乘估计值.

对于 AR(1) 模型而言, 有

$$Q(\boldsymbol{\Phi}) = \sum_{t=2}^{n} \varepsilon_t^2 = \sum_{t=2}^{n} (x_t - \phi_1 x_{t-1})^2.$$

根据极值原理, 令

$$\frac{\mathrm{d}Q(\boldsymbol{\Phi})}{\mathrm{d}\phi_1} = -2\sum_{t=2}^{n}(x_t - \phi_1 x_{t-1})x_{t-1} = 0. \tag{3.12}$$

求解方程 (3.12), 得

$$\hat{\phi}_1 = \frac{\displaystyle\sum_{t=2}^{n} x_t x_{t-1}}{\displaystyle\sum_{t=2}^{n} x_{t-1}^2}. \tag{3.13}$$

由于总体均值为零, 所以样本均值也可近似视为零. 将 (3.13) 式与 $\hat{\rho}(1)$ 的估计式

$$\hat{\rho}(1) = \frac{\sum\limits_{t=1}^{n-1}(x_t - \bar{x})(x_{t+1} - \bar{x})}{\sum\limits_{t=1}^{n}(x_t - \bar{x})^2}$$

相对照, 仅仅分母中缺少了一项 x_n^2. 而对于平稳序列来说, n 较大时, 这个缺项可忽略. 因此, 可得

$$\hat{\phi}_1 = \hat{\rho}(1). \tag{3.14}$$

观察 (3.14) 式与 (3.2) 式, 可见对大样本而言, ϕ_1 的最小二乘估计与矩估计是一致的.

考查 AR(2) 模型, 我们有

$$Q(\boldsymbol{\Phi}) = \sum_{t=3}^{n} \varepsilon_t^2 = \sum_{t=3}^{n}(x_t - \phi_1 x_{t-1} - \phi_2 x_{t-2})^2.$$

令

$$\frac{\partial Q(\boldsymbol{\Phi})}{\partial \phi_1} = -2\sum_{t=3}^{n}(x_t - \phi_1 x_{t-1} - \phi_2 x_{t-2})x_{t-1} = 0. \tag{3.15}$$

将 (3.15) 式写成

$$\sum_{t=3}^{n} x_t x_{t-1} = \phi_1 \sum_{t=3}^{n} x_{t-1}^2 + \phi_2 \sum_{t=3}^{n} x_{t-1}x_{t-2}. \tag{3.16}$$

在 (3.16) 式两边同时除以 $\sum\limits_{t=3}^{n} x_t^2$, 得

$$\frac{\sum\limits_{t=3}^{n} x_t x_{t-1}}{\sum\limits_{t=3}^{n} x_t^2} = \phi_1 \frac{\sum\limits_{t=3}^{n} x_{t-1}^2}{\sum\limits_{t=3}^{n} x_t^2} + \phi_2 \frac{\sum\limits_{t=3}^{n} x_{t-1}x_{t-2}}{\sum\limits_{t=3}^{n} x_t^2}. \tag{3.17}$$

(3.17) 式左边分子非常接近 $\hat{\rho}(1)$ 的分子, 仅比 $\hat{\rho}(1)$ 分子少一项 $x_1 x_2$. 同样地, (3.17) 式右边第二项分子也非常接近 $\hat{\rho}(1)$ 的分子, 仅比 $\hat{\rho}(1)$ 分子少一项 $x_{n-1}x_n$. 同时, (3.17) 式右边第一项分子与分母仅差一项. 于是在样本容量较大且平稳假设下, 可近似得到如下等式:

$$\hat{\rho}(1) = \phi_1 + \hat{\rho}(1)\phi_2. \tag{3.18}$$

按照同样的思路, 由 $\frac{\partial Q(\boldsymbol{\Phi})}{\partial \phi_2} = 0$, 可推得

$$\hat{\rho}(2) = \hat{\rho}(1)\phi_1 + \phi_2. \tag{3.19}$$

可见, (3.18) 式和 (3.19) 式恰好是 AR(2) 模型的样本 Yule-Walker 方程. 求解后得到未知参数 ϕ_1, ϕ_2 的最小二乘估计 $\hat{\phi}_1$, $\hat{\phi}_2$. 这与未知参数 ϕ_1, ϕ_2 的矩估计 (3.3) 一样.

可以证明, 在一般的平稳 AR(p) 模型情况下, 可得出完全类似的结论: 未知参数 $\boldsymbol{\Phi}$ 的条件最小二乘估计与其矩估计一样可以通过求解样本 Yule-Walker 方程 (3.4) 得到.

2. MA(q) 模型和 ARMA(p,q) 模型的最小二乘估计

由于随机干扰项是不可观测的, 所以对于 MA(q) 模型和 ARMA(p,q) 模型不能直接实行最小二乘估计法. 下面我们简述其思想.

从 ARMA(p,q) 模型

$$x_t = \phi_1 x_{t-1} + \cdots + \phi_p x_{t-p} + \varepsilon_t - \theta_1 \varepsilon_{t-1} - \theta_2 \varepsilon_{t-2} - \cdots - \theta_q \varepsilon_{t-q} \tag{3.20}$$

得到

$$\varepsilon_t = x_t - \sum_{i=1}^{p} \phi_i x_{t-i} + \sum_{k=1}^{q} \theta_k \varepsilon_{t-k}. \tag{3.21}$$

利用 (3.20) 式的逆转形式

$$\varepsilon_t = \sum_{i=0}^{\infty} I_i x_{t-i},$$

将 $\varepsilon_{t-1}, \varepsilon_{t-2}, \cdots, \varepsilon_{t-q}$ 代入 (3.21) 式中, 得

$$\varepsilon_t = x_t - \sum_{i=1}^{p} \phi_i x_{t-i} + \sum_{k=1}^{q} \theta_k \sum_{i=0}^{\infty} I_i x_{t-k-i}. \tag{3.22}$$

由 (3.22) 式可见, t 时刻的误差 ε_t 是模型未知参数 $\phi_1, \phi_2, \cdots, \phi_p, \theta_1, \theta_2, \cdots, \theta_q$ 的非线性函数, 所以对 MA(q) 模型和 ARMA(p,q) 模型的最小二乘估计是非线性的最小二乘估计. 非线性的最小二乘估计需要应用诸如 Gauss-Newton、Nelder-Mead 等数值优化算法, 这里就不赘述了. 感兴趣的读者可参看有关教材.

3.2.3　极大似然估计

所谓的**极大似然估计法 (maximum likelihood estimation)**, 指的是建立在极大似然准则基础上的估计方法. 极大似然准则认为, 样本来自使得该样本出现概率最大的总体. 因此, 未知参数的**极大似然估计**就是使得似然函数 (即联合密度函数) 达到最大的参数值.

使用极大似然估计法必须提前知道总体的分布结构. 在时间序列分析中, 序列总体的具体分布通常未知, 为了便于分析和计算, 一般假定序列服从多元正态分布.

考虑中心化 ARMA(p,q) 模型 (3.20). 记

$$\boldsymbol{\Theta} = (\phi_1, \phi_2, \cdots, \phi_p, \theta_1, \theta_2, \cdots, \theta_q)^{\mathrm{T}}; \qquad \boldsymbol{x} = (x_1, x_2, \cdots, x_n); \qquad \boldsymbol{\Sigma}_n = E(\boldsymbol{x}^{\mathrm{T}}\boldsymbol{x}) = \boldsymbol{\Omega}\sigma_\varepsilon^2,$$

其中

$$\boldsymbol{\Omega} = \begin{pmatrix} \displaystyle\sum_{i=0}^{\infty} G_i^2 & \cdots & \displaystyle\sum_{i=0}^{\infty} G_i G_{i+n-1} \\ \vdots & & \vdots \\ \displaystyle\sum_{i=0}^{\infty} G_i G_{i+n-1} & \cdots & \displaystyle\sum_{i=0}^{\infty} G_i^2 \end{pmatrix},$$

则似然函数为

$$
\begin{aligned}
L(\boldsymbol{\Theta}; \boldsymbol{x}) &= p(x_1, x_2, \cdots, x_n; \boldsymbol{\Theta}) \\
&= (2\pi)^{-\frac{n}{2}} |\boldsymbol{\Sigma}_n|^{-\frac{1}{2}} \exp\left\{ -\frac{\boldsymbol{x}\boldsymbol{\Sigma}_n^{-1}\boldsymbol{x}^{\mathrm{T}}}{2} \right\} \\
&= (2\pi)^{-\frac{n}{2}} (\sigma_\varepsilon^2)^{-\frac{n}{2}} |\boldsymbol{\Omega}|^{-\frac{1}{2}} \exp\left\{ -\frac{\boldsymbol{x}\boldsymbol{\Omega}^{-1}\boldsymbol{x}^{\mathrm{T}}}{2\sigma_\varepsilon^2} \right\}.
\end{aligned}
$$

令

$$G(\boldsymbol{\Theta}) = \boldsymbol{x}\boldsymbol{\Omega}^{-1}\boldsymbol{x}^{\mathrm{T}},$$

则对数似然函数为

$$l(\boldsymbol{\Theta}; \boldsymbol{x}) = -\frac{n}{2}\ln(2\pi) - \frac{n}{2}\ln(\sigma_\varepsilon^2) - \frac{1}{2}\ln|\boldsymbol{\Omega}| - \frac{1}{2\sigma_\varepsilon^2}G(\boldsymbol{\Theta}).$$

根据极值原理, 对对数似然函数中的未知参数求偏导, 得到似然方程组

$$
\begin{cases}
\dfrac{\partial l(\boldsymbol{\Theta}; \boldsymbol{x})}{\partial \sigma_\varepsilon^2} = -\dfrac{n}{2\sigma_\varepsilon^2} + \dfrac{G(\boldsymbol{\Theta})}{2\sigma_\varepsilon^4} = 0; \\[3mm]
\dfrac{\partial l(\boldsymbol{\Theta}; \boldsymbol{x})}{\partial \boldsymbol{\Theta}} = -\dfrac{1}{2}\dfrac{\partial \ln|\boldsymbol{\Omega}|}{\partial \boldsymbol{\Theta}} - \dfrac{1}{2\sigma_\varepsilon^2}\dfrac{\partial G(\boldsymbol{\Theta})}{\partial \boldsymbol{\Theta}} = \boldsymbol{0}.
\end{cases}
\tag{3.23}
$$

求解似然方程组 (3.23), 就可得到未知参数的极大似然估计 $\hat{\boldsymbol{\Theta}}$. 在求解过程中, 由于 $\ln|\boldsymbol{\Omega}|, G(\boldsymbol{\Theta})$ 都不是参数的显示表达式, 因此求解似然方程组 (3.23) 通常需要复杂的运算. 在实际中, 通常都是借助于软件完成的.

3.2.4 应用举例

在 Python 中, 参数估计可通过调用 statsmodels.tsa 模块中的估计类 arima.model.ARIMA() 和它的函数 (也称为方法) fit() 来实现, 其命令格式如下:

```
ARIMA(endog, order=, trend= )
```

常用参数说明:

- **endog**: 观察值序列的序列名.

- **order**: 指定模型阶数. order=(p,d,q), 其中 p 为自回归阶数; q 为移动平均阶数; d 为差分阶数. 差分阶数后面章节才会用到, 在本章取 $d = 0$.

- **trend**: 用来决定确定性趋势项. trend='n' 表示无趋势项; trend='c' 表示有常数趋势项 (默认选项); trend='t' 表示有关于时间 t 的线性趋势项; trend='ct' 表示既有常数项, 又有时间 t 的一次项, 此外, 还可定义关于时间 t 的多项式趋势项.

函数 fit() 的参数 method 可指定一些估计方法, 如: 'innovations_mle', 'yule_walker' 等, 但并非每个选项都适合所有的模型, 如: 'yule_walker' 仅用于 AR(p) 的估计. 一般情况下, 我们选择默认值就可以.

例 3.4 确定 2016 年 1 月至 2017 年 6 月青海省居民消费价格指数序列拟合模型的口径 (即对该序列的未知参数进行估计).

解 根据例 3.1, 我们已经将模型识别为 AR(2). 现估计未知参数. 具体命令及运行结果如下:

```
from statsmodels.tsa.arima.model import ARIMA
qh_est = ARIMA(qhcpi_df,order=(2,0,0)).fit()
print(qh_est.summary().tables[1])  #显示估计结果
输出结果:
==============================================================
              coef    std err       z      P>|z|    [0.025     0.975]
--------------------------------------------------------------
const     101.5001     0.339    299.579    0.000   100.836    102.164
ar.L1       1.0233     0.337      3.038    0.002     0.363      1.683
ar.L2      -0.5067     0.235     -1.166    0.244    -1.358      0.345
sigma2      0.2123     0.083      2.558    0.011     0.050      0.375
==============================================================
```

根据估计结果, 确定该模型的口径为

$$x_t = 101.5002 + 1.0233x_{t-1} - 0.5067x_{t-2} + \varepsilon_t, \quad \sigma_\varepsilon^2 = 0.2123.$$

例 3.5 确定 1956 年至 2016 年某城市各月交通事故数序列拟合模型的口径.

解 根据例 3.2, 我们已经将模型识别为 MA(1). 现估计未知参数. 具体命令及运行结果如下:

```
jtsgs_est = ARIMA(jtsgs_df, order=(0,0,1)).fit()
print(jtsgs_est.summary().tables[1])
```

输出结果:

```
==============================================================================
                 coef    std err          z      P>|z|      [0.025      0.975]
------------------------------------------------------------------------------
const       1000.0264      0.052   1.92e+04      0.000     999.924    1000.128
ma.L1         -0.5371      0.133     -4.027      0.000      -0.799      -0.276
sigma2         0.7220      0.173      4.170      0.000       0.383       1.061
==============================================================================
```

根据估计结果, 确定该模型的口径为

$$x_t = 1000.0264 + \varepsilon_t - 0.5371\varepsilon_{t-1}, \quad \sigma_\varepsilon^2 = 0.7220.$$

例 3.6 确定 1860 年至 1909 年国外某城市火灾发生数序列拟合模型的口径.

解 根据例 3.3, 我们已经将模型识别为 ARMA$(2,1)$. 现估计未知参数. 具体命令及运行结果如下:

```
huozai_est = ARIMA(huozai_df, order=(2,0,1)).fit()
print(huozai_est.summary().tables[1])
输出结果:
==============================================================================
                 coef    std err          z      P>|z|      [0.025      0.975]
------------------------------------------------------------------------------
const       1000.4773      0.566   1768.200      0.000     999.368    1001.586
ar.L1          0.4655      0.211      2.203      0.028       0.051       0.880
ar.L2          0.0521      0.180      0.290      0.772      -0.301       0.405
ma.L1          0.9999     34.844      0.029      0.977     -67.293      69.292
sigma2         0.8963     31.267      0.029      0.977     -60.386      62.179
==============================================================================
```

根据估计结果, 确定该模型的口径为

$$x_t = 1000.4773 + 0.4655x_{t-1} + 0.0521x_{t-2} + \varepsilon_t + 0.9999\varepsilon_{t-1}, \quad \sigma_\varepsilon^2 = 0.8963.$$

3.3 模型的检验与优化

经过模型识别和参数估计之后, 接下来我们要对模型进行诊断性检验, 即检测已知观测数据在用既定模型拟合时的合理性. 一个好的拟合模型应该具备如下两个最基本的特征:

(1) 拟合模型应该提取了观察值序列的几乎全部相关信息, 因而拟合残差项中将不再蕴含相关信息, 也即残差序列应该为白噪声序列.

(2) 拟合模型应该是最精简的模型. 换句话说, 拟合模型不再含有任何冗余参数, 因为参数个数过多必然影响估计的精度.

在本节中, 我们就基于以上两点来讨论模型诊断方法. 然后, 利用模型诊断的结论, 提出改进模型的方法.

3.3.1 残差的检验

如果模型被正确识别, 参数估计足够精确, 那么残差应该具有白噪声的性质, 即残差序列应表现出独立、同分布、零均值和相同标准差的性质. 反之, 如果残差序列为非白噪声序列, 那就意味着残差序列中还残留着相关信息未被提取, 说明拟合模型不够有效, 需要重新选择其他模型进行拟合. 因此, 残差的检验指的就是残差序列的白噪声检验.

最简单的残差检验就是观察残差序列的时序图. 如果残差序列的时序图围绕横轴波动, 且波动范围有界, 但是波动既无趋势性, 也无周期性, 表现出较明显的随机性, 那么残差序列就可能为白噪声序列.

但是较为可靠的检验还是 1.4.3 节引入的白噪声检验. 原假设和备择假设分别为:

原假设 $\mathbf{H}_0$：　$\rho(1) = \rho(2) = \cdots = \rho(m) = 0, \quad \forall m \geqslant 1$;

备择假设 $\mathbf{H}_1$：　至少存在某个 $\rho(k) \neq 0, \quad \forall m \geqslant 1, k \leqslant m$.

检验统计量取为 Q_{LB}:

$$Q_{\mathrm{LB}} = n(n+2) \sum_{k=1}^{m} \frac{\hat{\rho}^2(k)}{n-k} \sim \chi^2(m), \quad \forall m > 0.$$

这里 $\rho(i), \hat{\rho}(i)$ 分别是残差序列的自相关函数和样本自相关函数.

一般来讲, 当检验的 p 值显著大于显著性水平 0.05 时, 我们就不能拒绝原假设, 也就是有理由相信原假设成立, 认为序列是白噪声序列; 当检验的 p 值显著小于显著性水平 0.05 时, 我们就拒绝原假设, 从而有理由相信备择假设成立, 认为序列值之间有相关关系, 该序列是非白噪声序列.

例 3.7　对 2016 年 1 月至 2017 年 6 月青海省居民消费价格指数序列拟合模型的残差序列进行检验 (也称为模型的显著性检验).

解　接例 3.4, 残差序列检验的具体命令及运行结果如下:

```
qh_resid = qh_est.resid
acorr_ljungbox(qh_resid,lags=[6,12],boxpierce=True,return_df=True)
输出结果:
      lb_stat    lb_pvalue    bp_stat    bp_pvalue
6     4.167642   0.654002     3.148995   0.789927
12    10.428757  0.578401     5.382055   0.943987
```

可见, 延迟 6 阶和延迟 12 阶的统计量 Q_{LB} 和 Q_{BP} 的 p 值显著大于显著性水平 0.05, 所以可以认为拟合模型的残差序列是白噪声序列. 这里指出, 上述语句中的第二行是为了屏蔽一些无用的警告信息.

3.3.2 过度拟合检验

在模型诊断中, 需要特别引起注意的问题是, 由过度拟合而产生的参数冗余问题. 举个例子来说明: 对于 $\mathrm{ARMA}(p,q)$ 模型: $\varPhi(B)x_t = \varTheta(B)\varepsilon_t$, 如果在该模型两边同时乘以 $(1-cB)$, 可得 $(1-cB)\varPhi(B)x_t = (1-cB)\varTheta(B)\varepsilon_t$. 从数学角度看, 两个模型仍然等同, 但实际上模型的待估参数增加了, 产生了冗余参数. 由于样本量有限, 参数个数的增加必然导致估计精度的下降. 因此, 有必要舍弃冗余参数, 精简模型.

为了舍弃对模型影响不显著的参数, 我们做如下参数显著性假设:

原假设 $\mathbf{H}_0$: $\alpha_i = 0$ $\longleftrightarrow$ 备择假设 $\mathbf{H}_1$: $\alpha_i \neq 0$,

其中, α_i 是模型第 i 个参数.

可以证明, 第 i 个参数 α_i 的 t 检验统计量可按如下方式给出:

$$t = \frac{\hat{\phi}_i}{\sigma},$$

其中, $\hat{\phi}_i$ 为该参数的估计值; σ 为该参数估计值的标准差.

一般地, Python 默认输出的参数估计值均显著非零. 如果想要得到 t 统计量的值和检验的 p 值, 就得动手计算. 下面, 我们编写一个计算 t 统计量 p 值的函数 pt(), 然后利用该函数检验例 3.4 参数的显著性. 函数 pt() 定义如下:

```
def pt(x,df):
    if(x <= 0):
        pv = t.cdf(x,int(df))
    else:
        pv = t.sf(x,int(df))
    return pv
```

该函数的参数说明:

- x: t 统计量的值.

- df: 自由度.

例 3.8 接例 3.4, 对 2016 年 1 月至 2017 年 6 月青海省居民消费价格指数序列拟合模型的参数进行显著性检验.

解 参数的显著性检验的具体命令及运行结果如下:

```
from scipy.stats import t
# ar.L1 系数的显著性检验
t1 = 1.0233/0.337; x = pt(t1,15)
# ar.L2 系数的显著性检验
t2 <- -0.5067/0.235; y = pt(t2,15)
# 常数 const 的显著性检验
t0 <- 101.5001/0.339; z = pt(t0,15)
```

```
print(x,y,z)
输出结果:
0.00416484, 0.02385667, 4.80619609e-30
```

三个系数检验的 p 值均小于 0.05, 故三个系数均显著非零.

3.3.3 模型优化

由于样本的随机性和定阶过程很大程度上依赖于分析人员的主观判断, 所以在模型识别时, 可能就会有若干个备选模型符合条件, 而且有时会出现多个模型都通过了检验, 那么现在的问题是, 到底哪个模型最有效呢? 下面, 我们介绍几个选择模型的方法.

1. 信息准则法

(1) AIC 准则

AIC (Akaike information criterion) 准则是由日本统计学家 Akaike 于 1973 年提出的, 它是基于最小信息量思想的准则.

从统计的观点来看, 一个事件的发生如果给人们带来了信息, 那么就应该认为该事件是一个随机事件. 显然, 一件为人们所完全预料的事件, 不会给人们带来信息. 假定 A 和 B 是两个随机事件, 且 $P_r(A) > P_r(B)$, 那么概率小的事件带给人们更多信息. 因此, 事件 B 的信息比事件 A 的信息多. 一般地, 对于一个事件 A, 我们可以用 $-\ln(p(A))$ 来刻画一个随机事件 A 的信息量. 这里指出, 对于随机事件 A 来说, $p(A)$ 是其概率; 而对随机变量来说, $p(\cdot)$ 是该随机变量的概率密度函数.

基于上述信息量的考虑, AIC 准则建议评判一个拟合模型的优劣可以从如下两方面考查:

① 似然函数值的大小. 似然函数值越大说明模型拟合的效果越好.

② 模型中未知参数的个数. 模型中未知参数越多, 估计的难度就越大, 相应地, 估计的精度就越差.

一个好的拟合模型应该兼顾考虑拟合精度和未知参数的个数, 从中选择最优的配置. 基于此, AIC 函数被提出, 它是拟合精度和参数个数的加权函数:

$$\text{AIC} = -2\ln(模型的极大似然函数值) + 2(模型中未知参数的个数). \tag{3.24}$$

AIC 准则认为, 使得 AIC 函数 (3.24) 达到最小的模型是最优模型.

考虑 ARMA(p,q) 模型. 从其对数似然函数

$$l(\boldsymbol{\Theta}; \boldsymbol{x}) = -\frac{n}{2}\ln(2\pi) - \frac{n}{2}\ln(\sigma_\varepsilon^2) - \frac{1}{2}\ln|\boldsymbol{\Omega}| - \frac{1}{2\sigma_\varepsilon^2}G(\boldsymbol{\Theta}).$$

可以证明, $l(\boldsymbol{\Theta}; \boldsymbol{x}) \propto -\frac{n}{2}\ln(\sigma_\varepsilon^2)$. 因为中心化 ARMA$(p,q)$ 模型的未知参数的个数为 $p+q+1$, 非中心化 ARMA(p,q) 模型的未知参数的个数为 $p+q+2$, 所以可得, 中心化 ARMA(p,q) 模型的 AIC 函数为

$$\text{AIC} = n\ln(\hat{\sigma}_\varepsilon^2) + 2(p+q+1).$$

非中心化 $\text{ARMA}(p,q)$ 模型的 AIC 函数为

$$\text{AIC} = n\ln(\hat{\sigma}_\varepsilon^2) + 2(p+q+2).$$

(2) BIC 准则

AIC 准则为模型选择提供了重要依据, 但是 AIC 准则也有不足之处. 理论上已经证明, AIC 准则不能给出模型阶的相合估计, 即当样本容量 n 趋于无穷大时, 由 AIC 准则确定的模型的阶不能收敛到模型的真实阶, 而是比模型真实阶偏高. 为了弥补 AIC 准则的不足, Akaike 于 1976 年提出了 BIC 准则. 他定义了如下 BIC 函数:

$$\text{BIC} = -2\ln(\text{模型的极大似然函数值}) + \ln(n)(\text{模型中未知参数的个数}). \tag{3.25}$$

BIC 准则规定, 使得 BIC 函数 (3.25) 达到最小的模型是最优模型. 这里需要指出的是, Schwarts 在 1978 年基于 Bayes 理论也得出了同样的准则, 所以 BIC 准则也被称为 BSC 准则.

BIC 函数与 AIC 函数相比较不同的地方是, BIC 函数将 AIC 函数中未知参数个数的权重由常数 2 变成了样本容量的对数 $\ln(n)$. 理论上已经证明, BIC 准则确定的最优模型是真实阶数的相合估计.

根据 BIC 函数的定义, 容易得到中心化 $\text{ARMA}(p,q)$ 模型的 BIC 函数为

$$\text{BIC} = n\ln(\hat{\sigma}_\varepsilon^2) + \ln(n)(p+q+1).$$

非中心化 $\text{ARMA}(p,q)$ 模型的 BIC 函数为

$$\text{BIC} = n\ln(\hat{\sigma}_\varepsilon^2) + \ln(n)(p+q+2).$$

在实际应用中, 我们总是从所有通过检验的模型中选择使得 AIC 或 BIC 函数达到最小的模型为相对最优模型. 这一过程将伴随模型定阶过程反复进行, 直至满意为止.

在 Python 中, 估计参数的同时给出了 AIC、BIC、AICc 和 QHIC 这些信息函数的值. 例如: 在例 3.4 中, 估计参数的同时, 也可以从运行结果中提取 AIC 的值 32.39511, BIC 的值 35.95659, AICc 的值 35.472028, 以及 QHIC 的值 32.88619.

例 3.9 在例 3.1 中, 通过对 2016 年 1 月至 2017 年 6 月青海省居民消费价格指数序列的自相关函数图和偏自相关函数图的观察, 初步将序列模型识别为 AR(2), 然后在例 3.4 中进行了未知参数的估计, 最后在例 3.7 和例 3.8 中对模型进行了检验, 并且所建模型通过了检验.

我们也可将序列识别为 $\text{ARMA}(2,1)$ 模型, 然后对该模型进行估计, 并对估计结果进行检验. 具体命令及运行结果如下:

```
qh_est2 = ARIMA(qhcpi_df,order=(2,0,1)).fit()
qh_resid2 = qh_est2.resid
```

```
acorr_ljungbox(qh_resid2, lags=[6,12], boxpierce=True,
               return_df=True)
输出结果:
     lb_stat   lb_pvalue   bp_stat   bp_pvalue
 6   3.028536  0.805257    2.251451  0.895182
12   8.475830  0.746929    4.115004  0.981271
```

检验结果表明, 用模型 ARMA(2, 1) 拟合序列, 依然通过了模型检验. 进一步, 提取 AIC 函数、BIC 函数、AICc 函数和 QHIC 函数的值. 具体命令及运行结果如下:

```
print(qh_est2.aic,qh_est2.bic,qh_est2.aicc,qh_est2.hqic)
输出结果:
32.79913,  37.25099,  37.79913,  33.41298
```

由此可以看出, AIC 函数、BIC 函数、AICc 函数和 QHIC 函数的值比用 AR(2) 拟合序列的 AIC=32.39511, BIC=35.95659, AICc=35.472028 和 QHIC=32.88619 值都大, 因此, 选用模型 AR(2) 拟合序列的结果更优.

2. F 检验法

所谓 **F 检验法**, 就是通过比较 ARMA(p, q) 模型和 ARMA($p-1, q-1$) 模型的残差平方和, 并用 F 检验判定阶数降低后的模型与原来模型之间是否存在显著性差异的方法.

设 ARMA(p, q) 模型和 ARMA($p-1, q-1$) 模型的残差平方和分别为 R_0 和 R_1; 自由度分别为 d_0 和 d_1, 则检验的假设可表示为

原假设 $\mathbf{H}_0$: $\phi_p = 0$ 且 $\theta_q = 0$ $\longleftrightarrow$ 备择假设 $\mathbf{H}_1$: $\phi_p \neq 0$ 或 $\theta_q \neq 0$.

构造如下检验统计量:

$$F = \frac{R_1 - R_0}{d_1 - d_0} \bigg/ \frac{R_0}{n - p - (p + q + 1)}.$$

原假设为真时, 统计量 F 服从第一自由度为 $d_1 - d_0$, 第二自由度为 $n - p - (p + q + 1)$ 的 $F(d_1 - d_0, n - p - (p + q + 1))$ 分布. 对于显著性水平 α, 可得到临界值 F_α. 当 $F > F_\alpha$ 时, 拒绝原假设, 模型选为 ARMA(p, q) 模型更好些; 当 $F \leqslant F_\alpha$ 时, 接受原假设, 意味着两个模型的拟合精度没有显著性差异, 选阶数更低的 ARMA($p-1, q-1$) 模型更好些. 当然, 也有可能选 ARMA($p, q-1$) 模型或选 ARMA($p-1, q$) 模型更好些.

3. 残差方差图法

拟合模型与真实数据之间的差异越小, 拟合模型就越有效. 残差是描述拟合模型与真实数据差异的重要方法, 因而也成为判断拟合模型是否合适的重要标准.

在实际建模时, 我们当然希望模型残差方差尽量小些, 因为残差方差越小说明拟合模型越有效. 经过证明, 模型的残差方差可以用下式来估计:

$$\hat{\sigma}^2 = \frac{\text{条件残差平方和}}{\text{实际观察值个数} - \text{模型的参数个数}}.$$

假设样本容量为 n. 对于 AR(p) 模型来说, 模型中有滞后阶数为 $1, 2, \cdots, p$ 的项, 所以第

一个有效观察值应该从 $p+1$ 期开始, 模型有效的样本容量为 $n-p$, 估计的参数为 $p+1$ 个, 因而 AR(p) 模型的残差方差为

$$\hat{\sigma}^2 = \frac{条件残差平方和}{n-p-(p+1)}.$$

对于 MA(q) 模型来说, 模型的有效观察值仍为 n 个, 有 $q+1$ 个待估参数, 因此, MA(q) 模型的残差方差为

$$\hat{\sigma}^2 = \frac{条件残差平方和}{n-(q+1)}.$$

对于 ARMA(p,q) 模型来说, 第一个有效观察值仍是从 $p+1$ 期开始的, 模型的待估参数有 $p+q+1$ 个, 因此, ARMA(p,q) 模型的残差方差为

$$\hat{\sigma}^2 = \frac{条件残差平方和}{(n-p)-(p+q+1)}.$$

在进行模型选择时, 通常会选择残差方差小的模型. 虽然增加模型的阶数会减少残差方差, 但是也会导致自由度的损失, 估计精度下降. 所以, 在进行模型选择时, 除了要使得残差方差尽可能小之外, 还需要使得模型尽可能精简. 在模型残差相差不大的情况下, 尽量选择阶数低的模型, 以免损失过多的自由度.

4. 自动拟合

按照 ARMA(p,q) 模型的建模过程, 可以根据最小信息量原则编写一个自动拟合建模的函数 auto_arma(). 该函数提供了自动定阶、参数估计和计算信息量的功能, 能够帮助数据分析人员进行参考分析. 该函数定义如下:

```
def auto_arma(x,n=10,info="bic"):
    pmax = int(len(x)/n)      #阶数一般不超过序列长度的十分之一
    qmax = int(len(x)/n)
    bic_matrix = []
    for p in range(pmax+1):
    temp= []
    for q in range(qmax+1):
        try:
            if(info == "bic"):
                temp.append(ARIMA(nxcpi_df,order=(p, 0, q)).fit().bic)
            else:
                temp.append(ARIMA(nxcpi_df,order=(p, 0, q)).fit().aic)
        except:
            temp.append(None)
    bic_matrix.append(temp)
    bic_matrix = pd.DataFrame(bic_matrix)
```

```
p,q = bic_matrix.stack().astype('float64').idxmin()
print('最小的p值 和 q 值: %s,%s' %(p,q))
model = ARIMA(nxcpi_df,order=(p,0,q)).fit()
return model.summary().tables[1]
```

该函数的参数说明:

- **x**: 需要建模的序列名.

- **n**: 将序列长度的 n 分之一作为自相关系数和移动平均系数的最高阶数, 不特殊指定的话, 默认值为 10.

- **info**: 指定信息量准则. info 有 "aic" "bic" 两个选项. 默认值为 BIC 准则.

例 3.10　使用函数 auto_arma() 对 2016 年 1 月至 2017 年 6 月宁夏回族自治区居民消费价格指数序列进行自动拟合.

解　自动拟合的具体命令及运行结果如下:

```
nxcpi_df = pd.read_csv('cpi.csv', usecols=['Date','NXCPI'],
          index_col=0)
auto_arma(nxcpi_df, 5, info="bic")
输出结果:
最小的p值 和 q 值:0,1
        coef      std err   z         P>|z|     [0.025    0.975]
const   101.4093  0.251     404.254   0.000     100.918   101.901
ma.L1   0.5277    0.342     1.541     0.123     -0.143    1.199
sigma2  0.4106    0.174     2.364     0.018     0.070     0.751
```

自动拟合表明, 软件程序自动识别为 MA(1) 模型.

3.4　序列的预测

时间序列分析的最终目的之一是预测序列未来的变化、发展. 所谓**预测 (forecast)**, 就是根据现在与过去的随机序列的样本取值, 对未来某个时刻序列值进行估计. 目前, 许多预测方法都是从线性预测的理论中发展而来的. 对于平稳序列来讲, 最常用的预测方法是线性最小方差预测. 线性是指预测值是观察值的线性函数, 最小方差是指预测的均方误差达到最小.

3.4.1　预测准则

设 $x_t, x_{t-1}, \cdots, x_{t-n}$ (n可以有限, 也可以无限) 是时间序列 $\{x_t\}$ 的观察值, 也称为该序列的**历史信息**, 简记为 Θ_t. 根据历史信息 Θ_t, 对将来某时刻 $t+l$ ($l>0$) 的序列值 x_{t+l} 进行估计, 称为**序列的第 l 步预测**, 预测值记为 $\hat{x}_{t+l}$. 显然, 预测值 $\hat{x}_{t+l}$ 应该是关于历史信息 Θ_t 的函数, 因此, 预测实质上就是求一个函数 f, 使得

$$\hat{x}_{t+l} = f(\Theta_t).$$

习惯上, 称上述函数为**预测函数**.

预测的准确程度是由预测误差

$$e_t(l) = x_{t+l} - \hat{x}_{t+l}$$

决定的, 因此预测函数的选取应该使得预测误差尽可能地小. 于是, 需要确定一种准则, 使得依据这种准则能够衡量采用某种预测函数所得的预测误差比采用其他预测函数所得的预测误差小.

在统计上, 我们一般用均方误差来衡量一个估计量的好坏. 所谓**均方误差 (mean squared error)**, 就是误差平方的期望, 即

$$E[e_t(l)]^2 = E(x_{t+l} - \hat{x}_{t+l})^2 = E[x_{t+l} - f(\boldsymbol{\Theta}_t)]^2. \tag{3.26}$$

一般地, 均方误差越小, 估计量越准确, 因此, (3.26) 式可选作我们的预测准则. 下面我们来求在这个预测准则下的最佳预测, 也称为**最小均方误差 (minimum mean square error)** **预测**.

设 $f(\boldsymbol{\Theta}_t)$ 为 x_{t+l} 的任一预测, 根据 (3.26) 式得

$$E[x_{t+l} - f(\boldsymbol{\Theta}_t)]^2 = E[x_{t+l} - E(x_{t+l}|\boldsymbol{\Theta}_t) + E(x_{t+l}|\boldsymbol{\Theta}_t) - f(\boldsymbol{\Theta}_t)]^2$$

$$= E[x_{t+l} - E(x_{t+l}|\boldsymbol{\Theta}_t)]^2 + 2E\{[x_{t+l} - E(x_{t+l}|\boldsymbol{\Theta}_t)][E(x_{t+l}|\boldsymbol{\Theta}_t) - f(\boldsymbol{\Theta}_t)]\} +$$

$$E\{[E(x_{t+l}|\boldsymbol{\Theta}_t) - f(\boldsymbol{\Theta}_t)]^2\} \tag{3.27}$$

记

$$\eta_{t+l} = [x_{t+l} - E(x_{t+l}|\boldsymbol{\Theta}_t)][E(x_{t+l}|\boldsymbol{\Theta}_t) - f(\boldsymbol{\Theta}_t)],$$

则有

$$E(\eta_{t+l}|\boldsymbol{\Theta}_t) = [E(x_{t+l}|\boldsymbol{\Theta}_t) - f(\boldsymbol{\Theta}_t)]E\{[x_{t+l} - E(x_{t+l}|\boldsymbol{\Theta}_t)]|\boldsymbol{\Theta}_t\} = 0.$$

进而得到

$$E(\eta_{t+l}) = E[E(\eta_{t+l}|\boldsymbol{\Theta}_t)] = 0. \tag{3.28}$$

将 (3.28) 式代入 (3.27) 式得

$$E[x_{t+l} - f(\boldsymbol{\Theta}_t)]^2 = E[x_{t+l} - E(x_{t+l}|\boldsymbol{\Theta}_t)]^2 + E\{[E(x_{t+l}|\boldsymbol{\Theta}_t) - f(\boldsymbol{\Theta}_t)]^2\}$$

$$\geqslant E[x_{t+l} - E(x_{t+l}|\boldsymbol{\Theta}_t)]^2.$$

于是得到最小均方误差预测

$$f(\boldsymbol{\Theta}_t) = E(x_{t+l}|\boldsymbol{\Theta}_t). \tag{3.29}$$

可见, 最小均方误差预测是 x_{t+l} 关于 $\boldsymbol{\Theta}_t$ 的条件期望. 这种预测具有许多优良的性质, 但是计算较为复杂.

事实上, 对于平稳序列来讲, 我们更有兴趣在 $\boldsymbol{\Theta}_t$ 的线性函数类中寻求 x_{t+l} 的最佳预测, 换句话说, 就是寻找 $x_t, x_{t-1}, \cdots, x_{t-n}$ (n 可以有限, 也可以无限) 的线性函数

$$\hat{x}_{t+l} = f(\boldsymbol{\Theta}_t) = \boldsymbol{\alpha}^{\mathrm{T}}\boldsymbol{\Theta}_t = \alpha_0 x_t + \alpha_1 x_{t-1} + \cdots,$$

使得 (3.26) 式达到最小, 也即在 $\boldsymbol{\Theta}_t$ 张成的线性空间 $\mathrm{span}\{\boldsymbol{\Theta}_t\}$ 中, 寻找使得 (3.26) 式达到最小的 $\boldsymbol{\Theta}_t$ 的线性组合. 我们称这种预测为**线性最小方差 (linear minimum variance) 预测**.

现在我们来寻找 x_{t+l} 的线性最小方差预测. 为此, 首先引入投影的概念. 对于线性空间 $\mathrm{span}\{\boldsymbol{\Theta}_t\}$ 中的元素 $\hat{x}'_{t+l} = \boldsymbol{\alpha}^{\mathrm{T}}\boldsymbol{\Theta}_t$ 来说, 如果满足

$$E[(x_{t+l} - \boldsymbol{\alpha}^{\mathrm{T}}\boldsymbol{\Theta}_t)\boldsymbol{\Theta}_t^{\mathrm{T}}] = \mathbf{0}^{\mathrm{T}}, \tag{3.30}$$

那么我们称 $\hat{x}'_{t+l}$ 为 x_{t+l} 在 $\mathrm{span}\{\boldsymbol{\Theta}_t\}$ 中的**投影 (projection)**.

下面我们证明, x_{t+l} 在 $\mathrm{span}\{\boldsymbol{\Theta}_t\}$ 中的投影 $\hat{x}'_{t+l}$ 就是我们想要寻找的 x_{t+l} 的线性最小方差预测.

设 $\boldsymbol{\beta}^{\mathrm{T}}\boldsymbol{\Theta}_t \in \mathrm{span}\{\boldsymbol{\Theta}_t\}$ 是 x_{t+l} 的任意一个预测, 则

$$E(x_{t+l} - \boldsymbol{\beta}^{\mathrm{T}}\boldsymbol{\Theta}_t)^2 = E(x_{t+l} - \boldsymbol{\alpha}^{\mathrm{T}}\boldsymbol{\Theta}_t + \boldsymbol{\alpha}^{\mathrm{T}}\boldsymbol{\Theta}_t - \boldsymbol{\beta}^{\mathrm{T}}\boldsymbol{\Theta}_t)^2$$

$$= E(x_{t+l} - \boldsymbol{\alpha}^{\mathrm{T}}\boldsymbol{\Theta}_t)^2 + 2E[(x_{t+l} - \boldsymbol{\alpha}^{\mathrm{T}}\boldsymbol{\Theta}_t)(\boldsymbol{\alpha}^{\mathrm{T}}\boldsymbol{\Theta}_t - \boldsymbol{\beta}^{\mathrm{T}}\boldsymbol{\Theta}_t)] +$$

$$E(\boldsymbol{\alpha}^{\mathrm{T}}\boldsymbol{\Theta}_t - \boldsymbol{\beta}^{\mathrm{T}}\boldsymbol{\Theta}_t)^2. \tag{3.31}$$

(3.31) 式右边中间项为

$$E[(x_{t+l} - \boldsymbol{\alpha}^{\mathrm{T}}\boldsymbol{\Theta}_t)(\boldsymbol{\alpha} - \boldsymbol{\beta})^{\mathrm{T}}\boldsymbol{\Theta}_t] = E\{[(x_{t+l} - \boldsymbol{\alpha}^{\mathrm{T}}\boldsymbol{\Theta}_t)\boldsymbol{\Theta}_t^{\mathrm{T}}](\boldsymbol{\alpha} - \boldsymbol{\beta})\} = 0. \tag{3.32}$$

将 (3.32) 式代入 (3.31) 式中, 得

$$E(x_{t+l} - \boldsymbol{\beta}^{\mathrm{T}}\boldsymbol{\Theta}_t)^2 = E(x_{t+l} - \boldsymbol{\alpha}^{\mathrm{T}}\boldsymbol{\Theta}_t)^2 + E(\boldsymbol{\alpha}^{\mathrm{T}}\boldsymbol{\Theta}_t - \boldsymbol{\beta}^{\mathrm{T}}\boldsymbol{\Theta}_t)^2. \tag{3.33}$$

从 (3.33) 式可以看到, 当

$$\boldsymbol{\alpha}^{\mathrm{T}}\boldsymbol{\Theta}_t = \boldsymbol{\beta}^{\mathrm{T}}\boldsymbol{\Theta}_t$$

时, $E(x_{t+l} - \boldsymbol{\beta}^{\mathrm{T}}\boldsymbol{\Theta}_t)^2$ 达到最小值, 所以 x_{t+l} 在 $\mathrm{span}\{\boldsymbol{\Theta}_t\}$ 中的投影 $\hat{x}'_{t+l} = \boldsymbol{\alpha}^{\mathrm{T}}\boldsymbol{\Theta}_t$ 为 x_{t+l} 的线性最小方差预测.

3.4.2 自回归移动平均模型的预测

上一小节中, 我们讨论了一般序列预测的思想. 对于 ARMA(p, q) 模型来讲, 通过其传递形式和逆转形式可以更容易地求出它的线性最小方差预测值.

1. 线性最小方差预测

设平稳可逆的 ARMA(p, q) 模型的传递形式为

$$x_t = \sum_{i=0}^{\infty} G_i \varepsilon_{t-i}, \tag{3.34}$$

其中, $\{G_i\}$ 是 Green 函数. 假如我们具有一直到 t 期的 ε 观察值 $\{\varepsilon_t, \varepsilon_{t-1}, \varepsilon_{t-2}, \cdots\}$, 则根据 (3.29) 式知, x_{t+l} 的线性最小方差预测 $\hat{x}_{t+l}$ 具有如下形式:

$$\hat{x}_{t+l} = E(x_{t+l}|\varepsilon_t, \varepsilon_{t-1}, \varepsilon_{t-2}, \cdots) = \sum_{i=0}^{\infty} G_{l+i} \varepsilon_{t-i}. \tag{3.35}$$

因为预测误差

$$x_{t+l} - \hat{x}_{t+l} = x_{t+l} - E(x_{t+l}|\varepsilon_t, \varepsilon_{t-1}, \varepsilon_{t-2}, \cdots) = \varepsilon_{t+l} + G_1 \varepsilon_{t+l-1} + \cdots + G_{l-1} \varepsilon_{t+1}$$

与 $\{\varepsilon_t, \varepsilon_{t-1}, \varepsilon_{t-2}, \cdots\}$ 满足 $E[(x_{t+l} - \hat{x}_{t+l})\varepsilon_{t-k}] = 0, k = 0, 1, 2, \cdots$, 所以由 (3.30) 式知 $\hat{x}_{t+l}$ 是 x_{t+l} 在线性空间 $\text{span}\{\varepsilon_t, \varepsilon_{t-1}, \varepsilon_{t-2}, \cdots\}$ 上的投影, 故 $\hat{x}_{t+l}$ 是 x_{t+l} 的线性最小方差预测. 此时, 预测误差的均值和方差分别为

$$E[e_t(l)] = E(x_{t+l} - \hat{x}_{t+l}) = 0$$

和

$$E[e_t(l)]^2 = E(x_{t+l} - \hat{x}_{t+l})^2 = \sum_{i=0}^{l-1} G_i^2 \sigma_\varepsilon^2.$$

再设平稳可逆的 ARMA(p, q) 模型的逆转形式为

$$\varepsilon_t = \sum_{j=0}^{\infty} I_j x_{t-j}, \tag{3.36}$$

其中, $\{I_j\}$ 是逆转函数. 将 (3.36) 式代入 (3.35) 式, 得

$$\hat{x}_{t+l} = \sum_{i=0}^{\infty} \sum_{j=0}^{\infty} G_{l+i} I_j x_{t-i-j}. \tag{3.37}$$

将 (3.37) 式简记为

$$\hat{x}_{t+l} = \sum_{k=0}^{\infty} C_{l+k} x_{t-k}.$$

由 (3.34) 式得

$$x_{t+l} = \sum_{i=0}^{\infty} G_i \varepsilon_{t+l-i} = \sum_{i=0}^{l-1} G_i \varepsilon_{t+l-i} + \sum_{i=l}^{\infty} G_i \varepsilon_{t+l-i} = e_t(l) + \hat{x}_{t+l}.$$

于是可推得

$$E(x_{t+l}|x_t, x_{t-1}, \cdots) = E[e_t(l)|x_t, x_{t-1}, \cdots] + E[\hat{x}_{t+l}|x_t, x_{t-1}, \cdots] = \hat{x}_{t+l} \qquad (3.38)$$

和

$$\mathrm{Var}(x_{t+l}|x_t, x_{t-1}, \cdots) = \mathrm{Var}[e_t(l)|x_t, x_{t-1}, \cdots] + \mathrm{Var}[\hat{x}_{t+l}|x_t, x_{t-1}, \cdots] = \mathrm{Var}[e_t(l)]. \quad (3.39)$$

(3.38) 式再次说明 $\hat{x}_{t+l}$ 是 x_{t+l} 的线性最小方差预测. (3.39) 式说明在此预测下的方差只与预测步长 l 有关, 而与预测起始点 t 无关. 预测步长 l 越大, 预测值的方差也越大, 因而为了保证预测精度, 时间序列数据只适合做短期预测.

在正态假设下, 有

$$x_{t+l}|x_t, x_{t-1}, \cdots \sim N(\hat{x}_{t+l}, \mathrm{Var}[e_t(l)]),$$

因而, $x_{t+l}|x_t, x_{t-1}, \cdots$ 的置信水平为 $1 - \alpha$ 的置信区间为

$$\left(\hat{x}_{t+l} - z_{1-\alpha/2} \cdot \sigma_\varepsilon^2 \sum_{i=0}^{l-1} G_i^2, \quad \hat{x}_{t+l} + z_{1-\alpha/2} \cdot \sigma_\varepsilon^2 \sum_{i=0}^{l-1} G_i^2 \right).$$

2. AR(p) 模型的预测

设 $\{x_t, t \in T\}$ 是 AR(p) 模型, 则由 (3.38) 式得

$$
\begin{aligned}
\hat{x}_{t+l} &= E(x_{t+l}|x_t, x_{t-1}, \cdots) \\
&= E(\phi_1 x_{t+l-1} + \cdots + \phi_p x_{t+l-p} + \varepsilon_{t+l}|x_t, x_{t-1}, \cdots) \\
&= \phi_1 \hat{x}_{t+l-1} + \phi_2 \hat{x}_{t+l-2} + \cdots + \phi_p \hat{x}_{t+l-p},
\end{aligned}
$$

其中

$$\hat{x}_{t+i} = \begin{cases} \hat{x}_{t+i}, & i \geqslant 1; \\ x_{t+i}, & i \leqslant 0. \end{cases}$$

预测方差为

$$\mathrm{Var}[e_t(l)] = \sum_{i=0}^{l-1} G_i^2 \sigma_\varepsilon^2, \quad l \geqslant 1.$$

3. MA(q) 模型的预测

设 $\{x_t, t \in T\}$ 是 MA(q) 模型, 则由 (3.35) 式和 (3.38) 式知, 在条件 $x_t, x_{t-1}, \cdots$ 下,

x_{t+l} 的预测值等于在条件 $\varepsilon_t, \varepsilon_{t-1}, \varepsilon_{t-2}, \cdots$ 下, x_{t+l} 的预测值. 而未来时刻的随机扰动 $\varepsilon_{t+1}, \varepsilon_{t+2}, \varepsilon_{t+3}, \cdots$ 是不可观测的, 属于预测误差.

当预测步长 l 小于或等于 MA(q) 模型的阶数 q 时, x_{t+l} 可分解为

$$
\begin{aligned}
x_{t+l} &= \mu + \varepsilon_{t+l} - \theta_1 \varepsilon_{t+l-1} - \cdots - \theta_q \varepsilon_{t+l-q} \\
&= (\varepsilon_{t+l} - \theta_1 \varepsilon_{t+l-1} - \cdots - \theta_{l-1} \varepsilon_{t+1}) + (\mu - \theta_l \varepsilon_t - \cdots - \theta_q \varepsilon_{t+l-q}) \\
&= e_t(l) + \hat{x}_{t+l}.
\end{aligned}
$$

当预测步长 l 大于 MA(q) 模型的阶数 q 时, x_{t+l} 写为

$$
\begin{aligned}
x_{t+l} &= (\varepsilon_{t+l} - \theta_1 \varepsilon_{t+l-1} - \cdots - \theta_q \varepsilon_{t+l-q}) + \mu \\
&= e_t(l) + \hat{x}_{t+l}.
\end{aligned}
$$

于是, MA(q) 模型 l 步的预测值为

$$
\hat{x}_{t+l} = \begin{cases} \mu - \theta_l \varepsilon_t - \cdots - \theta_q \varepsilon_{t+l-q}, & l \leqslant q; \\ \mu, & l > q. \end{cases}
$$

可见, MA(q) 模型只能预测 q 步之内的序列值. q 步之外的序列值都是 0.

预测方差为

$$
\operatorname{Var}[e_t(l)] = \begin{cases} \sigma_\varepsilon^2 (1 + \theta_1^2 + \cdots + \theta_{l-1}^2), & l \leqslant q; \\ \sigma_\varepsilon^2 (1 + \theta_1^2 + \cdots + \theta_q^2), & l > q. \end{cases}
$$

4. ARMA(p,q) 模型的预测

设 $\{x_t, t \in T\}$ 是 ARMA(p,q) 模型, 则由 (3.38) 式得

$$
\begin{aligned}
\hat{x}_{t+l} &= E(x_{t+l} | x_t, x_{t-1}, \cdots) \\
&= E(\phi_1 x_{t+l-1} + \cdots + \phi_p x_{t+l-p} + \varepsilon_{t+l} - \theta_1 \varepsilon_{t+l-1} - \cdots - \theta_q \varepsilon_{t+l-q} | x_t, x_{t-1}, \cdots) \\
&= \begin{cases} \displaystyle\sum_{k=1}^{p} \phi_k \hat{x}_{t+l-k} - \sum_{i=l}^{q} \theta_i \varepsilon_{t+l-i}, & l \leqslant q; \\ \displaystyle\sum_{k=1}^{p} \phi_k \hat{x}_{t+l-k}, & l > q. \end{cases}
\end{aligned}
$$

其中

$$\hat{x}_{t+i} = \begin{cases} \hat{x}_{t+i}, & i \geqslant 1; \\ x_{t+i}, & i \leqslant 0. \end{cases}$$

预测方差为

$$\mathrm{Var}[e_t(l)] = \sum_{i=0}^{l-1} G_i^2 \sigma_\varepsilon^2, \quad l \geqslant 1.$$

例 3.11　假定 Acme 公司的年销售额 (单位: 百万美元) 符合 AR(2) 模型:

$$x_t = 5 + 0.6x_{t-1} + 0.3x_{t-2} + \varepsilon_t, \quad \varepsilon_t \sim N(0,2).$$

已知 2005 年、2006 年和 2007 年的销售额分别是 900 万美元、1100 万美元和 1000 万美元,那么

(1) 预测 2008 年和 2009 年的销售额;

(2) 确定 2008 年和 2009 年的销售额的 95% 的置信区间.

解　(1) 计算预测值:

2008 年的销售额: $\hat{x}_{2008} = 5 + 0.6x_{2007} + 0.3x_{2006} = 935$;

2009 年的销售额: $\hat{x}_{2009} = 5 + 0.6\hat{x}_{2008} + 0.3x_{2007} = 866$.

(2) 确定置信区间:

根据 Green 函数的递推计算得

$$G_0 = 1; \quad G_1 = \phi_1 G_0 = 0.6; \quad G_2 = \phi_1 G_1 + \phi_2 G_0 = 0.66.$$

由预测方差公式得

$$\mathrm{Var}[e_{2007}(1)] = G_0^2 \sigma_\varepsilon^2 = 2;$$

$$\mathrm{Var}[e_{2007}(2)] = (G_0^2 + G_1^2)\sigma_\varepsilon^2 = 2.72.$$

于是得 2008 年销售额的 95% 的置信区间为

$$(935 - 1.96\sqrt{2}, \quad 935 + 1.96\sqrt{2}) = (932.23, \quad 937.77);$$

2009 年销售额的 95% 的置信区间为

$$(866 - 1.96\sqrt{2.72}, \quad 866 + 1.96\sqrt{2.72}) = (862.77, \quad 869.23).$$

例 3.12　假定 Deere 公司生产的某零件月不合格率符合 ARMA(1,1) 模型:

$$x_t = 0.5x_{t-1} + \varepsilon_t - 0.25\varepsilon_{t-1}, \quad \varepsilon_t \sim N(0,0.2).$$

已知 1 月的不合格率为 6%, 误差为 0.015, 请预测未来 3 个月不合格率的 95% 的置信区间.

解 未来 3 个月不合格率的预测值:

2 月不合格率: $\hat{x}_2 = 0.5x_1 - 0.25\varepsilon_1 = 0.02625$;

3 月不合格率: $\hat{x}_3 = 0.5\hat{x}_2 = 0.013125$;

4 月不合格率: $\hat{x}_4 = 0.5\hat{x}_3 = 0.0065625$.

根据 Green 函数的递推计算得

$$G_0 = 1; \quad G_1 = \phi_1 G_0 - \theta_1 = 0.25; \quad G_2 = \phi_1 G_1 = 0.125.$$

由预测方差公式得

$$\mathrm{Var}[e_1(1)] = G_0^2 \sigma_\varepsilon^2 = 0.2;$$

$$\mathrm{Var}[e_1(2)] = (G_0^2 + G_1^2)\sigma_\varepsilon^2 = 0.2125;$$

$$\mathrm{Var}[e_1(3)] = (G_0^2 + G_1^2 + G_2^2)\sigma_\varepsilon^2 = 0.215625.$$

于是得 2 月不合格率的 95% 的置信区间为

$$(0.02625 - 1.96\sqrt{0.2}, \quad 0.02625 + 1.96\sqrt{0.2}) = (-0.8503, \quad 0.9028);$$

3 月不合格率的 95% 的置信区间为

$$(0.013125 - 1.96\sqrt{0.2125}, \quad 0.013125 + 1.96\sqrt{0.2125}) = (-0.8904, \quad 0.9166);$$

4 月不合格率的 95% 的置信区间为

$$(0.0065625 - 1.96\sqrt{0.215625}, \quad 0.0065625 + 1.96\sqrt{0.215625}) = (-0.9034, \quad 0.9177).$$

在 Python 中, 我们可以使用函数 get_prediction() 进行预测, 得到预测值和相应的置信区间. 具体使用方法, 见下面的例 3.13.

例 3.13 使用在例 3.4 中所建立的模型, 预测 2017 年 7 月至 2017 年 12 月青海省居民的消费价格指数.

解 利用例 3.4 所建立的 AR(2) 模型, 进行未来 6 期的预测, 并分别给出置信水平分别为 80% 和 95% 的置信区间. 具体命令及运行结果如下:

```
qh_pred = qh_est.get_prediction(start=19,end=24)
confint1 = qh_pred.conf_int(alpha=0.20)          #80%的置信区间
confint2 = qh_pred.conf_int(alpha=0.05)          #95%的置信区间
confint = pd.concat([confint1,confint2],axis=1,ignore_index=False)
```

```
print(confint)                                      #拼接之后输出
输出结果:
      lower 80%      upper 80%      lower 95%      upper 95%
19    100.968630     102.658209     100.521426     103.105414
20    100.737489     102.543611     100.259438     103.021663
21    100.581793     102.388378     100.103619     102.866552
22    100.499388     102.327780     100.015441     102.811726
23    100.492038     102.346331     100.001236     102.837132
24    100.529953     102.392334     100.037010     102.885277
```

利用预测结果, 可以直接绘制预测图进行观察 (见图 3.7).

```
fig = plt.figure(figsize=(12,4), dpi=150)
ax = fig.add_subplot(111)
ax.plot(qhcpi_df[1:], color='red')
qh_pred.predicted_mean.plot(ax=ax, color='b', linestyle='--')
ax.fill_between(confint1.index,confint1.iloc[:,0],
                confint1.iloc[:,1], color='k', alpha=.1)
ax.fill_between(confint2.index, confint2.iloc[:,0],
                confint2.iloc[:,1], color='k',alpha=.1)
ax.set_xlabel(xlabel="时间", fontsize=17)
plt.legend(loc=2, labels=['真实值',' 预测值'],fontsize=12)
plt.xticks(fontsize=15); plt.yticks(fontsize=15)
fig.tight_layout(); plt.savefig(fname='fig/3_7.png')
```

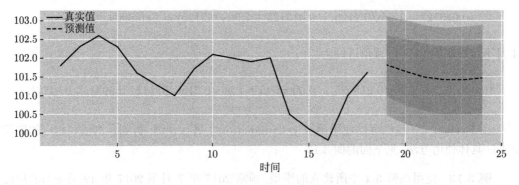

图 3.7   2017 年 7 月至 2017 年 12 月青海省居民的消费价格指数的预测图

第3章学习指导

习题 3

1. 简述平稳时间序列建模步骤.

2. AR 模型、MA 模型和 ARMA 模型的自相关函数和偏自相关函数各有什么特点?

3. 考虑满足下式的 AR(2) 模型 $\{x_t\}$:

$$x_t - \phi x_{t-1} - \phi^2 x_{t-2} = \varepsilon_t, \quad \varepsilon_t \sim \mathrm{WN}(0,\ \sigma^2)$$

(1) 当 ϕ 取什么值时, 这是一个平稳过程?

(2) 下列样本矩是观测到 $x_1, x_2, \cdots, x_{200}$ 后计算得到的: $\hat{\gamma}_0 = 6.06, \hat{\rho}_1 = 0.687, \hat{\rho}_2 = 0.610$, 通过 Yule-Walker 方程, 求 ϕ 和 σ^2 的估计值. 如果求出的解不止一组, 选择其一使得过程是平稳的.

4. 假设时间序列 $\{x_t\}$ 服从 AR(1) 模型:

$$x_t = \phi x_{t-1} + \varepsilon_t$$

其中, $\{\varepsilon_t\}$ 为白噪声序列, $E(\varepsilon_t) = 0, \mathrm{Var}(\varepsilon_t) = \sigma^2, x_1, x_2$ $(x_1 \neq x_2)$ 为来自上述模型的样本观察值, 试求: 模型参数 ϕ, σ^2 的极大似然估计.

5. 表 3.2 为某地区连续 74 年谷物产量 (单位: $10^3\mathrm{t}$)

表 3.2　某地区连续 74 年谷物产量 (行数据)

0.97	0.45	1.61	1.26	1.37	1.43	1.32	1.23	0.84	0.89	1.18	1.33	1.21
0.98	0.91	0.61	1.23	0.97	1.10	0.74	0.80	0.81	0.80	0.60	0.59	0.63
0.87	0.36	0.81	0.91	0.77	0.96	0.93	0.95	0.65	0.98	0.70	0.86	1.32
0.88	0.68	0.78	1.25	0.79	1.19	0.69	0.92	0.86	0.86	0.85	0.90	0.54
0.32	1.40	1.14	0.69	0.91	0.68	0.57	0.94	0.35	0.39	0.45	0.99	0.84
0.62	0.85	0.73	0.66	0.76	0.63	0.32	0.17	0.46				

(1) 判断该序列的平稳性和纯随机性.

(2) 选择适当模型拟合该序列的发展.

(3) 利用拟合模型, 预测该地区未来 5 年谷物产量.

6. 某城市过去 63 年中每年降雪量数据 (单位: mm) 如表 3.3 所示.

表 3.3　某城市过去 63 年中每年降雪量数据 (行数据)

126.4	82.4	78.1	51.1	90.9	76.2	104.5	87.4	110.5	25	69.3	53.5
39.8	63.6	46.7	72.9	79.6	83.6	80.7	60.3	79	74.4	49.6	54.7
71.8	49.1	103.9	51.6	82.4	83.6	77.8	79.3	89.6	85.5	58	120.7
110.5	65.4	39.9	40.1	88.7	71.4	83	55.9	89.9	84.8	105.2	113.7
124.7	114.5	115.6	102.4	101.4	89.8	71.5	70.9	98.3	55.5	66.1	78.4
120.5	97	110									

(1) 判断该序列的平稳性和纯随机性.

(2) 如果序列平稳且非白噪声, 选择适当模型拟合该序列的发展.

(3) 利用拟合模型, 预测该城市未来 5 年的降雪量.

7. 求: MA(2) 模型的 1 期、2 期和 3 期预测 $\hat{x}_{t+1}, \hat{x}_{t+2}, \hat{x}_{t+3}$ 的表达式. 这些预测的误差方差是多少? 当 $h > 3$ 时, $t+h$ 期的预测误差方差是多少?

8. 已知 ARMA(1, 1) 模型:

$$x_t - x_{t-1} = \varepsilon_t - \theta_1 \varepsilon_{t-1}.$$

(1) 求预测公式 $\hat{x}_{t+1} = \hat{x}_t + (1 - \theta_1)(x_t - x_{t-1})$;

(2) 若已知 $x_{t-4} = 460, x_{t-3} = 457, x_{t-2} = 452, x_{t-1} = 459, x_t = 462,$ 且 $\theta_1 = 0.1$, 试求: $\hat{x}_{t+i}, i = 1, 2, 3.$

第 4 章　数据的分解和平滑

第4章数据资源

> **学习目标与要求**
>
> 1. 了解时间序列分解的一般原理.
> 2. 理解时间序列数据分解的形式.
> 3. 掌握趋势拟合的方法.
> 4. 掌握数据光滑的几种常用方法.

4.1　序列分解原理

从整体来看, 任何一个序列的变动都可以视为同时受到了确定性影响和随机性影响的综合作用. 一般地, 平稳时间序列要求这两种影响都是稳定的, 而非平稳时间序列则要求这两种影响至少有一种是不稳定的. 确定性对序列变化的影响往往表现出长期的趋势性、循环的波动性以及季节变化等的特点. 对于具有长期观察值的经济序列, 确定性分析具有特殊意义.

4.1.1　平稳序列的 Wold 分解

对于平稳时间序列, Wold 于 1938 年提出了著名的 **Wold 分解定理 (decomposition theorem)**. Wold 定理表明, 任何离散平稳序列 $\{x_t, t \in T\}$ 都可以分解为不相关的两个部分 Q_t 和 η_t 之和, 即

$$x_t = Q_t + \eta_t,$$

其中, Q_t 是确定性部分, 由历史信息完全确定; η_t 为非确定性的随机序列, 且

$$\eta_t = \sum_{k=0}^{\infty} \varphi_k \varepsilon_{t-k},$$

其中, ε_t 是零均值白噪声序列; $\varphi_0 = 1$, 且 $\sum_{k=0}^{\infty} \varphi_k^2 < +\infty$.

φ_k 平方和的收敛保证了 x_t 序列存在二阶矩. 同时, 这一分解定理的成立对变量的分布没有要求, 而且并不要求 ε_t 之间独立, 只需它们之间不相关即可.

对于均值, 我们有

$$E(x_t - Q_t) = E\Big(\sum_{k=0}^{\infty} \varphi_k \varepsilon_{t-k}\Big) = \sum_{k=0}^{\infty} \varphi_k E(\varepsilon_{t-k}) = 0,$$

即

$$E(x_t) = Q_t.$$

这说明, 确定性部分就是序列的均值函数. 方差计算如下:

$$\mathrm{Var}(x_t) = E(x_t - Q_t)^2 = E\Big(\sum_{k=0}^{\infty} \varphi_k \varepsilon_{t-k}\Big)^2 = \sigma_\varepsilon^2 \sum_{k=0}^{\infty} \varphi_k^2.$$

可见, 方差有界且和时间无关. 设 $\tau > 0$, 则

$$\begin{aligned}
\mathrm{Cov}(x_t, x_{t+\tau}) &= E(x_t - Q_t)(x_{t+\tau} - Q_{t+\tau}) \\
&= E\Big[\Big(\sum_{k=0}^{\infty} \varphi_k \varepsilon_{t-k}\Big)\Big(\sum_{k=0}^{\infty} \varphi_k \varepsilon_{t+\tau-k}\Big)\Big] \\
&= \sigma_\varepsilon^2 \sum_{k=0}^{\infty} \varphi_k \varphi_{\tau+k} < +\infty.
\end{aligned}$$

显然, 自协方差函数仅仅是两个随机变量相隔时间 τ 的函数. 因此, 从上面讨论看出, 序列 $\{x_t\}$ 满足平稳性的所有条件.

事实上, 我们之前讨论的平稳的 ARMA(p, q) 序列就可分解为

$$x_t = \mu + \frac{\Theta(B)}{\Phi(B)} \varepsilon_t,$$

其中, $Q_t = \mu$ 为确定性部分; $\eta_t = \frac{\Theta(B)}{\Phi(B)} \varepsilon_t$ 为随机性部分. 不过, Wold 分解定理的意义更多体现在理论层面.

4.1.2　一般序列的 Cramer 分解

Cramer 于 1961 年进一步发展了 Wold 的分解思想, 提出 **Cramer 分解**:

任何时间序列 $\{x_t, t \in T\}$ 都可以分解为两部分 D_t 和 ξ_t 之和, 即

$$x_t = D_t + \xi_t,$$

其中, $D_t = \sum_{i=0}^{l} \alpha_i t^i, l < +\infty$, 是多项式决定的确定性趋势部分, 这里 α_i, $i = 0, 1, 2, \cdots, l$, 是常数系数, 由历史信息完全确定; ξ_t 为平稳的零均值误差成分构成的非确定性的随机序列, 且

$$\xi_t = \Psi(B) \varepsilon_t,$$

其中, ε_t 是零均值白噪声序列; B 为延迟算子.

由 $E(x_t) = \sum_{i=0}^{l} \alpha_i t^i$ 知, 均值 $\sum_{i=0}^{l} \alpha_i t^i$ 反映了 x_t 受到的确定性影响, 而 ξ_t 反映了 x_t 受到的随机性影响.

在数据分解中, Wold 定理 和 Cramer 定理在理论上具有重要意义.

4.1.3 数据分解的形式

一般地, **时间序列数据的分解**主要是将序列所表现出来的规律性分解成不同的组成部分. 特别地, 确定性部分对序列的影响所表现出来的规律性尤为显著, 比如: 长期趋势性、季节性变化和循环变化等. 这种规律性强的信息通常比较容易提取, 而随机性部分所导致的波动则难以确定. 因而传统的时序分析方法往往把分析的重点放在确定性信息的提取上.

经过观察发现, 序列变化主要受以下一些因素综合的影响:

(1) 长期趋势 T_t. 长期趋势是时间序列在较长时期内所表现出的总的变化态势. 长期趋势影响下, 序列往往呈现出不断递增、递减或水平变动等基本趋势. 例如, 自改革开放以来, 我国城镇居民可支配收入呈现不断递增的趋势.

(2) 季节变化 S_t. 季节变化是指时间序列在长期内所表现出的有规律的周期性的重复变动的态势. 例如, 受自然界季节更替的影响, 一些商品的销售会层现出典型的季节波动态势.

(3) 随机波动 I_t. 随机波动是指受众多偶然的、难以预知和难以控制的因素影响而出现的随机变动. 随机波动是时间序列中较难分析的对象.

在进行时间序列分析时, 传统的分析方法都会假定序列受到上述几种因素的影响, 从而将序列表示为上述几部分的函数. 通常假定模型有两种相互作用的模式: 加法模式和乘法模式. 一般地, 若季节变动随着时间的推移保持相对不变, 则使用加法模型:

$$x_t = T_t + S_t + I_t;$$

若季节变动随着时间的推移递增或递减, 则使用乘法模型:

$$x_t = T_t \cdot S_t \cdot I_t.$$

根据上述加法模型和乘法模型的形式, 可得时间序列数据分解的一般步骤.

(1) 第一步估计时间序列数据的长期趋势. 常用两种方法估计长期趋势: 第一种方法是通过数据平滑方法进行估计; 第二种方法是通过模拟回归方程加以估计.

(2) 第二步去掉时间序列数据的长期趋势. 若拟合的是加法模型, 则将原来的时间序列减去长期趋势 $x_t - T_t$; 若拟合的为乘法模型, 则将原来的时间序列除以长期趋势 x_t/T_t.

(3) 第三步根据去掉长期趋势的时间序列数据, 估计时间序列的季节变化 S_t.

(4) 第四步当将长期趋势和季节变化去掉之后, 根据所得序列情况, 可得不规则波动部分. 为了研究简便, 本书把不规则波动部分仅视为随机波动. 对于加法模型, 随机波动表示为 $I_t = x_t - T_t - S_t$; 对于乘法模型, 随机波动表示为 $I_t = x_t/(T_t \cdot S_t)$.

时间序列的古典分解方法的目的是估计和提取确定性成分 T_t 和 S_t, 从而得到平稳的噪声成分.

在 Python 中, 可以用函数 seasonal_decompose() 对时间序列数据进行分解. 在使用该函数之前需要从模块 statsmodels.tsa.seasonal 中将其导入. 该函数的命令格式如下:

```
seasonal_decompose(x, model = , extrapolate_trend = )
```

该函数的参数说明:

- **x**: 待分解的时间序列数据.

- **model**: 选择的分解类型. model='additive' 意味着选择的分解类型为加法模型; model='multiplicative' 意味着选择的分解类型为乘法模型.

- **extrapolate_trend**: 选择数据的插值方式. extrapolate_trend = 'freq' 可确保趋势项和残差项中无缺失值.

例 4.1 请将新西兰人 2000 年 1 月至 2012 年 10 月月均到中国旅游人数序列进行适当分解.

解 现在对新西兰人 2000 年 1 月至 2012 年 10 月月均到中国旅游人数序列进行分解, 选择的分解类型是乘法模型, 这是因为季节变动随着时间的推移而递增. 具体命令如下, 运行结果如图 4.1 所示.

```
from statsmodels.tsa.seasonal import seasonal_decompose
traveller_df = pd.read_csv("NZTravellersDestination.csv",
            usecols=['Date','China'], parse_dates=['Date'],
            index_col='Date')
deco_muti = seasonal_decompose(traveller_df, model='multiplicative',
            extrapolate_trend='freq')
new,(ax1,ax2,ax3,ax4) = plt.subplots(4, 1, sharex=True,
                        figsize=(12,6), dpi=150)
ax1.plot(deco_muti.observed, color='r')
ax1.set_ylabel(ylabel="Observed", fontsize=15)
ax2.plot(deco_muti.trend, color='b')
ax2.set_ylabel(ylabel="Trend", fontsize=15)
ax3.plot(deco_muti.seasonal, color='g')
ax3.set_ylabel(ylabel="Seasonal", fontsize=15)
ax4.plot(deco_muti.resid, color='b')
ax4.set_ylabel(ylabel="Resid", fontsize=15)
plt.xticks(fontsize=15); plt.yticks(fontsize=15)
plt.tight_layout(); plt.savefig(fname='fig/4_1.png')
```

图 4.1 描绘了乘法模型分解的直观图, 其中, observed 是原来数据的时序图; trend 代表了长期趋势; seasonal 代表季节变动; resid 代表不规则波动. 还可以使用如下命令查看分解之后各部分的具体数值:

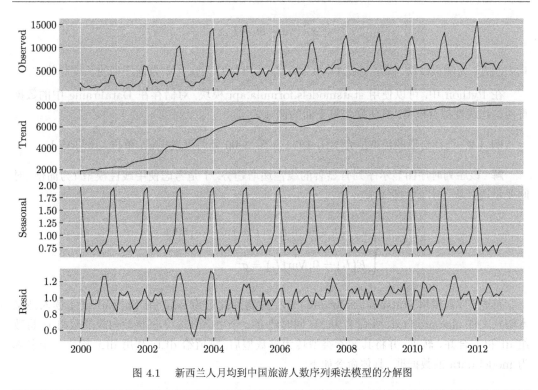

图 4.1　新西兰人月均到中国旅游人数序列乘法模型的分解图

```
deco_value = pd.concat([deco_muti.trend, deco_muti.seasonal,
        deco_muti.resid, deco_muti.observed], axis=1)
deco_value.columns = ['trend', 'season', 'resid', 'actual_values']
deco_value.head()  #显示前 5 行
输出结果:
Date        trend         season      resid       actual_values
2000-01-01  1883.234751   1.955235    0.620559    2285.0
2000-02-01  1911.123155   1.226378    0.633597    1485.0
2000-03-01  1939.011558   0.676659    0.981670    1288.0
2000-04-01  1966.899961   0.771333    1.084281    1645.0
2000-05-01  1994.788364   0.670465    0.929390    1243.0
```

4.2　趋势拟合法

所谓**趋势拟合法** (trend fitting), 就是把时间作为自变量, 相应的序列观察值作为因变量, 建立序列值随时间变化的回归模型的方法. 根据序列所表现出的线性或非线性特征, 拟合方法又可以具体分为线性拟合和曲线拟合.

4.2.1　线性拟合

如果长期趋势呈现线性特征, 那么我们可以用如下线性关系来拟合:

$$x_t = a + bt + I_t,$$

式中, $\{I_t\}$ 为随机波动, 满足 $E(I_t) = 0, \mathrm{Var}(I_t) = \sigma^2$; $T_t = a + bt$ 为该序列的长期趋势.

在 Python 中, 可以使用 statsmodels.formula.api 模块, 对储存在 DataFrame 中的数据直接构建线性拟合模型. 具体操作见下面的例 4.2.

例 4.2 选择合适的模型拟合美国 1974 年至 2006 年月度发电量, 单位: 10^6 kW·h.

解 该序列时序图显示序列有显著的线性递增趋势, 于是考虑使用线性模型 (为简便, 时间变量选择从 1 开始的整数):

$$\begin{cases} x_t = a + bt + I_t, \quad t = 1, 2, \cdots, 396; \\ E(I_t) = 0, \mathrm{Var}(I_t) = \sigma^2. \end{cases}$$

首先, 导入模块 statsmodels.formula.api, 并将其简记为 smf; 用 np.loadtxt() 读入纯文本格式文件 elec_prod.txt, 并命名为 df; 同时建立一个由前 396 个正整数构成的数组 t; 将数组 df 和 t 合并、转置, 并将其元素类型转为整数型后, 赋值给 df_t; 利用 df_t 构建一个名称为 model_data 的数据框. 具体命令如下:

```
import statsmodels.formula.api as smf
df = np.loadtxt("elec_prod.txt"); t = np.arange(1,397)
df_t = np.vstack((df,t)).swapaxes(0,1).astype(int)
model_data = pd.DataFrame(df_t,columns=['df','t'])
```

其次, 用模块 statsmodels.formula.api 中的最小二乘方法拟合线性模型. 具体命令及运行结果如下:

```
results_f = smf.ols('df~t', data=model_data).fit()
print(results_f.summary().tables[1])
print('std = ', np.std(results_f.resid)) #残差的标准差
输出结果:
              coef    std err         t   P>|t|    [0.025     0.975]
Intercept  1.423e+05  2266.551   62.783   0.000   1.38e+05   1.47e+05
        t   499.2576     9.895   50.456   0.000   479.804    518.711

std = 22452.28892472612
```

根据输出结果, 可知美国 1974 年至 2006 年月度发电量序列线性拟合模型为

$$x_t = 142300 + 499.3t + \varepsilon_t, \quad \varepsilon_t \sim N(0, 22452^2).$$

最后, 我们可以将序列的时序图和线性拟合图画出来, 进行观察比较. 具体命令如下, 拟合效果图见图 4.2.

```
fig = plt.figure(figsize=(12,4), dpi=150)
ax = fig.add_subplot(111)
ax.plot(model_data, linestyle="-", color='red')
ax.plot(t,1.423e+05 + 499.2576*t, color='blue')
ax.set_ylim((130000, 410000))
ax.set_ylabel(ylabel="Electricity", fontsize=17)
ax.set_xlabel(xlabel="Time", fontsize=17)
plt.xticks(fontsize=15); plt.yticks(fontsize=15)
fig.tight_layout(); plt.savefig(fname='fig/4_2.png')
```

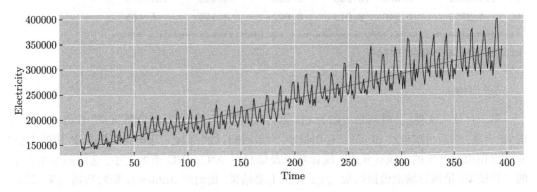

图 4.2 美国 1974 年至 2006 年月度发电量序列的线性拟合图

4.2.2 曲线拟合

如果长期趋势呈现出显著的非线性特征, 那么就可以尝试用曲线模型来拟合它. 在进行曲线拟合时, 应遵循的一般原则是, 能转换成线性模型的就转换成线性模型, 用线性最小二乘法进行参数估计; 不能转换成线性模型的, 就用迭代法进行参数估计.

例如: 对于指数模型 $T_t = ab^t$, 我们令 $T_t' = \ln(T_t), a' = \ln(a), b' = \ln(b)$, 则原模型变为 $T_t' = a' + b't$. 然后, 用线性最小二乘法求出 a', b'. 最后, 再做变换: $a = \mathrm{e}^{a'}, b = \mathrm{e}^{b'}$. 而对于 Logistic 模型: $1/(a + bc^t)$, 则不能转换成线性模型, 只能用迭代法.

在 Python 中, 对非线性趋势的拟合也分为两类: 一类可以写成关于时间 t 的多项式, 这时仍然可以用模块 statsmodels.formula.api 中的最小二乘方法进行拟合; 另一类无法通过适当的变换变成线性回归模型, 则只能通过非线性回归解决, 这时可用 scipy.optimize 模块中的函数 curve_fit() 进行曲线拟合. 下面通过举例说明其用法.

例 4.3 对 1996 年至 2015 年宁夏回族自治区地区生产总值进行曲线拟合.

解 时序图 1.11 显示该序列有显著的曲线递增趋势, 于是我们尝试使用二次型模型

$$
\begin{cases}
x_t = a + bt + ct^2 + I_t, \quad t = 1, 2, \cdots, 20; \\
E(I_t) = 0, \mathrm{Var}(I_t) = \sigma^2.
\end{cases}
$$

拟合该序列的趋势. 首先, 用最小二乘法进行线性拟合. 具体命令及运行结果如下:

```
df = pd.read_excel('ningxiaGDP.xlsx').rename(columns={'t':'t1'})
df = pd.DataFrame(df['t1'].values**2, columns=['t2']).join(df)
results_f = smf.ols('gdp ~ 0 + t1+ t2', data=df).fit()
print(results_f.summary().tables[1])
print('std = ', np.std(results_f.resid))
```
输出结果：

```
==============================================================================
              coef     std err      t      P>|t|      [0.025      0.975]
------------------------------------------------------------------------------
t1   113.2580       8.575    13.208    0.000      95.243     131.273
t2     4.3300       0.540     8.013    0.000       3.195       5.465
==============================================================================
std =   108.37794648701744
```

语句说明：

第一行读入文件, 并将列名 t 改为 t1; 第二行将 t1 每项平方, 建立数据框, 并将其与数据框 df 合并, 然后再赋值给 df; 第三行用最小二乘法进行线性拟合, 这里我们根据 P 值的大小, 并结合模拟时产生的 t 统计量、F 统计量以及信息量 AIC、BIC 值的大小, 选用截距项为零的二次模型; 第四行输出模拟结果, 为了突出主要结果, 我们用 .tables[1] 提取所需结果, 读者可去掉 .tables[1] 来显示全部信息. 第五行计算了残差标准差.

其次, 用 scipy.optimize 模块中的函数 curve_fit() 进行曲线拟合. 具体命令及运行结果如下：

```
from scipy.optimize import curve_fit
df = pd.read_excel('ningxiaGDP.xlsx')
t = df['t'].values; gdp = df['gdp'].values
def func(x, b,c):
  return  b*x + c*x**2
popt, pcov = curve_fit(func, t, gdp, p0=(1.0,1.0))
print(popt)
b = popt[0]; c = popt[1]; residuals = gdp - func(t,b,c)
print(np.std(residuals))
```
输出结果：
```
[113.25800867    4.3299822]
108.37794647244901
```

语句说明：

第一行从模块 scipy.optimize 中导入函数 curve_fit(); 第二行读入数据; 第三行分别提取列名为 t 和 gdp 的列; 第四、第五行定义了拟合函数; 第六行用函数 curve_fit() 进行曲线拟合; 第七行输出拟合参数的结果; 第八行计算残差序列; 第九行给出残差序列的标准差.

进一步, 绘制拟合曲线图. 具体命令如下, 运行结果见图 4.3.

```
t = np.arange(1996, 2016)
fig = plt.figure(figsize=(12,4), dpi=150)
ax = fig.add_subplot(111)
ax.scatter(y=gdp, x=t, color='blue')
ax.plot(t, results_f.predict())
ax.xaxis.set_major_locator(ticker.MultipleLocator(3))
ax.set_ylabel(ylabel="宁夏地区生产总值", fontsize=17)
ax.set_xlabel(xlabel="年份", fontsize=17)
plt.xticks(fontsize=15); plt.yticks(fontsize=15)
fig.tight_layout(); plt.savefig(fname='fig/4_3.png')
```

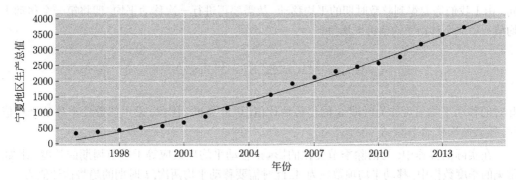

图 4.3　1996 年至 2015 年宁夏回族自治区地区生产总值序列曲线拟合图

根据输出结果可以知道, 两种拟合结果基本一致. 1996 年至 2015 年宁夏回族自治区地区生产总值序列拟合模型为

$$x_t = 113.258t + 4.33t^2 + \varepsilon_t, \quad \varepsilon_t \sim N(0, 108.378^2).$$

4.3　移动平均法

进行趋势分析时常用的一种方法是所谓的**平滑法 (smoothing method)**, 即利用修均技术, 削弱短期随机波动对序列的影响, 使序列平滑化, 从而显示出变化的趋势. 根据所用的平滑技术不同, 平滑法又可分为移动平均法和指数平滑法. 所谓**移动平均法 (moving average method)**, 就是通过取该时间序列特定时间点周围一定数量的观察值的平均来平滑时间序列不规则的波动部分, 从而显示出其特定的变化规律. 特别地, 移动平均法还能够平滑含有季节变化的部分, 显示出序列本身的长期趋势. 因此, 通过移动平均法平滑的时间序列可看做是原序列长期趋势变动序列, 按方式不同, 可分为中心化移动平均法、简单移动平均法和二次移动平均法.

4.3.1　中心化移动平均法

中心化移动平均法就是通过以时间序列特定时间点为中心, 取其前后观察值的平均值作为该时间点的趋势估计值. 一般来讲, 移动项数的选择会对移动平均法产生影响. 若采用奇数

项移动平均, 以三项为例, 第一个移动平均值为

$$\hat{l}_2 = \frac{x_1 + x_2 + x_3}{3}.$$

此时的移动平均值可作为时期 2 的趋势估计值, 以此类推. 所以, 采用奇数项求移动平均值, 只需要移动平均一次就得到长期趋势估计值. 若采用偶数项求移动平均值, 以四项为例, 第一个移动平均值为

$$\hat{l}_{2-3} = \frac{x_1 + x_2 + x_3 + x_4}{4}.$$

此时移动平均值位于时期 2 和时期 3 之间. 同理, 第二个移动平均值位于时期 3 和时期 4 之间. 由于我们需要得到整数时期的平均移动, 故需要再进行一次移动平均, 即将第一个移动平均值与第二个移动平均值再平均, 即

$$\hat{l}_3 = \frac{\frac{1}{2}x_1 + x_2 + x_3 + x_4 + \frac{1}{2}x_5}{4}.$$

此时的移动平均值可作为时期 3 的趋势估计值, 以此类推. 因此, 采用偶数项求移动平均值时, 需要两次移动平均.

在实际的操作中, 为消除季节变化的影响, 移动平均项数应等于季节周期的长度. 比如, 常见的季度数据中, 移动平均项数应为 4, 此时需要移动平均两次, t 时期的趋势估计值为

$$\hat{l}_t = \frac{\frac{1}{2}x_{t-2} + x_{t-1} + x_t + x_{t+1} + \frac{1}{2}x_{t+2}}{4}, \quad t = 3, 4, \cdots, n-2.$$

再如, 在月度数据中, 移动平均项数应为 12, 此时 t 时期的趋势估计值为

$$\begin{aligned}
\hat{l}_t = {} & \frac{\frac{1}{2}x_{t-6} + x_{t-5} + x_{t-4} + x_{t-3} + x_{t-2} + x_{t-1} + x_t}{12} \\
& + \frac{x_{t+1} + x_{t+2} + x_{t+3} + x_{t+4} + x_{t+5} + \frac{1}{2}x_{t+6}}{12}, \quad t = 7, 8, \cdots, n-6.
\end{aligned}$$

4.3.2　简单移动平均法

简单移动平均法的基本思想是, 对于一个时间序列 $\{x_t\}$ 来讲, 假定在一个比较短的时间间隔里, 序列的取值是比较稳定的, 它们之间的差异主要是由随机波动造成的. 根据这种假定, 我们可以用一定时间间隔内的平均值作为下一期的估计值. 该方法适合于未含有明显趋势的时间序列数据的平滑. 具体来说, t 时期的 n 项简单移动平均值为

$$\hat{l}_t = \frac{x_{t-n+1} + x_{t-n+2} + \cdots + x_{t-1} + x_t}{n}, \quad t = n, n+1, \cdots.$$

移动平均项数决定了序列的平滑程度: 移动平均项数多, 序列的平滑效果强, 但对序列变化的反应较为缓慢; 相反, 移动平均项数少, 序列平滑效果弱, 但对序列变化的反应迅速. 移动平均后得到的序列, 比原序列的项数少, 因此信息也比原序列少. 事实上, 移动平均的项数不宜过大.

在有季节变化的时间序列数据分析时, 一般移动平均的项数等于季节周期的长度. 例如, 在季度数据中, 移动平均的项数为 4, t 时期的趋势估计值为

$$\hat{l}_t = \frac{x_{t-3} + x_{t-2} + x_{t-1} + x_t}{4}, \quad t = 4, 5, \cdots.$$

而在月度数据中, 移动平均值为 12, t 时期的趋势估计值为

$$\hat{l}_t = \frac{x_{t-11} + x_{t-10} + x_{t-9} + \cdots + x_{t-2} + x_{t-1} + x_t}{12}, \quad t = 12, 13, \cdots.$$

简单移动平均法除了用于平滑时间序列外, 还能用于时间序列的外推预测, 但一般仅用于时间序列的向前一步预测. 如: 以 n 项简单移动平均为例, t 时期的向前一步预测值为

$$\hat{l}_{t+1} = \frac{x_t + x_{t-1} + x_{t-2} + \cdots + x_{t-n+1}}{n}.$$

在 Python 中, 可以通过调用模块 Pandas 中 DataFrame 下的函数 rolling() 和 mean() 来作简单移动平均趋势拟合. rolling() 函数命令格式如下:

```
rolling(window, center = , win_type = )
```

主要参数说明:

- **window**: 移动窗口的大小, 即移动项数.

- **center**: 中心化移动选项. center = True 进行中心化移动; center = False 非中心化移动, 此为默认选项.

- **win_type**: 窗口类型. win_type=None 表示平均加权; 否则, win_type 可取任何 scipy.signal 型窗口函数.

例 4.4 对 1871 年至 1970 年尼罗河的年度流量序列, 进行 5 期移动平均拟合.

解 用以下语句进行 5 期简单移动平均拟合. 拟合的结果见图 4.4.

```
nile_ar =  np.loadtxt("Nile.txt"); Date = np.arange(1871, 1971)
nile_df = pd.DataFrame({"Date":Date, "Nile":nile_ar})
nile_df.index = nile_df["Date"]
nile_df['5-period Moving Avg'] = nile_df['Nile'].rolling(5).mean()
fig = plt.figure(figsize=(12,4), dpi=150)
ax = fig.add_subplot(111)
nile_df['Nile'].plot(ax=ax, color='b', marker="o", linestyle='--')
nile_df['5-period Moving Avg'].plot(ax=ax, color='r')
ax.legend(loc=1,labels=['尼罗河流量','简单移动平均'], fontsize=13)
ax.set_ylabel(ylabel="尼罗河流量", fontsize=17)
ax.set_xlabel(xlabel="年份", fontsize=17)
plt.xticks(fontsize=15); plt.yticks(fontsize=15)
fig.tight_layout(); plt.savefig(fname='fig/4_4.png')
```

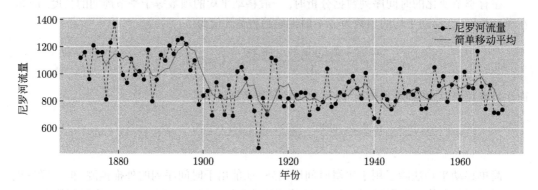

图 4.4　1871 年至 1970 年尼罗河的年度流量序列 5 期移动的平均拟合图

如果希望对序列作 5 期中心化移动平均, 我们只需将上述程序框中第四行语句作如下修改即可:

```
nile_df['5-period Cen_Mov_Avg'] = nile_df['Nile'].rolling(5,
                             center=True).mean()
```

进一步, 还可以作 4 期中心化移动平均:

```
nile_df['4-period Cen_Mov_Avg1'] = nile_df['Nile'].rolling(4,
                             center=True).mean()
nile_df['4-period Cen_Mov_Avg'] = nile_df['4-period Cen_Mov_Avg1']
                             .rolling(2,center=True).mean()
```

4.3.3　二次移动平均法

二次移动平均法是在简单移动平均法得到的序列基础上再进行的一次移动平均. 具体地, t 时期的 n 项二次移动平均值为

$$\hat{L}_t = \frac{\hat{l}_{t-n+1} + \hat{l}_{t-n+2} + \cdots + \hat{l}_{t-1} + \hat{l}_t}{n}, \quad t = 2n-1, 2n, \cdots,$$

其中, $\hat{l}_t$ 为 t 时期的简单移动平均值. 一般来讲, 两次移动平均的项数应该相等. 移动平均项数决定了时间序列的平滑程度, 其理由与简单移动平均相同.

若时间序列存在明显的线性趋势, 即序列观察值随着时间的变动呈现出每期递增 b 或递减 b 的趋势, 由于随机因素的影响, 每期的递增或递减值不会恒为 b, b 值会随时间变化上下波动. 若仅使用简单移动平均法, 得到的平滑值相比于实际值会存在滞后偏差, 此时应使用二次移动平均法对时间序列进行平滑.

根据两次移动平均后的序列, 即可得到原序列的长期趋势变动序列, 或称为水平值序列 $\{a_t\}$ 和斜率变化序列 $\{b_t\}$. 它们满足如下变化过程:

$$\begin{cases} a_t = 2\hat{l}_t - \hat{L}_t; \\ b_t = \dfrac{2}{n-1}(\hat{l}_t - \hat{L}_t), \end{cases}$$

其中, $\hat{l}_t$ 和 $\hat{L}_t$ 分别表示 t 时期的简单移动平均和二次移动平均值; n 表示移动平均的项数.

于是, 根据两次移动平均计算的在 t 时期的水平值 a_t 和斜率值 b_t, 可得在时期 t 任何 l 步向前预测值 $\hat{x}_{t+l}$ 为

$$\hat{x}_{t+l} = a_t + b_t l, \quad l = 1, 2, \cdots.$$

例 4.5 分析 2013 年第一季度至 2017 年第二季度我国季度 GDP 数据序列, 选择合适的移动平均法拟合该时间序列数据的长期趋势变动序列.

解 观察我国季度 GDP 数据时序图知, 该时间序列数据呈现出明显的上升趋势, 故可选择二次移动平均法平滑该时间序列数据, 得到序列的长期趋势变动序列. 具体命令如下, 拟合结果见图 4.5.

```
gdp_df = pd.read_csv('JDGDP.csv')
gdp_df['Moving_Avg_1'] = gdp_df['JDGDP'].rolling(4).mean()
gdp_df['Moving_Avg_2'] = gdp_df['Moving_Avg_1'].rolling(4).mean()
gdp_df['at'] = 2*gdp_df['Moving_Avg_1'] - gdp_df['Moving_Avg_2']
fig = plt.figure(figsize=(12,4),dpi=150)
ax = fig.add_subplot(111)
gdp_df['JDGDP'].plot(ax=ax, color='b',marker="o",linestyle='--')
gdp_df['at'].plot(ax=ax, color='r')
ax.xaxis.set_major_locator(ticker.MultipleLocator(3))
ax.legend(loc=2,labels=['季度GDP','两次移动平均'], fontsize=13)
ax.set_ylabel(ylabel="中国季度国内生产总值", fontsize=17)
ax.set_xlabel(xlabel="时间", fontsize=17)
plt.xticks(fontsize=15); plt.yticks(fontsize=15)
fig.tight_layout(); plt.savefig(fname='fig/4_5.png')
```

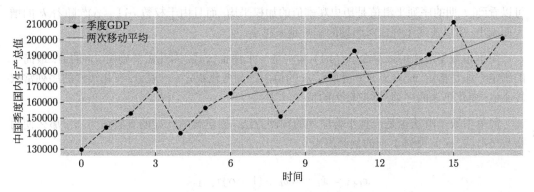

图 4.5 二次移动平均法下的拟合图

4.4　指数平滑方法

移动平均法实际上就是用一个简单的加权平均数作为某一期趋势的估计值. 以 n 期简单移动平均为例, $\hat{l}_t = (x_t + x_{t-1} + \cdots + x_{t-n+1})/n$, 相当于用最近 n 期的加权平均数作为最后一期趋势的估计值. 由于简单移动平均的权数一样, 所以事实上是假定了这 n 期观察值对第 t 期的影响一样.

但是实际上, 一般而言, 近期的变化对现在的影响更大一些, 而远期的变化对现在的影响已经很小了. 基于此, 人们提出了**指数平滑方法**. 指数平滑方法也是一种加权平均方法, 它考虑了时间的远近对 t 时期趋势估计值的影响, 假定各期权重随着时间间隔的增大呈指数递减形式. 根据时间序列数据不同的波动形式, 可采用不同的指数平滑法.

4.4.1　简单指数平滑方法

简单指数平滑方法是指数平滑方法最基本的形式, 主要用来平滑无季节变化或趋势变化的时序观察值, 其运算公式为 t 期的序列平滑值等于 t 期的序列观察值和 $t-1$ 期的序列平滑值的加权平均, 即

$$\tilde{x}_t = \alpha x_t + (1-\alpha)\tilde{x}_{t-1}, \quad 0 < \alpha < 1, \tag{4.1}$$

式中 α 称为**平滑系数**. 通过对 (4.1) 式的反复迭代, 可以得到

$$\begin{aligned}
\tilde{x}_t &= \alpha x_t + (1-\alpha)\tilde{x}_{t-1} \\
&= \alpha x_t + (1-\alpha)(\alpha x_{t-1} + (1-\alpha)\tilde{x}_{t-2}) \\
&\quad \cdots \\
&= \alpha x_t + \alpha(1-\alpha)x_{t-1} + \cdots + \alpha(1-\alpha)^{t-1}x_1 + (1-\alpha)^t\tilde{x}_0.
\end{aligned}$$

可以看到, t 期的序列平滑值是历史观察值的加权平均, 而且由于权数 $\alpha(1-\alpha)^k$ 随着 k 的增大而减小, 所以前期序列值对当期的影响越来越小.

简单指数平滑法的运算公式 (4.1) 其实是一个递推公式, 因此需要确定 $\tilde{x}_0$ 的值. 最简单的确定方法是指定 $\tilde{x}_0 = x_1$. 平滑系数 α 的值由序列变化决定. 一般地, 变化缓慢的序列常取较小值; 变化迅速的序列, 常取较大的值.

简单指数平滑法也是一种平稳序列的预测方法. 假定最后一期的观察值为 x_t, 那么使用指数平滑法, 向前预测 1 期的预测值为

$$\hat{x}_{t+1} = \tilde{x}_t = \alpha x_t + (1-\alpha)\tilde{x}_{t-1}.$$

进一步, 向前预测 2 期的预测值为

$$\hat{x}_{t+2} = \alpha\hat{x}_{t+1} + (1-\alpha)\tilde{x}_t = \alpha\tilde{x}_t + (1-\alpha)\tilde{x}_t = \tilde{x}_t.$$

以此类推可得, 使用简单指数平滑法预测任意 l 期的预测值都是常数. 因此, 使用简单指数平滑法最好只做 1 期预测.

在 Python 中, 可以使用模块 statsmodels.tsa.api 中的类 SimpleExpSmoothing() 和它的方法 fit() 对时序数据进行简单指数平滑, 其命令格式和主要参数如下:

```
SimpleExpSmoothing(endog, initialization_method =, initial_level =)
                   .fit(smoothing_level =, optimized =)
```

参数说明:

- **endog**: 内生变量, 即需要平滑的序列.

- **initialization_method**: 初始化方法. initialization_method = "estimated" 表示允许 statsmodels 自动提供一个 α 的最佳估计值, 此为默认选项; initialization_method = "heuristic" 表示需要在方法 fit() 中提供平滑系数 α 的值, 即 smoothing_level 的值; initialization_method = "known" 表示需要提供 initial_level 的值; 此外, initialization_method 还可以取 "None" 和 "legacy-heuristic" 表示使用 statsmodels 0.12 之前版本的方法.

- **initial_level**: 初始水平. 当 initialization_method = "known" 时, 必须提供 initial_level 的值, 包括能够得到的初始趋势和初始季节; 当 initialization_method = "estimated" 或 "heuristic" 时, 允许使用 initial_level 提供的部分初始值.

- **smoothing_level**: 平滑系数值.

- **optimized**: 优化. 如果提供了 smoothing_level 的值, 那么 optimized = False; 否则, optimized = True, 此为默认设置.

例 4.6 对 1990 年至 2020 年我国商品零售价格指数 (上年 =100) 序列, 进行简单指数平滑, 并用平滑序列预测未来 3 年的商品零售价格指数.

解 分别使用平滑系数 $\alpha = 0.2, 0.6$ 以及模块 statsmodels 自动提供的 α 最佳估计值, 进行简单指数平滑, 并分别用平滑序列对未来 3 年的商品零售价格指数进行预测. 具体语句如下, 拟合和预测的结果见图 4.6.

```
from statsmodels.tsa.api import SimpleExpSmoothing
df = np.loadtxt("retail_price_index.txt")
index = pd.date_range(start="1990", end="2021", freq="A")
retail_df = pd.Series(df, index)
fit1 = SimpleExpSmoothing(retail_df, initialization_method=
        "heuristic").fit(smoothing_level=0.2, optimized=False)
fcast1 = fit1.forecast(3).rename(r"$\alpha=0.2$")
fit2 = SimpleExpSmoothing(retail_df, initialization_method=
        "heuristic").fit(smoothing_level=0.6, optimized=False)
fcast2 = fit2.forecast(3).rename(r"$\alpha=0.6$")
fit3 = SimpleExpSmoothing(retail_df, initialization_method=
```

```
            "estimated").fit()
fcast3 = fit3.forecast(3).rename(r"$\alpha=%s$" % fit3.model
            .params["smoothing_level"])
fig = plt.figure(figsize=(12,6),dpi=150)
ax = fig.add_subplot(111)
ax.plot(retail_df, marker="o", color="black")
ax.plot(fit1.fittedvalues, marker="o", color="green",linestyle="-.")
(line1,) = ax.plot(fcast1, marker="o", color="green",linestyle="-.")
ax.plot(fit2.fittedvalues, marker="o", color="red",linestyle=":")
(line2,) = ax.plot(fcast2, marker="o", color="red",linestyle=":")
ax.plot(fit3.fittedvalues, marker="o", color="blue",linestyle="--")
(line3,) = ax.plot(fcast3, marker="o", color="blue",linestyle="--")
plt.legend([line1, line2, line3], [fcast1.name, fcast2.name,
            fcast3.name],fontsize=15)
ax.set_ylabel(ylabel="商品零售价格指数", fontsize=17)
ax.set_xlabel(xlabel="年份", fontsize=17)
plt.xticks(fontsize=15); plt.yticks(fontsize=15)
fig.tight_layout(); plt.savefig(fname='fig/4_6.png')
```

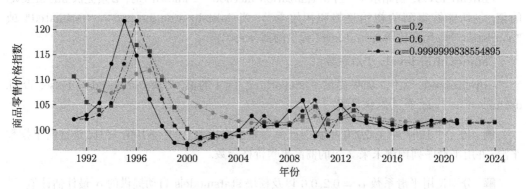

图 4.6　简单指数平滑法下的拟合图和预测图

图 4.6 进一步说明了平滑系数选择的重要性, 同时也表明预测未来 3 期的预测值相同.

4.4.2　Holt 线性指数平滑方法

简单指数平滑法主要是处理无趋势、无季节变化的观察值序列. 对于含有线性趋势的数据, 我们往往采用 **Holt 线性指数平滑方法**. 具体地, 假设序列有一个比较固定的线性趋势, 即每期递增或递减 r_t, 那么第 t 期的估计值为

$$\hat{x}_t = x_{t-1} + r_{t-1}.$$

现在用第 t 期观察值和第 t 期的估计值的加权平均数作为第 t 期的修均值

$$\tilde{x}_t = \alpha x_t + (1-\alpha)\hat{x}_t = \alpha x_t + (1-\alpha)(x_{t-1} + r_{t-1}), \quad 0 < \alpha < 1. \tag{4.2}$$

由于 $\{r_t\}$ 也是随机序列, 为了使得修均序列 $\{\tilde{x}_t\}$ 更平滑, 现在对 $\{r_t\}$ 也修均如下:

$$r_t = \beta(\tilde{x}_t - \tilde{x}_{t-1}) + (1-\beta)r_{t-1}, \quad 0 < \beta < 1. \tag{4.3}$$

将 (4.3) 式代入 (4.2) 式, 就能得到较为光滑的修均序列 $\{\tilde{x}_t\}$. 这就是 Holt 线性指数平滑方法的构造思想. 它的平滑公式为

$$\begin{cases} \tilde{x}_t = \alpha x_t + (1-\alpha)(\tilde{x}_{t-1} + r_{t-1}); \\ r_t = \beta(\tilde{x}_t - \tilde{x}_{t-1}) + (1-\beta)r_{t-1}, \end{cases}$$

式中, α, β 为两个**平滑系数**, 并且 $0 < \alpha, \beta < 1$.

与简单指数平滑法一样, Holt 线性指数平滑方法也需要确定平滑系数 α, β 以及初始值 $\tilde{x}_0, r_0$. 平滑系数 α, β 决定了平滑程度, 其确定方法与简单指数平滑法相同. 至于平滑序列的初始值 $\tilde{x}_0$, 最简单的方法是指定 $\tilde{x}_0 = x_1$. r_t 的初始值 r_0 的确定有许多方法, 最简单的方法是: 任意指定一个区间长度 n, 用这段区间的平均趋势作为趋势初始值:

$$r_0 = \frac{x_{n+1} - x_1}{n}.$$

Holt 线性指数平滑方法也可以用于时间序列的预测. 假定最后一期的修均值为 $\tilde{x}_T$, 那么向前 l 期的预测值为

$$\hat{x}_{T+l} = \tilde{x}_T + l \cdot r_T.$$

在 Python 中, 可以使用模块 statsmodels.tsa.api 中的类 Holt() 和它的方法 fit() 对时序数据进行线性指数平滑, 其命令格式和主要参数如下:

```
Holt(endog, initialization_method =, initial_level =, initial_trend
    = ).fit(smoothing_level =, smoothing_trend =, optimized =)
```

参数说明:

- **endog**: 内生变量, 即需要平滑的序列.

- **initialization_method**: 初始化方法. 具体取值及用法见 SimpleExpSmoothing() 的参数说明.

- **initial_level**: 初始水平. 具体用法见 SimpleExpSmoothing() 的参数说明.

- **initial_trend**: 初始趋势. 当 initialization_method = "known" 时, 必须提供 initial_trend 的值; 当 initialization_method = "estimated" 或 "heuristic" 时, 允许使用 initial_trend 提供的部分初始值.

- **smoothing_level**: 水平平滑系数 α 的值.

- **smoothing_trend**: 趋势平滑系数 β 的值.

- **optimized**: 优化. 如果提供了 smoothing_level 和 smoothing_trend 的值, 那么 optimized = False; 否则, optimized = True, 此为默认设置.

例 4.7　对 1980—2020 年我国每十万人口高等学校平均在校生人数序列, 进行线性指数平滑, 并用平滑序列预测未来 3 年的相应在校生人数.

解　使用模块 statsmodels 自动提供的平滑系数 α 和 β 的最佳估计值, 进行线性指数平滑, 并用平滑序列对未来 3 年的每十万人口高等学校平均在校生人数进行预测. 具体语句如下, 拟合和预测的结果见图 4.7.

```python
from statsmodels.tsa.api import Holt
df = np.loadtxt("Enrolment.txt")
index = pd.date_range(start="2000", end="2021", freq="A")
Enrolment_df = pd.Series(df, index)
fite = Holt(Enrolment_df, initialization_method="estimated").fit()
fcast = fite.forecast(3).rename("Holt's linear trend")
fig = plt.figure(figsize=(12,4), dpi=150)
ax = fig.add_subplot(111)
ax.plot(Enrolment_df, marker="o", color="black")
ax.plot(fite.fittedvalues, marker="*", color="blue",linestyle="--")
(line1,) = ax.plot(fcast, marker="*", color="blue",linestyle="--")
ax.legend(loc=2,labels=['Enrolment','fcast.name'], fontsize=13)
ax.set_ylabel(ylabel="每十万人口高校在校人数", fontsize=17)
ax.set_xlabel(xlabel="年份", fontsize=17)
plt.xticks(fontsize=15); plt.yticks(fontsize=15)
fig.tight_layout(); plt.savefig(fname='fig/4_7.png')
```

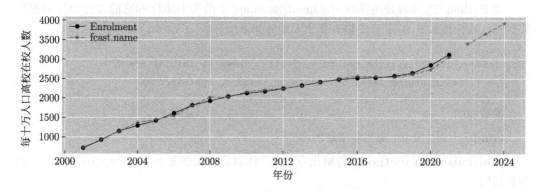

图 4.7　Holt 线性指数平滑法下的拟合图和预测图

4.4.3　Holt-Winters 指数平滑方法

简单指数平滑法和 Holt 线性指数平滑法均是在不考虑季节波动部分下对时间序列数据进行修匀的方法, 但是在现实中, 存在更多的是包含季节变动部分的时间序列. 对于含有季节变动的时间序列进行平滑的常用方法为 Holt-Winters 指数平滑法. 该方法是在 Holt 线性指数平滑法基础上考虑季节变动的影响, 可采用加法形式或乘法形式.

一般来讲, 对于趋势和季节的加法模型, Holt-Winters 指数平滑法的公式如下:

$$\begin{cases} a_t = \alpha(x_t - s_{t-\pi}) + (1-\alpha)(a_{t-1} + b_{t-1}); \\ b_t = \beta(a_t - a_{t-1}) + (1-\beta)b_{t-1}; \\ s_t = \gamma(x_t - a_t) + (1-\gamma)s_{t-\pi}. \end{cases} \quad (4.4)$$

式中, a_t 为该序列的水平部分; b_t 为该序列的趋势部分; s_t 为该序列的季节部分 (或称为季节因子); π 为一个季节的周期长度; α, β, γ 为平滑系数, 介于 0 和 1 之间. 在 (4.4) 式中, 第一个方程是水平方程; 第二个方程是趋势方程. 这两个方程与 Holt 线性指数平滑法类似, 不同的地方是第三个方程. 第三个方程是季节方程, 它表示 t 时期的季节变动值为 t 时期的观察值与水平值的差和 $t-\pi$ 时期的季节变动值的加权平均. 至于初始值 a_0, b_0 以及平滑系数 α, β, γ 的确定原则与前面指数平滑法确定类似, 而季节变动初始值 $s_1, s_2, \cdots, s_\pi$ 的确定, 一般通过经验估计或者直接设为 0.

对于趋势和季节的乘法模型, Holt-Winters 指数平滑法的公式如下:

$$\begin{cases} a_t = \dfrac{\alpha x_t}{s_{t-\pi}} + (1-\alpha)(a_{t-1} + b_{t-1}); \\ b_t = \beta(a_t - a_{t-1}) + (1-\beta)b_{t-1}; \\ s_t = \dfrac{\gamma x_t}{a_t} + (1-\gamma)s_{t-\pi}. \end{cases} \quad (4.5)$$

(4.5) 式与 (4.4) 式形式类似, 所不同的是, 加法模型在扣除因素影响的时候采用的是减法, 而乘法模型采用的是除法.

Holt-Winters 指数平滑法也可用于序列预测. 在加法模型下, t 时期向前 l 步预测值为

$$\hat{x}_{t+l} = a_t + b_t \cdot l + s_{t+l-\pi}, \quad l \leqslant \pi;$$

在乘法模型下, t 时期向前 l 步预测值为

$$\hat{x}_{t+l} = (a_t + b_t \cdot l) \cdot s_{t+l-\pi}, \quad l \leqslant \pi,$$

式中, a_t, b_t 分别是 t 时期的水平值和趋势值; $s_{t+l-\pi}$ 为 $t+l-\pi$ 期的季节变动值.

在 Python 中, 可以使用模块 statsmodels.tsa.api 中的类 ExponentialSmoothing() 和它的方法 fit() 对时序数据进行 Holt-Winters 指数平滑, 其命令格式和主要参数如下:

```
ExponentialSmoothing(endog, trend =, seasonal =, seasonal_periods=,
                     initialization_method =, use_boxcox = )
              .fit(smoothing_level =, smoothing_trend =,
                   smoothing_seasonal =, optimized = )
```

参数说明:

- **endog**: 内生变量, 即需要平滑的序列.

- **trend**: 趋势类型. trend 可取 "add", "mul", "additive", "multiplicative", None.

- **seasonal**: 季节类型. seasonal 可取 "add", "mul", "additive", "multiplicative", None.

- **seasonal_periods**: 一个季节周期内的期数.

- **initialization_method**: 初始化方法. 具体取值及用法见 SimpleExpSmoothing() 的参数说明.

- **use_boxcox**: 当 use_boxcox = True 时, 对数据实施 Box-Cox 变换; 当 use_boxcox = False 时, 数据不实施 Box-Cox 变换, 此外, 还可取 "log"、和 float 型数值.

- **smoothing_level**: 水平平滑系数 α.

- **smoothing_trend**: Holt 趋势平滑系数 β.

- **smoothing_seasonal**: Holt winters 季节平滑系数 γ.

- **optimized**: 优化.

例 4.8 对 2000 年至 2020 年我国季度 GDP 累计值 (单位: 亿元) 序列, 用 Holt-Winters 指数平滑法进行拟合, 并用拟合序列预测未来 2 年的季度 GDP.

解 从时序图我们容易发现, 季度 GDP 序列呈现出明显的递增趋势和季节效应, 因此用 Holt-Winters 指数平滑法拟合该序列, 并选用乘法模型. 具体命令如下, 运行结果见图 4.8.

```
from statsmodels.tsa.api import ExponentialSmoothing
df = np.loadtxt("QGDP.txt")
index = pd.date_range(start="2000", end="2021", freq="Q")
QGDP_df = pd.Series(df, index)
fit = ExponentialSmoothing(QGDP_df, seasonal_periods=4,trend="add",
      seasonal="mul", initialization_method="estimated").fit()
simulations = fit.simulate(8, repetitions=1000, error="mul")
fig = plt.figure(figsize=(12,6), dpi=150)
ax = fig.add_subplot(111)
ax.plot(QGDP_df, marker="o", color="black")
ax.plot(fit.fittedvalues, marker="o", color="blue", linestyle=":")
ax.plot(simulations, marker="o", color="blue", linestyle=":")
ax.set_ylabel(ylabel="国内季度生产总值累计值(亿元)", fontsize=17)
ax.set_xlabel(xlabel="年份", fontsize=17)
plt.xticks(fontsize=15); plt.yticks(fontsize=15)
fig.tight_layout(); plt.savefig(fname='fig/4_8.png')
```

从拟合的效果图和预测置信区间图 4.8 来看, 拟合和预测效果均较好.

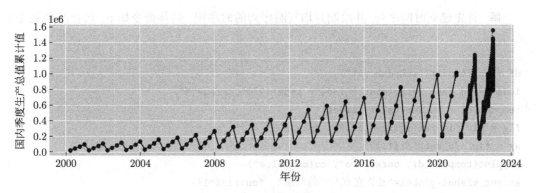

图 4.8　Holt-Winters 指数平滑法拟合效果图和预测置信区间

4.5　季节效应分析

在实际问题中, 许多序列值的变化受季节变化的影响, 比如: 某地区居民月平均用电量、某景点每季度的旅游人数, 等等, 它们都会呈现出明显的季节变动规律. 将 "季节" 概念广义化, 我们把凡是呈现出周期变化的事件统称为具有**季节效应 (seasonal effect)** 的事件. 习惯上, 仍然将一个周期称为一 "季".

一般地, 具有季节效应的时间序列在不同周期的相同时间段上会呈现出相似的性质. 为了抽取季节信息加以研究, 我们给出季节指数的概念. 所谓**季节指数**, 就是用简单平均法计算的周期内各时期季节性影响的相对数. 具体地, 假定序列的数据结构为 π 期为一周期, 共有 n 个周期, 则周期内各期的平均数为

$$\overline{x}_k = \frac{\sum\limits_{i=1}^{n} x_{ik}}{n}, \quad k = 1, 2, \cdots, \pi;$$

序列总的平均数为

$$\overline{x} = \frac{\sum\limits_{i=1}^{n}\sum\limits_{k=1}^{\pi} x_{ik}}{n\pi},$$

于是, 用时期平均数除以总平均数就得到各时期的季节指数 $S_k, k = 1, 2, \cdots, \pi$, 即

$$S_k = \frac{\overline{x}_k}{\overline{x}}.$$

季节指数反映了季度内各期平均值与总平均值之间的一种比较稳定的关系. 如果这个比值大于 1, 就说明季度内该期的值常常会高于总平均值; 如果这个比值小于 1, 就说明季度内该期的值常常低于总平均值; 如果这个比值恒等于 1, 那么就说明该序列没有明显的季节效应.

例 4.9　对美国艾奥瓦州杜比克市 1964 年至 1976 年月平均气温 (单位: 华氏度) 数据进行季节效应分析.

解　首先建立时间序列, 并绘制月均气温序列的时序图. 具体命令如下, 运行结果见 4.9 所示.

```
df = np.loadtxt("tempdub.txt")
index = pd.date_range(start="1964", end="1976", freq="M")
tempdub_df = pd.Series(df, index)
fig = plt.figure(figsize=(12,4), dpi=150)
ax = fig.add_subplot(111)
ax.plot(tempdub_df, marker="o", color="blue")
ax.set_ylabel(ylabel="杜比克市月平均气温", fontsize=17)
ax.set_xlabel(xlabel="年份", fontsize=17)
plt.xticks(fontsize=15); plt.yticks(fontsize=15)
fig.tight_layout(); plt.savefig(fname='fig/4_9.png')
```

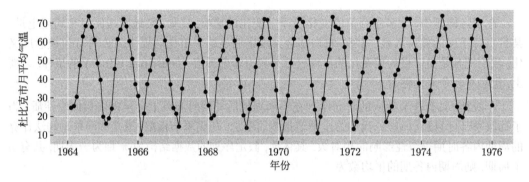

图 4.9　美国艾奥瓦州杜比克市 1964 年至 1976 年月平均气温序列的时序图

通过时序图可以看到, 杜比克市 1964 年至 1976 年月平均气温随季节变化非常有规律. 气温的波动主要受到两个因素的影响: 一个是季节效应; 另一个是随机波动. 假设每个月的季节指数分别为 $S_i, i = 1, 2, \cdots, 12$, 那么第 i 年第 j 月的平均气温可以表示为

$$x_{ij} = \overline{x} \cdot S_j + I_{ij}, \quad j = 1, 2, \cdots, 12,$$

其中, $\overline{x}$ 为各月总平均气温; S_j 为第 j 个月的季节指数; I_{ij} 为第 i 年第 j 月气温的随机波动.

经计算可得其季节指数向量 $(S_1, S_2, S_3, S_4, S_5, S_6, S_7, S_8, S_9, S_{10}, S_{11}, S_{12}) = (0.36, 0.45, 0.70, 1.00, 1.26, 1.46, 1.55, 1.50, 1.32, 1.10, 0.79, 0.51)$.

将季节指数绘制成图 (见图 4.10). 可见 7 月的季节指数最大, 说明 7 月是杜比克市最热的月份; 1 月的季节指数最低, 说明 1 月是杜比克市最冷的月份. 4 月的气温和年平均气温 (46.27 华氏度) 相等.

如果不考虑随机波动的影响, 那么我们可以从季节指数的变化粗略地看出月平均气温的变化. 比如, 9 月的季节指数是 4 月的季节指数的 1.32 倍. 如果下一年 4 月平均气温是 48 华氏度, 那么该年 9 月的平均气温大约是 63.36 华氏度.

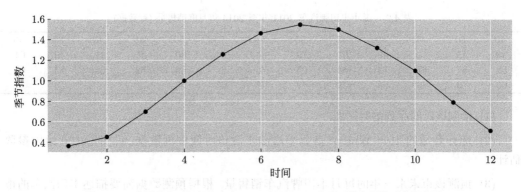

图 4.10　美国艾奥瓦州杜比克市 1964 年至 1976 年月平均气温的季节指数图

习题 4

第4章学习指导

1. 简述 Wold 分解定理和 Cramer 分解定理, 并阐释数据分解的基本思想.

2. 简述在何种情况下, 二次移动平均法优于简单移动平均法?

3. 简述移动平均法和指数平滑法在平滑时间序列数据思想上的异同.

4. 简述简单指数平滑法、Holt 线性指数平滑法和 Holt-Winters 指数平滑法的区别与联系.

5. 使用 4 期二次移动平均作预测时, 求在 2 步预测值 $\hat{x}_{T+2}$ 中, x_{T-3} 与 x_{T-1} 前面的系数分别等于多少?

6. 下面给出一个 20 期的观察值序列 $\{x_t\}$:

10　11　12　10　11　14　12　13　11　15　12　14　13　12　14　12　10　10　11　13

(1) 使用 5 期二次移动平均法预测 $\hat{x}_{22}$.

(2) 使用指数平滑法确定 $\hat{x}_{22}$, 其中平滑系数为 $\alpha = 0.4$.

(3) 假设 a 为 5 期二次移动平均法预测值 $\hat{x}_{22}$ 中 x_{20} 前的系数, b 是平滑系数为 $\alpha = 0.4$ 的简单指数平滑法预测值 $\hat{x}_{22}$ 中 x_{20} 前的系数, 求 $b - a$.

7. 已知某牧场试验奶牛的奶产量 (单位: 磅) 数据如表 4.1 所示.

表 4.1　某牧场奶牛的奶产量 (行数据)

315	195	310	316	325	335	318	355	420	410	485	420	460	395
390	450	458	570	520	400	420	580	475	560				

(1) 证明该奶牛产奶量序列数据存在线性趋势.

(2) 利用二次移动平均法平滑该奶牛产奶量序列数据, 得到长期趋势变动部分 (设移动平均项数为 3).

(3) 预测未来 5 期奶牛的产奶量.

8. 某市丰田牌汽车 2011 年至 2014 年月度销售量 (单位: 万辆) 如表 4.2 所示.

表 4.2　某市丰田牌汽车 2011 年至 2014 年月度销售量 (行数据)

40	50	41	39	45	53	68	73	50	48	43	38	43
52	45	41	48	65	79	86	64	60	45	41	40	64
58	56	67	74	84	95	76	68	56	52	55	72	62
60	70	86	98	108	87	78	63	58				

(1) 绘制该时间序列的时序图.

(2) 选择合适的 Holt-Winers 指数平滑法平滑该时间序列数据, 说明理由并给出参数估计.

(3) 预测该市未来三年的每月丰田牌汽车销售量. 根据预测数据简要描述丰田汽车的市场前景.

第 5 章　非平稳时间序列模型

第5章数据资源

5.1　非平稳序列的概念

在前面章节中, 我们主要讨论了平稳时间序列, 但事实上, 在自然科学和经济现象中绝大部分时间序列数据都是非平稳的. 这些非平稳时间序列表现形式多样, 不过我们分析的基本手段是想办法将其转化为平稳序列, 然后再进一步分析. 从本节开始, 我们来介绍非平稳时间序列模型及其建模过程.

5.1.1　非平稳序列的定义

所谓平稳时间序列, 也即宽平稳时间序列, 其实就是指时间序列的均值、方差和协方差等一、二阶矩存在但不随时间改变, 表现为时间的常数. 因而, 要判断一个序列是否平稳, 只需判断下列三个条件是否同时成立:

$$E(Y_t) = \mu; \tag{5.1}$$

$$\mathrm{Var}(Y_t) = \sigma^2; \tag{5.2}$$

$$\mathrm{Cov}(Y_t, Y_s) = \gamma(t - s). \tag{5.3}$$

一般地, 只要上述三个条件有一个不成立, 那么我们就称该序列是 **非平稳时间序列 (nonstationary time series)**. 进一步, 根据不满足 (5.1) 式, (5.2) 式, (5.3) 式的情况, 我们可归纳出非平稳时间序列数据具有如下两种形式: 确定性趋势时间序列和随机性趋势时间序列.

5.1.2　确定性趋势

一般地, **确定性趋势 (deterministic trend)** 时间序列是指序列的期望随着时间而变化, 而协方差却平稳的非平稳时间序列, 其生成过程为

$$x_t = \mu_t + y_t, \tag{5.4}$$

其中, y_t 是一个平稳可逆的 ARMA(p, q) 过程, 期望为 0, 即 $\Phi(B)x_t = \Theta(B)\varepsilon_t$. 由 (5.4) 式显然可得

$$E(x_t) = \mu_t; \qquad E[(x_t - \mu_t)(x_{t+k} - \mu_{t+k})] = E(y_t y_{t+k}) = \gamma(k).$$

由于上述序列 $\{x_t\}$ 的方差是常数, 所以它的观察值总是围绕着一个确定的趋势在有限的幅度内做波动. 图 5.1 是由一个线性趋势和一个二次趋势分别加上一个纯随机序列形成的两个序列的时序图. 从图可以看出, 确定性趋势时间序列的偏离是暂时的. 如果对具有确定性趋势的时间序列进行长期预测, 那么只要考虑期望函数就可以了, 这是因为不论对多长时间的序列值进行预测, 误差都是有界的. 然而, 这种预测的精度不会令人满意, 实际意义不是太大.

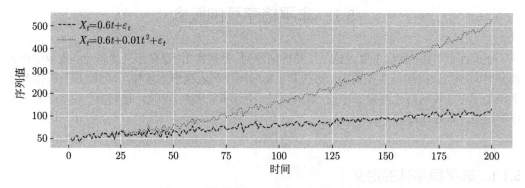

图 5.1　线性趋势和二次趋势下序列的时序图

5.1.3　随机性趋势

通常, 我们把不具有确定性趋势的非平稳时间序列称为**随机性趋势 (stochastic trend) 时间序列**, 其一般具有自回归的形式:

$$x_t = \mu_t + x_{t-1} + y_t. \tag{5.5}$$

例如给定初始值 x_0 的 AR(1) 模型: $x_t = \phi x_{t-1} + \varepsilon_t,\ \phi > 1$. 经过迭代, 可得

$$x_t = \phi^t x_0 + \sum_{i=0}^{t-1} \phi^i \varepsilon_{t-i},$$

所以有

$$E(x_t) = \phi^t x_0; \qquad \mathrm{Var}(x_t) = \frac{\phi^{2t} - 1}{\phi^2 - 1}\sigma^2.$$

故当 $|\phi| > 1$ 时, 该序列的期望函数和方差函数都呈现指数型增长, 因此该序列呈现扩散式增长, 是典型的随机性趋势时间序列; 当 $|\phi| < 1$ 时, 由前面章节的知识得到, 该序列是平稳的. 图 5.2 展示了平稳的 AR(1) 序列与非平稳的 AR(1) 的时序图.

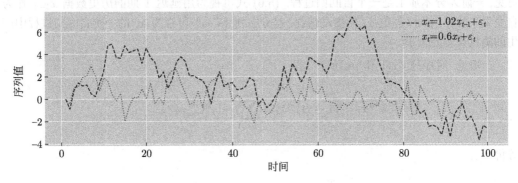

图 5.2　$\phi = 1.02$ 与 $\phi = 0.6$ 时 AR(1) 序列的时序图

5.2　趋势的消除

非平稳时间序列典型的特征是含有趋势: 确定性趋势和随机性趋势. 要想把非平稳时间序列转化成平稳的时间序列来分析, 就需要通过去趋势和差分方法消除确定性趋势和随机性趋势. 在第 4 章中, 我们曾学习了一些提取确定性趋势的方法, 如: 线性拟合法、移动平均法、指数平滑法以及通过构造季节指数处理具有季节效应的序列. 一般来讲, 用确定性趋势时间序列减去确定性趋势部分就会得到一个平稳序列, 但是由于上述方法并不能保证趋势信息提取的充分性, 因而剩余部分不能保证平稳. 对于随机性趋势的处理, 一般是通过差分运算提取趋势信息的, 但是需要特别小心过差分现象的出现. 在本节中, 我们讨论去趋势的方法.

5.2.1　差分运算的本质

在第 2 章中, 我们曾学习了差分运算. 熟悉了差分运算之后, 我们很容易发现, 一个序列的 m 阶差分就类似于连续变量的 m 阶求导. 比如

$$\nabla c = 0, \quad \nabla t = 1, \quad \nabla^2 t^2 = 2, \quad \nabla^3 t^3 = 6, \quad \nabla^4 t^4 = 24, \cdots.$$

一般地, 我们有

$$\nabla^m(\alpha_0 + \alpha_1 t + \cdots + \alpha_m t^m) = c, \quad c\text{为某一常数}.$$

设 $\{x_t\}$ 为一个时间序列, 根据一阶差分运算得

$$\nabla x_t = x_t - x_{t-1}$$

也即

$$x_t = x_{t-1} + \nabla x_t. \tag{5.6}$$

可见, 一阶差分本质上是一个自回归过程. (5.6) 式可视为用延迟 1 期的历史数据 x_{t-1} 作为自变量来解释当期序列值 x_t 的变动情况, 差分序列 $\{\nabla x_t\}$ 可视为 x_t 的一阶自回归过程中产生的随机误差的大小.

一般地, 对序列 $\{x_t\}$ 作 m 阶差分得

$$\nabla^m x_t = (1 - B)^m x_t = \sum_{k=0}^{m} (-1)^k \mathrm{C}_m^k x_{t-k}$$

等价于

$$x_t = \sum_{k=1}^{m} (-1)^{k+1} \mathrm{C}_m^k x_{t-k} + \nabla^m x_t. \tag{5.7}$$

可见, (5.7) 式本质上也是一个 m 阶自回归过程, 借助于差分运算可以提取趋势信息.

在 Python 中, 可以使用 Pandas 包中 Series 或 DataFrame 下的函数 diff() 来进行一阶差分运算, 其命令格式如下:

```
Series.diff(periods = )
DataFrame.diff(periods =, axis = )
```

参数说明:

- **periods**: 差分的步长, 不特意指定时, 系统默认 periods = 1.

- **axis**: 差分方向. axis = 0 表示按行作差分, 此为默认设置; axis = 1 表示按列作差分.

根据 diff() 函数的参数含义, 差分命令 Series.diff(periods = d) 或 DataFrame(periods = d) 的意思是对 Series 或 DataFrame 进行 1 次 d 步差分 (数据框按行进行差分). 常用的差分运算为:

一阶差分: diff();

二阶差分: diff().diff();

d 步差分: diff(periods = d);

一阶差分后再进行 d 步差分: diff().diff(periods = d).

5.2.2　趋势信息的提取

一般来讲, 经过有限阶的差分运算可以提取趋势信息, 但是有过差分的风险, 过差分现象我们将在下一节讨论. 在本小节中, 我们讨论如何从实际数据出发, 通过差分运算初步提取趋

势信息. 这里需要注意的是, 我们没有对差分结果的合理性进行深入研究.

在实际数据分析中, 通常用一阶差分可提取线性趋势, 二阶或三阶等低阶差分可提取曲线趋势, 而对于含有季节趋势的数据, 通常选取差分的步长等于季节的周期可较好地提取季节信息.

例 5.1 在例 4.2 的分析中, 我们得到美国 1974 年至 2006 年月度发电量序列蕴含一个近似线性的递增趋势. 现对该序列进行一阶差分运算, 考查差分运算对该序列线性趋势的提取作用.

解 通过下述语句实现差分运算, 并对差分序列绘制时序图 (见图 5.3).

```
elec_prod = np.loadtxt("elec_prod.txt")
index = pd.date_range(start="1974", end="2007", freq="M")
elec_df = pd.Series(elec_prod,index=index).diff()
fig = plt.figure(figsize=(12,4), dpi=150)
ax = fig.add_subplot(111)
ax.plot(elec_df, linestyle="-", color="blue")
ax.set_ylabel(ylabel="一阶差分序列值",fontsize=17)
ax.set_xlabel(xlabel="年份",fontsize=17)
plt.xticks(fontsize=15); plt.yticks(fontsize=15)
fig.tight_layout(); plt.savefig(fname='fig/5_3.png')
```

图 5.3 表明, 一阶差分运算成功地从原序列中提取出了线性趋势. 不过, 差分序列的平稳性还需进一步考查, 因为时序图也表明差分序列的方差在逐步增大.

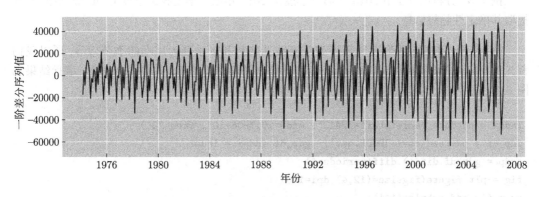

图 5.3 美国 1974 年至 2006 年月度发电量一阶差分序列的时序图

例 5.2 从例 1.8 的分析中, 我们得到 2001 年至 2020 年宁夏回族自治区地区生产总值序列蕴含一个近似二次曲线的趋势. 对该序列进行二阶差分运算, 考查差分运算对曲线趋势的提取作用.

解 用下述语句实现差分运算, 并对差分序列绘制时序图 (见图 5.4).

```
ningxia_gdp = np.loadtxt("ningxia_gdp.txt")
```

```
index = pd.date_range(start="2001", end="2021", freq="Y")
ningxia_gdp_df = pd.Series(ningxia_gdp,index=index).diff().diff()
fig = plt.figure(figsize=(12,4),dpi=150)
ax = fig.add_subplot(111)
ax.plot(ningxia_gdp_df, marker="o", linestyle="-", color="blue")
ax.set_ylabel(ylabel="二阶差分序列值", fontsize=17)
ax.set_xlabel(xlabel="年份", fontsize=17)
plt.xticks(fontsize=15); plt.yticks(fontsize=15)
fig.tight_layout(); plt.savefig(fname='fig/5_4.png')
```

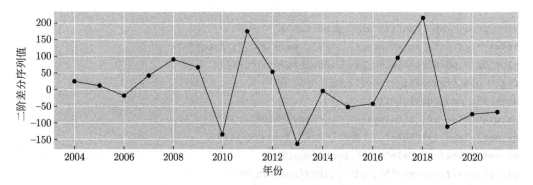

图 5.4　宁夏回族自治区地区生产总值差分序列的时序图

从图 5.4 可见, 经过两次差分之后, 差分序列的曲线趋势被提取.

例 5.3　分析例 4.5 中 2013 年第一季度至 2017 年第二季度我国季度 GDP 数据序列, 并提取其确定性趋势信息.

解　从图 4.5 中, 我们发现该序列具有线性趋势和以季度为周期的季节效应, 所以我们首先做一阶差分取消线性趋势, 然后做 4 步差分提取季节趋势. 具体命令如下, 运行结果见图 5.5.

```
Index = pd.date_range(start="2013", end="2017-06-30", freq="Q")
gdp_df = pd.read_csv('JDGDP.csv'); gdp_df.index = Index
cgdp = gdp_df.diff().diff(periods=4)
fig = plt.figure(figsize=(12,4),dpi=150)
ax = fig.add_subplot(111)
ax.plot(cgdp, marker="o", linestyle="-", color="blue")
ax.set_ylabel(ylabel="差分序列值", fontsize=17)
ax.set_xlabel(xlabel="时间", fontsize=17)
plt.xticks(fontsize=15); plt.yticks(fontsize=15)
fig.tight_layout(); plt.savefig(fname='fig/5_5.png')
```

从图 5.5 可见, 经过 1 次差分和 1 次 4 步差分之后, 所得差分序列已无明显趋势.

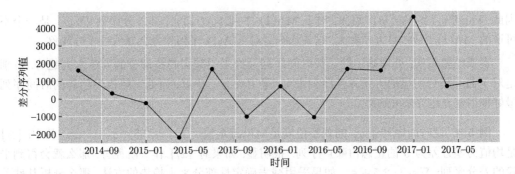

图 5.5　我国季度 GDP 差分序列的时序图

5.2.3 过差分现象

所谓**过差分现象**, 就是指由于对序列不恰当地使用差分运算而导致有效信息浪费, 估计精度下降的现象. 例如, 考查随机性趋势模型 $x_t = \mu + x_{t-1} + y_t$, 其中, y_t 为平稳序列. 我们可知通过对序列 $\{x_t\}$ 的一阶差分就可以消除非平稳性. 而对于线性趋势模型 $x_t = \mu + \phi t + y_t$, 应用一阶差分, 我们得到

$$x_t - x_{t-1} = \phi + y_t - y_{t-1}.$$

因为 $\{y_t\}$ 为 ARMA(p, q) 序列, 满足形式 $\Phi(B)y_t = \Theta(B)\varepsilon_t$, 所以我们有

$$\Phi(B)\nabla x_t = \Phi(1)\phi + (1 - B)\Theta(B)\varepsilon_t.$$

可见, ∇x_t 是一个平稳的 ARMA$(p, q + 1)$ 序列. 由于 MA 部分存在一个单位根, 所以它是一个不可逆的序列. 这个序列是一个新的平稳序列, 而不是原来的平稳的 ARMA 序列 $\{y_t\}$, 这就导致出现过差分.

再举一例. 一个可逆的 MA(1) 模型 $y_t = \varepsilon_t + \theta\varepsilon_{t-1}$. y_t 的方差函数和自相关函数为

$$\mathrm{Var}(y_t) = (1 + \theta^2)\sigma^2, \quad \rho_k = \begin{cases} \dfrac{\theta}{1 + \theta^2}, & k = 1; \\[3mm] 0, & k > 1. \end{cases}$$

对 MA(1) 模型作一阶差分, 得到

$$\nabla y_t = [1 + (\theta - 1)B - \theta B^2]\varepsilon_t.$$

∇y_t 的方差函数和自相关函数分别为

$$\mathrm{Var}(\nabla y_t) = 2(1 - \theta + \theta^2)\sigma^2, \quad \rho_k = \begin{cases} -\dfrac{(\theta - 1)^2}{2(1 - \theta + \theta^2)}, & k = 1; \\[3mm] -\dfrac{\theta}{2(1 - \theta + \theta^2)}, & k = 2; \\[3mm] 0, & k > 2. \end{cases}$$

因此, $\mathrm{Var}(\nabla y_t) > \mathrm{Var}(y_t)$. 可见, 对于 MA(1) 序列 $\{y_t\}$ 而言, 其差分序列 $\{\nabla y_t\}$ 是一个不可逆的 MA(1) 序列, 且方差变大. 这就意味着对 MA(1) 序列差分会导致过差分现象.

实践经验表明, 处理确定性趋势时间序列最好采用减去趋势部分的方法来去趋势, 特别是对于曲线趋势明显的方差齐性序列来讲, 采用此方法更好; 而处理随机性趋势的时间序列最好使用差分运算来去趋势.

例 5.4　设时间序列 $\{x_t\}$ 的观察值满足随机游走模型: $x_t = 2.5 + x_{t-1} + \varepsilon_t$, 其中, $\{\varepsilon_t\}$ 是均值为零方差为 9 的正态白噪声序列. 很明显, 如果对 $\{x_t\}$ 作一阶差分, 那么就会得到平稳的差分序列: $\nabla x_t = 2.5 + \varepsilon_t$. 如果采用减去确定性部分来去趋势的方法, 那么分析其残差序列的特征.

解　将序列 $\{x_t\}$ 关于时间 t 作趋势回归. 具体命令及运行结果如下:

```
np.random.seed(504)
x0 = 2.5 + np.random.normal(0, 9, 100)
x = pd.DataFrame(x0, columns=['y']).cumsum()
t = np.arange(1, 101); x["index"] = t
results_f = smf.ols('y~index', data=x).fit()
print(results_f.summary().tables[1])
print('std = ', np.std(results_f.resid))
输出结果:
==============================================================================
                 coef    std err          t      P>|t|      [0.025      0.975]
------------------------------------------------------------------------------
Intercept     43.2979      4.276     10.125      0.000      34.811      51.784
index          3.6473      0.074     49.610      0.000       3.501       3.793
==============================================================================
std =  21.008959368878795
```

估计得到的回归模型为

$$x_t = 43.2979 + 3.6473t + \varepsilon_t.$$

估计结果表明, 常数项和时间趋势系数均显著异于零, 这是由于随机游走模型中暗含了一个线性趋势. 下面分析回归残差项 ε_t. 接上面的语句, 具体命令如下, 运行结果见图 5.6.

```
fig = plt.figure(figsize=(12,6),dpi=150)
ax1 = fig.add_subplot(311)
ax1.plot(x["y"], linestyle="-", color="blue")
ax1.plot(t, 43.2979 + 3.6473*t, linestyle="-.", color="red")
plt.title("原序列和拟合序列",fontsize=17)
ax1.set_ylabel(ylabel="Values",fontsize=17)
ax1.set_xlabel(xlabel="Time",fontsize=17)
plt.xticks(fontsize=15); plt.yticks(fontsize=15)
```

```
ax2 = fig.add_subplot(312)
ax2.plot(results_f.resid,linestyle="-",color="blue")
plt.title("残差序列", fontsize=17)
ax2.set_ylabel(ylabel="Resid", fontsize=17)
ax2.set_xlabel(xlabel="Time", fontsize=17)
plt.xticks(fontsize=15); plt.yticks(fontsize=15)
ax3 = fig.add_subplot(313)
ACF(results_f.resid, lag=21)
fig.tight_layout(); plt.savefig(fname='fig/5_6.png')
```

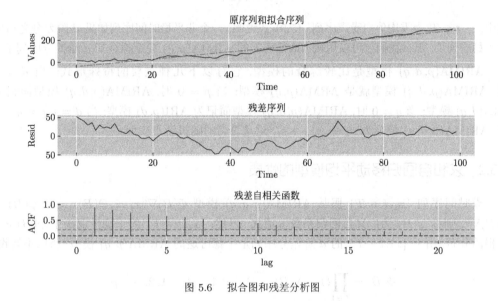

图 5.6 拟合图和残差分析图

图 5.6 表明尽管随机游走 $\{x_t\}$ 具有线性趋势, 但是去趋势之后的残差仍然具有很强的自相关性质. 因此, 对该序列采用减去趋势部分的去趋势法是不合适的.

上面这些例子表明, 分析非平稳序列时, 需要对数据所表现出来的趋势进行严谨细致的研究, 否则, 很容易产生人为的波动和自相关性.

5.3 求和自回归移动平均模型

一般来讲, 具有随机性趋势的非平稳时间序列在经过适当差分之后就会变成一个平稳时间序列. 此时, 我们称这个非平稳序列为差分平稳序列. 对差分平稳序列可以使用求和自回归移动平均模型进行拟合.

5.3.1 求和自回归移动平均模型的定义

设 $\{x_t, t \in T\}$ 为一个序列, 则我们称满足如下结构的模型为**求和自回归移动平均模型** (**autoregressive integrated moving average model**), 简记为 ARIMA(p, d, q),

$$\Phi(B)\nabla^d x_t = \Theta(B)\varepsilon_t, \tag{5.8}$$

其中, ε_t 是均值为零, 方差为 σ_ε^2 的白噪声, 且 $E(x_s\varepsilon_t) = 0, \ \forall s < t$; $\nabla^d = (1-B)^d$; $\Phi(B) = 1 - \phi_1 B - \cdots - \phi_p B^p$ 为平稳可逆的 ARMA(p,q) 模型的自回归系数多项式; $\Theta(B) = 1 - \theta_1 B - \cdots - \theta_q B^q$ 为平稳可逆的 ARMA(p,q) 模型的移动平均系数多项式.

从 ARIMA(p,d,q) 模型的定义可以看出, 该模型实质上就是 $\{x_t\}$ 的 d 阶差分序列是一个平稳可逆的 ARMA(p,q) 模型. (5.8) 式也可简单记作

$$\nabla^d x_t = \frac{\Theta(B)}{\Phi(B)}\varepsilon_t, \tag{5.9}$$

式中, $\varepsilon_t, t \in T$ 为零均值白噪声序列. (5.9) 式说明, 一个非平稳时间序列如果 d 阶差分之后成为平稳序列了, 那么我们就可以用较为成熟可靠的 ARMA(p,q) 模型拟合其 d 阶差分序列了.

ARIMA(p,d,q) 模型是比较综合的模型, 它有以下几种重要的特殊形式: 当 $d = 0$ 时, ARIMA(p,d,q) 模型就是 ARMA(p,q) 模型; 当 $p = 0$ 时, ARIMA(p,d,q) 模型简记为 IMA(d,q) 模型; 当 $q = 0$ 时, ARIMA(p,d,q) 模型简记为 ARI(p,d) 模型; 当 $d = 1, p = q = 0$ 时, ARIMA(p,d,q) 模型为 $x_t = x_{t-1} + \varepsilon_t$, 这是著名的随机游走模型.

5.3.2　求和自回归移动平均模型的性质

设时间序列 $\{x_t, t \in T\}$ 服从 ARIMA(p,d,q) 模型 $\Phi(B)\nabla^d x_t = \Theta(B)\varepsilon_t$. 记 $\varphi(B) = \Phi(B)\nabla^d$, 则称 $\varphi(B)$ 为**广义自回归系数多项式**. 显然, $\{x_t, t \in T\}$ 的平稳性取决于 $\varphi(B) = 0$ 的根的分布. 由于 $\{x_t, t \in T\}$ 的 d 阶差分序列是平稳可逆的 ARMA(p,q) 模型, 所以不妨设

$$\Phi(B) = \prod_{k=1}^{p}(1 - \lambda_k B), \quad |\lambda_k| < 1, \quad k = 1, 2, \cdots, p.$$

因而

$$\varphi(B) = \Phi(B)\nabla^d = \Big[\prod_{k=1}^{p}(1 - \lambda_k B)\Big](1 - B)^d.$$

由上式容易判断, ARIMA(p,d,q) 模型的广义自回归系数多项式共有 $p+d$ 个零点, 其中 p 个零点 $1/\lambda_1, 1/\lambda_2, \cdots, 1/\lambda_p$ 在单位圆外, d 个零点在单位圆上. 从而 ARIMA(p,d,q) 模型有 $p+q$ 个特征根, 其中, p 个在单位圆内, q 个在单位圆上. 因为有 d 个特征根在单位圆上而非单位圆内, 所以当 $d \neq 0$ 时, ARIMA(p,d,q) 模型非平稳.

对于 ARIMA(p,d,q) 模型来讲, 当 $d \neq 0$ 时, 均值和方差都不具有齐性. 方差不具有齐性的最简单的例子是随机游走模型 ARIMA$(0,1,0)$: $x_t = x_{t-1} + \varepsilon_t$. 这是因为根据上述递推关系可得

$$\begin{aligned}
x_t &= x_{t-1} + \varepsilon_t \\
&= x_{t-2} + \varepsilon_t + \varepsilon_{t-1} \\
&= \cdots \\
&= x_0 + \varepsilon_t + \varepsilon_{t-1} + \cdots + \varepsilon_1.
\end{aligned}$$

从而, $\mathrm{Var}(x_t) = t\sigma_\varepsilon^2$, 这是随时间递增的函数, 当时间趋于无穷时, x_t 的方差也趋于无穷.

5.3.3 求和自回归移动平均模型建模

正如前面所述, 对于非平稳时间序列的建模, 我们的策略是将其设法转化为平稳序列, 然后用平稳序列建模的方法来建模. 对于 ARIMA 模型的建模, 我们首先对观察值序列进行平稳性检验, 如果检验是非平稳的序列, 那么对其进行差分运算, 直至检验是平稳的; 如果检验是平稳的, 那么转入 ARMA 模型的建模步骤. 下面举例说明.

例 5.5 分析 1996 年至 2015 年, 我国第三产业增加值 (单位: 万亿元) 序列, 建立 ARIMA 模型, 并预测 2016 年的增加值.

解 读取数据, 并作第三产业增加值序列的时序图. 观察时序图很容易发现, 该序列具有明显的增长趋势, 因此可判定非平稳. 对该序列作一阶差分运算, 并对所得差分序列作出时序图、自相关图和偏自相关图. 具体命令如下, 运行结果见图 5.7.

```
tr_data = np.loadtxt("tr_industry.txt")
Index = pd.date_range(start="1995", end="2015", freq="Y")
tr_ts = pd.Series(tr_data,index=Index)
tr_diff = tr_ts.diff()
fig = plt.figure(figsize=(12,6), dpi=150)
ax1 = fig.add_subplot(221)
ax1.plot(tr_ts,marker='o', linestyle='-', color='b')
ax1.set_ylabel(ylabel="第三产业增加值", fontsize=17)
ax1.set_xlabel(xlabel="图 5.7 第三产业增加值序列的时序图")
plt.xticks(fontsize=15); plt.yticks(fontsize=15)
ax2 = fig.add_subplot(222)
ax2.plot(tr_diff, marker='o', linestyle='-', color='b')
ax2.set_ylabel(ylabel="一阶差分序列", fontsize=17)
ax2.set_xlabel(xlabel="图 5.8 差分序列的时序图")
plt.xticks(fontsize=15); plt.yticks(fontsize=15)
ax3 = fig.add_subplot(223)
ACF(tr_diff[1:], lag=8)
ax4 = fig.add_subplot(224)
PACF(tr_diff[1:], lag=8, xlabel='lag', fname="fig/5_7.png")
```

一阶差分序列的时序图、自相关函数图和偏自相关函数图都表明, 差分序列具有平稳性. 而且图 5.7 (c) 及 (d) 表明自相关函数具有延迟一阶的截尾特征, 而偏自相关函数具有拖尾性, 故我们选用 ARIMA(0,1,1) 模型来拟合所给数据. 具体命令及运行结果如下:

```
tr_res = sm.tsa.SARIMAX(tr_ts, order=(0, 1, 1))
tr_est = tr_res.fit(); print(tr_est.summary())
输出结果:
```

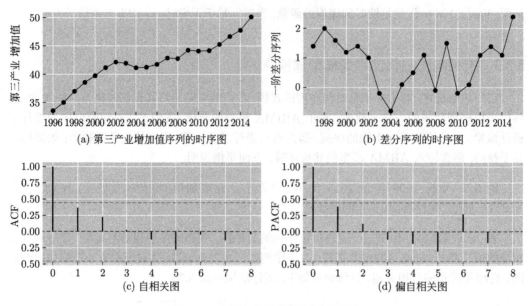

图 5.7　时序图、自相关图及偏自相关图

```
SARIMAX Results
===============================================================
Dep. Variable:              y      No. Observations:         20
Model:         SARIMAX(0, 1, 1)   Log Likelihood       -27.309
Date:        Sun, 19 Dec 2021     AIC                   58.618
Time:             10:17:31        BIC                   60.507
Sample:        12-31-1996         HQIC                  58.937
             - 12-31-2015
Covariance Type:          opg
===============================================================
            coef   std err      z    P>|z|   [0.025   0.975]
---------------------------------------------------------------
ma.L1     0.4823    0.261    1.848   0.065   -0.029    0.994
sigma2    1.0231    0.445    2.301   0.021    0.152    1.895
===============================================================
Ljung-Box (L1) (Q):          0.19   Jarque-Bera (JB):      0.54
Prob(Q):                     0.67   Prob(JB):              0.76
Heteroskedasticity (H):      1.25   Skew:                 -0.37
Prob(H) (two-sided):         0.79   Kurtosis:              2.66
===============================================================
```

拟合结果为

$$x_t = x_{t-1} + \varepsilon_t + 0.4823\varepsilon_{t-1}, \quad \varepsilon_t \sim N(0, 1.0231).$$

再对残差序列作白噪声检验, 具体命令及运行结果如下:

```
acorr_ljungbox(tr_est.resid[1:],lags = [2,4,6,8],boxpierce=True,
                return_df=True)
输出结果:
      lb_stat     lb_pvalue      bp_stat      bp_pvalue
2    2.234190    0.327229      1.814737      0.403585
4    2.669426    0.614575      2.133468      0.711226
6    6.041828    0.418521      4.373145      0.626316
8    6.870708    0.550645      4.845273      0.773978
```

白噪声检验表明, 延迟 2, 4, 6, 8 阶的白噪声检验的 p 值都远远大于 0.05, 因此该模型显著成立, 即 ARIMA(0,1,1) 模型对该序列拟合成功. 用该模型预测 2016 年我国第三产业增加值. 具体命令及运行结果如下.

```
tr_fore = tr_est.get_forecast()
confint = pd.concat([tr_fore.summary_frame(alpha=0.20),
    tr_fore.summary_frame().iloc[:,2:]], axis=1,ignore_index=False)
print(confint)
输出结果:
        mean      mean_se   80%lower    80%upper     95%lower    95%upper
2016  51.214958  1.011465  49.918714  52.511202   49.232523   53.197392
```

预测表明, 2016 年我国第三产业增加值为 51.214958 这个预测的 95% 的置信区间为 (49.232523, 53.197392). 进一步, 我们可以绘制预测图. 具体命令如下, 预测图如图 5.8 所示.

```
fig = plt.figure(figsize=(12,4),dpi=150)
ax = fig.add_subplot(111)
ax.plot(tr_ts, marker="o", linestyle="-", color="blue")
fcast1 = tr_est.get_forecast(2).summary_frame()
fcast1['mean'].plot(ax=ax, marker="o", color="red")
fcast2 = tr_est.get_forecast(steps=2).summary_frame(alpha=0.2)
ax.fill_between(fcast1.index, fcast1['mean_ci_lower'],
                fcast1['mean_ci_upper'], color='green', alpha=0.3)
ax.fill_between(fcast2.index, fcast2['mean_ci_lower'],
                fcast2['mean_ci_upper'], color='black', alpha=0.5)
ax.legend(["Real Values","Forecast"],loc="upper left",fontsize=13)
ax.set_ylabel(ylabel="第三产业增加值", fontsize=17)
ax.set_xlabel(xlabel="年份", fontsize=17)
plt.xticks(rotation=360,fontsize=15); plt.yticks(fontsize=15)
fig.tight_layout(); plt.savefig(fname="fig/5_11.png")
```

在对时间序列数据进行 ARIMA(p, d, q) 建模时, 有时会遇到所谓的缺省自回归系数或移动平均系数的情况.

一般来讲, ARIMA(p, d, q) 模型是指序列进行 d 阶差分之后会得到一个自回归阶数为 p, 移动平均阶数为 q 的自回归移动平均模型, 它包含了 $p+q$ 个未知参数: $\phi_1, \phi_2, \cdots, \phi_p, \theta_1, \theta_2, \cdots,$

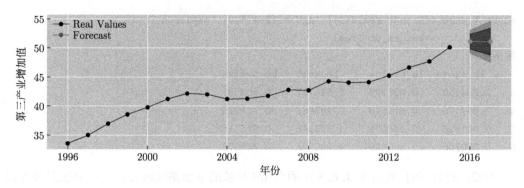

图 5.8　2016 年我国第三产业增加值的预测图

θ_q. 如果这 $p + q$ 个参数中有部分为 0, 那么称原 ARIMA(p, d, q) 模型为 **疏系数模型**. 如果只是自回归系数中有部分缺省, 那么该疏系数模型简记为

$$\mathrm{ARIMA}((p_1, p_2, \cdots, p_l), d, q),$$

其中, $p_1, p_2, \cdots, p_l$ 为非零的自回归系数; 如果只是移动平均系数中有部分缺省, 那么该疏系数模型简记为

$$\mathrm{ARIMA}(p, d, (q_1, q_2, \cdots, q_m)),$$

其中, $q_1, q_2, \cdots, q_m$ 为非零的移动平均系数; 如果自回归系数中和移动平均系数中都有部分缺省, 那么该疏系数模型简记为

$$\mathrm{ARIMA}((p_1, p_2, \cdots, p_l), d, (q_1, q_2, \cdots, q_m)).$$

例 5.6　对 1996 年至 2020 年, 我国农业受水灾面积序列进行分析, 建立 ARIMA 模型, 并预测未来 3 年的受水灾面积大小 (单位: 千公顷).

解　读取数据, 并作出序列时序图 (见图 5.9 (a)). 由图可见, 我国近 25 年来农业水灾面积呈现明显下滑趋势, 所以, 作一阶差分提取线性趋势, 并绘制差分序列时序图. 具体命令如

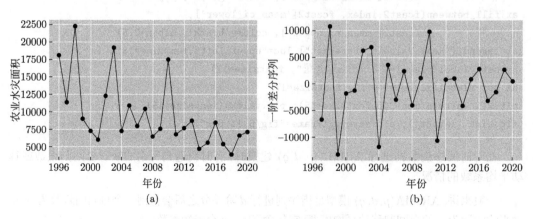

图 5.9　我国农业水灾面积序列的时序图和一阶差分的时序图

下, 运行结果见图 5.9 (b).

```
sz_data = np.loadtxt("nysz.txt")
Index = pd.date_range(start="1995",end="2020",freq="Y")
sz_df = pd.Series(sz_data,index=Index)
sz_diff = sz_df.diff()[1:]
fig = plt.figure(figsize=(12,4),dpi=150)
ax1 = fig.add_subplot(121)
ax1.plot(sz_df, marker="o", linestyle="-", color="blue")
plt.xticks(fontsize=15);plt.yticks(fontsize=15)
plt.xlabel(xlabel="年份",fontsize=17)
plt.ylabel(ylabel="农业水灾面积", fontsize=17)
ax2 = fig.add_subplot(122)
ax2.plot(sz_diff,marker="o", linestyle="-", color="green")
plt.xticks(fontsize=15);plt.yticks(fontsize=15)
plt.xlabel(xlabel="年份", fontsize=17)
plt.ylabel(ylabel="一阶差分序列", fontsize=17)
plt.tight_layout(); plt.savefig("fig/5_12.png")
```

图 5.9 (b) 表明, 一阶差分序列呈现平稳趋势. 接下来, 绘制差分序列的自相关图和偏自相关图. 具体命令如下, 运行结果见图 5.10 和图 5.11.

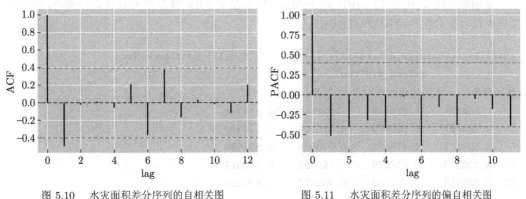

图 5.10　水灾面积差分序列的自相关图　　图 5.11　水灾面积差分序列的偏自相关图

```
fig = plt.figure(figsize=(12,6),dpi=150)
ax1 = fig.add_subplot(121)
ACF(sz_diff,lag=12)
ax2 = fig.add_subplot(122)
PACF(sz_diff,lag=11, xlabel='lag', fname="fig/5_13.png")
```

从图 5.10 和图 5.11 知, 可对该序列尝试进行疏系数模型拟合. 再考虑到自相关函数在 6 阶之后拖尾, 而偏自相关函数在 6 阶之后截尾, 所以选用模型 ARIMA$((1,6),1,0)$ 进行数据拟合, 具体命令及运行结果如下:

```
nysz_res = sm.tsa.SARIMAX(sz_df, order=(6, 1, 0),
                          enforce_stationarity=False)
param = {'ar.L2':0,'ar.L3':0,'ar.L4':0,'ar.L5':0}
nysz_est = nysz_res.fit_constrained(param)
print(nysz_est.summary().tables[1])
输出结果:
==============================================================================
                 coef    std err          z      P>|z|      [0.025      0.975]
------------------------------------------------------------------------------
ar.L1         -0.3252      0.167     -1.948      0.051      -0.653       0.002
ar.L2 (fixed)       0        nan        nan        nan         nan         nan
ar.L3 (fixed)       0        nan        nan        nan         nan         nan
ar.L4 (fixed)       0        nan        nan        nan         nan         nan
ar.L5 (fixed)       0        nan        nan        nan         nan         nan
ar.L6         -0.3026      0.117     -2.578      0.010      -0.533      -0.073
sigma2      1.792e+07   4.62e-10   3.88e+16      0.000    1.79e+07    1.79e+07
==============================================================================
```

拟合结果为

$$x_t = -0.3252x_{t-1} - 0.3062x_{t-6} + \varepsilon_t, \quad \varepsilon_t \sim \mathrm{WN}(0, 1.792e + 07).$$

分别做延迟 2, 6, 8, 12 阶的白噪声检验. 检验结果表明, 残差序列显著为白噪声, 因此数据基本符合拟合模型 $\mathrm{ARIMA}((1, 6), 1, 0)$.

```
acorr_ljungbox(nysz_est.resid[1:],lags = [2,6,8,12],boxpierce=True,
               return_df=True)
输出结果:
      lb_stat    lb_pvalue      bp_stat    bp_pvalue
2    4.796587     0.090873     4.074104     0.130413
6    5.534177     0.477336     4.626836     0.592484
8    6.330370     0.610278     5.144055     0.742074
12   7.836913     0.797742     5.896277     0.921220
```

预测未来 3 年水灾面积情况, 具体命令及运行结果如下:

```
nysz_fore = nysz_est.get_forecast(steps=3)
confint = pd.concat([nysz_fore.summary_frame(alpha=0.20),
    nysz_fore.summary_frame().iloc[:,2:]],axis=1,ignore_index=False)
print(confint)
输出结果:
           mean     mean_se    80%lower    80%upper    95%lower    95%upper
2021   6751.774    4233.775    1325.973   12177.575   -1546.273   15049.821
2022   6013.677    5107.469    -531.808   12559.161   -3996.778   16024.131
2023   7197.903    6083.332    -598.201   14994.006   -4725.208   19121.013
```

最后, 绘制预测图, 具体命令如下, 运行结果如图 5.12 所示.

```
fig = plt.figure(figsize=(12,4),dpi=150)
ax = fig.add_subplot(111)
ax.plot(sz_df, marker="o", linestyle="-", color="blue")
fcast1 = nysz_est.get_forecast(steps=3).summary_frame()
fcast1['mean'].plot(ax=ax, marker="o",linestyle="--", color="black")
fcast2 = nysz_est.get_forecast(steps=3).summary_frame(alpha=0.2)
ax.fill_between(fcast1.index, fcast1['mean_ci_lower'],
                fcast1['mean_ci_upper'], color='green', alpha=0.3)
ax.fill_between(fcast2.index, fcast2['mean_ci_lower'],
                fcast2['mean_ci_upper'], color='black', alpha=0.4)
ax.legend(["Real Values","Forecast"],loc="lower left",fontsize=13)
ax.set_ylabel(ylabel="农业水灾面积", fontsize=17)
ax.set_xlabel(xlabel="年份", fontsize=17)
plt.xticks(rotation=360,fontsize=15); plt.yticks(fontsize=15)
fig.tight_layout(); plt.savefig(fname="fig/5_15.png")
```

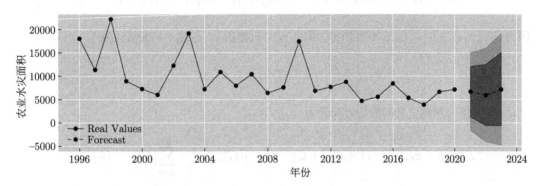

图 5.12 未来 3 年受水灾面积的预测图

5.3.4 求和自回归移动平均模型的预测理论

设 $\{x_t\}$ 服从 ARIMA(p,d,q) 模型, 则 x_t 的 d 阶差分序列 $\{\nabla^d x_t\}$ 服从平稳可逆的 ARMA(p,q) 模型, 即

$$\Phi(B)(1-B)^d x_t = \Theta(B)\varepsilon_t. \tag{5.10}$$

因此, 类似于 ARMA(p,q) 模型的传递形式, (5.10) 式可以写成

$$x_t = \sum_{i=0}^{\infty} G_i^* \varepsilon_{t-i} = G^*(B)\varepsilon_t, \tag{5.11}$$

其中, $G_0^* = 1, G^*(B)$ 满足

$$\Phi(B)(1 - B)^d G^*(B) = \Theta(B).$$

令广义自回归系数多项式 $\varphi(B)$ 为

$$\varphi(B) = 1 - \phi_1^* B - \phi_2^* B^2 - \cdots - \phi_{p+d}^* B^{p+d},$$

则由待定系数法得

$$
\begin{cases}
G_1^* = \phi_1^* - \theta_1; \\
G_2^* = \phi_1^* G_1^* + \phi_2^* - \theta_2; \\
\qquad \vdots \\
G_k^* = \phi_1^* G_{k-1}^* + \cdots + \phi_{p+d}^* G_{k-p-d}^* - \theta_k
\end{cases}
\tag{5.12}
$$

其中, 当 $k < 0$ 时, $G_k^* = 0$; 当 $k = 0$ 时, $G_k^* = 1$; 当 $k > q$ 时, $\theta_k = 0$.

根据 (5.11) 式知, x_{t+l} 的真实值为

$$x_{t+l} = (\varepsilon_{t+l} + G_1^* \varepsilon_{t+l-1} + \cdots + G_{l-1}^* \varepsilon_{t+1}) + (G_l^* \varepsilon_t + G_{l+1}^* \varepsilon_{t-1} + \cdots).$$

因为 $\varepsilon_{t+l}, \varepsilon_{t+l-1}, \cdots, \varepsilon_{t+1}$ 不可预测, 所以 x_{t+l} 只能用 $\varepsilon_t, \varepsilon_{t-1}, \cdots$ 来估计为

$$\hat{x}_{t+l} = \tilde{G}_0 \varepsilon_t + \tilde{G}_1 \varepsilon_{t-1} + \tilde{G}_2 \varepsilon_{t-2} + \cdots.$$

于是, 真实值与预测值之间的均方误差为

$$E(x_{t+l} - \hat{x}_{t+l})^2 = (1 + G_1^{*2} + G_2^{*2} + \cdots + G_{l-1}^{*2})\sigma_\varepsilon^2 + \sum_{i=0}^{\infty} (G_{l+i}^* - \tilde{G}_i)^2 \sigma_\varepsilon^2.$$

为使均方误差最小, 当且仅当 $G_{l+i}^* = \tilde{G}_i$. 因此, 在均方误差最小原则下, l 期预测值为

$$\hat{x}_{t+l} = G_l^* \varepsilon_t + G_{l+1}^* \varepsilon_{t-1} + G_{l+2}^* \varepsilon_{t-2} + \cdots,
\tag{5.13}$$

l 期预测误差为

$$e_t(l) = \varepsilon_{t+l} + G_1^* \varepsilon_{t+l-1} + \cdots + G_{l-1}^* \varepsilon_{t+1}.$$

真实值等于预测值加上预测误差

$$
\begin{aligned}
x_{t+l} &= (\varepsilon_{t+l} + G_1^* \varepsilon_{t+l-1} + \cdots + G_{l-1}^* \varepsilon_{t+1}) + (G_l^* \varepsilon_t + G_{l+1}^* \varepsilon_{t-l} + \cdots) \\
&= e_t(l) + \hat{x}_{t+l},
\end{aligned}
$$

l 期的预测误差的方差为

$$\mathrm{Var}[e_t(l)] = (1 + G_1^{*2} + G_2^{*2} + \cdots + G_{l-1}^{*2})\sigma_\varepsilon^2.
\tag{5.14}$$

在实际的预测中, 一般不会使用预测公式 (5.13), 而是根据模型递推. 但是预测误差却可由公式 (5.14) 给出.

例 5.7 已知某序列服从 ARIMA(1,1,1) 模型: $(1 + 0.5B)(1 - B)x_t = (1 - 0.8B)\varepsilon_t$, 且 $x_1 = 3.9, x_2 = 4.8, \varepsilon_2 = 0.6, \sigma_\varepsilon^2 = 1$, 求: x_5 的 95% 的置信区间.

解 将原模型写成

$$x_t = 0.5x_{t-1} + 0.5x_{t-2} + \varepsilon_t - 0.8\varepsilon_{t-1},$$

得到预测递推公式

$$\hat{x}_3 = 0.5x_2 + 0.5x_1 + \varepsilon_2 = 4.95,$$

$$\hat{x}_4 = 0.5\hat{x}_3 + 0.5x_2 = 4.875,$$

$$\hat{x}_5 = 0.5\hat{x}_4 + 0.5\hat{x}_3 = 4.9125.$$

由模型的广义自回归系数多项式

$$\varphi(B) = 1 - 0.5B - 0.5B^2$$

得 $\phi_1^* = 0.5, \phi_2^* = 0.5$. 根据 (5.12) 式得 $G_1^* = -0.3, G_2^* = -1.34$. 第 5 期预测误差的方差为

$$\mathrm{Var}[e_2(3)] = (1 + G_1^{*2} + G_2^{*2})\sigma_\varepsilon^2 = 2.8856.$$

x_5 的 95% 的置信区间为 $(\hat{x}_5 - 1.96\sqrt{\mathrm{Var}[e_2(3)]}, \quad \hat{x}_5 + 1.96\sqrt{\mathrm{Var}[e_2(3)]})$, 即 (1.583,   8.242).

5.4 残差自回归模型

我们知道, 对序列作一阶差分可以消除线性趋势; 作二阶、三阶等低阶差分可以消除曲线趋势, 但是我们也同时分析了这样做会有过差分的风险, 即人为造成的非平稳或 "不好" 的信息. 因此, 在进行 ARIMA 建模时, 一方面要看到差分运算能够充分提取确定性信息, 另一方面也要看到差分运算解释性不强, 同时有过差分风险.

当序列呈现出很强烈的趋势时, 传统的消除确定性趋势的方法显示出一定的优越性, 但是又担心可能浪费残差信息. 不过当残差中含有自相关关系时, 可继续对残差序列建立自回归模型, 这样就自然地提出了残差自回归模型.

5.4.1 残差自回归模型的概念

根据数据分解的形式, 当序列的长期趋势非常显著时, 我们可以将序列分解为

$$x_t = T_t + S_t + \varepsilon_t, \tag{5.15}$$

其中, T_t 为长期的递增或递减趋势, S_t 为季节变化.

一般来讲, (5.15) 式中的趋势项 T_t 和 S_t 不一定能够把数据中的确定性信息充分提取. 当残差中含有显著的自相关关系时, 我们进一步对残差序列进行自回归拟合, 从而再次提取相关信息. 于是得到如下残差自回归模型的概念.

我们称具有下列结构的模型为**残差自回归模型**:

$$\begin{cases} x_t = T_t + S_t + \varepsilon_t; \\ \varepsilon_t = \phi_1 \varepsilon_{t-1} + \cdots + \phi_p \varepsilon_{t-p} + \omega_t; \\ E(\omega_t) = 0, \mathrm{Var}(\omega_t) = \sigma^2, \mathrm{Cov}(\omega_t,\ \omega_{t-k}) = 0,\ \mathrm{Cov}(\omega_t,\ \varepsilon_{t-k}) = 0, \quad k \geqslant 1. \end{cases} \tag{5.16}$$

在建模中, 对趋势项 T_t 的拟合有两种常用形式:

$$T_t = \alpha_0 + \alpha_1 t + \cdots + \alpha_k t^k$$

和

$$T_t = \alpha_0 + \alpha_1 x_{t-1} + \cdots + \alpha_k x_{t-k}.$$

对季节变化项 S_t 的拟合也有两种常用形式:

$$S_t = S_t'$$

和

$$S_t = \alpha_0 + \alpha_1 x_{t-m} + \cdots + \alpha_k x_{t-km},$$

其中, S_t' 为季节指数; m 为季节变化的周期.

在进行残差自回归模型建模时, 首先拟合趋势项和季节变化项, 然后进行残差检验. 当残差序列自相关性不显著时, 则建模结束; 当残差序列自相关性显著时, 再对残差进行建模. 残差的建模步骤与 ARIMA 模型建模步骤一致.

5.4.2 残差的自相关检验

1. Durbin-Watson 检验

我们可以使用由 J.Durbin 和 G. S. Watson 于 1950 年提出的所谓 Durbin-Watson 检验 (简称 DW 检验) 来检验序列残差的自相关性. 下面以一阶自相关性检验为例介绍 DW 检验原理.

原假设 $\mathbf{H}_0$: 残差序列不存在一阶自相关性: $E(\varepsilon_t \varepsilon_{t-1}) = 0$, 即 $\rho(1) = 0$;

备择假设 $\mathbf{H}_1$: 残差序列存在一阶自相关性: $E(\varepsilon_t \varepsilon_{t-1}) \neq 0$, 即 $\rho(1) \neq 0$.

构造 DW 检验统计量:

$$DW = \frac{\sum_{t=2}^{n}(\hat{\varepsilon}_t - \hat{\varepsilon}_{t-1})^2}{\sum_{t=1}^{n}\hat{\varepsilon}_t^2}. \tag{5.17}$$

当观测样本 n 很大时, 有

$$\sum_{t=2}^{n}\hat{\varepsilon}_t^2 \approx \sum_{t=2}^{n}\hat{\varepsilon}_{t-1}^2 \approx \sum_{t=1}^{n}\hat{\varepsilon}_t^2. \tag{5.18}$$

将 (5.18) 式代入 (5.17) 式得

$$DW \approx 2\left(1 - \frac{\sum_{t=2}^{n}\hat{\varepsilon}_t\hat{\varepsilon}_{t-1}}{\sum_{t=1}^{n}\hat{\varepsilon}_t^2}\right).$$

回顾自相关函数的定义, 得

$$\hat{\rho}(1) = \frac{\sum_{t=2}^{n}\hat{\varepsilon}_t\hat{\varepsilon}_{t-1}}{\sum_{t=1}^{n}\hat{\varepsilon}_t^2},$$

于是, 有

$$DW \approx 2[1 - \hat{\rho}(1)]. \tag{5.19}$$

由于自相关函数的范围为 $[-1,1]$, 所以 DW 的范围也大约介于 $[0,4]$.

(1) 当 $0 < \hat{\rho}(1) \leqslant 1$ 时, 序列正相关.

当 $\hat{\rho}(1) \to 1$ 时, $DW \to 0$; 当 $\hat{\rho}(1) \to 0$ 时, $DW \to 2$. 由此可确定两个临界值 $0 \leqslant m_L, m_U \leqslant 2$. 当 $DW < m_L$ 时, 序列显著正相关; 当 $DW > m_U$ 时, 序列显著不相关; 当 $m_L \leqslant DW \leqslant m_U$ 时, 无法断定序列的相关性.

(2) 当 $-1 < \hat{\rho}(1) \leqslant 0$ 时, 序列负相关.

当 $\hat{\rho}(1) \to -1$ 时, $DW \to 4$; 当 $\hat{\rho}(1) \to 0$ 时, $DW \to 2$. 同样由此可确定两个临界值 $2 \leqslant m_L^*, m_U^* \leqslant 4$. 当 $DW > m_U^*$ 时, 序列显著负相关; 当 $DW < m_L^*$ 时, 序列显著不相关; 当 $m_L^* \leqslant DW \leqslant m_U^*$ 时, 无法断定序列的相关性.

根据 $\hat{\rho}(1)$ 的对称性, 可令

$$\begin{cases} 2 - m_U = m_L^* - 2; \\ 2 - m_L = m_U^* - 2, \end{cases}$$

则

$$
\begin{cases}
m_{\mathrm{L}}^* = 4 - m_{\mathrm{U}}; \\
m_{\mathrm{U}}^* = 4 - m_{\mathrm{L}}.
\end{cases}
$$

由此得到相关性判断表 (见表 5.1).

表 5.1　相关性判断表

DW 的取值区间	$(0, m_{\mathrm{L}})$	$[m_{\mathrm{L}}, m_{\mathrm{U}}]$	$(m_{\mathrm{U}}, 4 - m_{\mathrm{U}})$	$[4 - m_{\mathrm{U}}, 4 - m_{\mathrm{L}}]$	$(4 - m_{\mathrm{L}}, 4)$
序列相关性	正相关	相关性待定	不相关	相关性待定	负相关

2. Durbin h 检验

DW 统计量是为回归模型残差自相关性的检验而提出, 它要求自变量 "独立". 在自回归情况下, 即当回归因子包含延迟因变量时, 有

$$
x_t = a_0 + a_1 x_{t-1} + \cdots + a_k x_{t-k} + \varepsilon_t.
$$

此时, 残差序列 $\{\varepsilon_t\}$ 的 DW 统计量是个有偏的统计量. 因而, 当 $\hat{\rho}(1)$ 趋于零时, DW $\neq 2$. 在这种情况下, 使用 DW 统计量会导致残差序列自相关性不显著的误判.

为了克服 DW 检验的有偏性, Durbin 提出了 DW 统计量的修正统计量:

$$
D_h = \mathrm{DW} \frac{n}{1 - n\sigma_a^2},
$$

式中, n 为观察值序列的长度; σ_a^2 为延迟因变量系数的最小二乘估计的方差. 这大大提高了检验的精度.

5.4.3　残差自回归模型建模

本小节, 举例说明残差自回归模型建模.

例 5.8　分析 1882 年至 1936 年苏格兰离婚数序列, 并建立残差自回归模型.

解　读取数据, 并绘制时序图. 从时序图分析, 该序列有显著的线性递增趋势, 但没有季节效应. 因此, 考虑建立如下结构的残差自回归模型:

$$
\begin{cases}
x_t = T_t + \varepsilon_t; \\
\varepsilon_t = \phi_1 \varepsilon_{t-1} + \cdots + \phi_p \varepsilon_{t-p} + \omega_t; \\
E(\omega_t) = 0, \mathrm{Var}(\omega_t) = \sigma^2, \mathrm{Cov}(\omega_t, \omega_{t-k}) = 0, \mathrm{Cov}(\omega_t, \varepsilon_{t-k}) = 0, \quad k \geqslant 1.
\end{cases}
$$

对 T_t 分别尝试构造如下两个确定性趋势:

(1) 变量为时间 t 的线性函数.

$$
T_t = \alpha_0 + \alpha_1 t, \quad t = 1, 2, \cdots.
$$

(2) 变量为一阶延迟序列值 x_{t-1}.

$$T_t = \alpha_0 + \alpha_1 x_{t-1}.$$

具体命令及运行结果如下, 趋势拟合图如图 5.13 所示.

```
div_df = pd.read_csv("divorce.csv", index_col=0)
t = np.arange(1,56); div_df["t"] = t
results_f = smf.ols('Divorces~ 0 + t', data=div_df).fit()
print(results_f.summary().tables[1])
print('std = ', np.std(results_f.resid))
输出结果:
==========================================================
      coef    std err     t    P>|t|    [0.025   0.975]
----------------------------------------------------------
t   9.7234    0.219  4.393   0.000    9.284    10.163
==========================================================
std =  51.79955812752176
```

```
div_x = div_df["Divorces"].values[:54]
div_y = div_df["Divorces"].values[1:55]
index = div_df.index[1:55]
div_yx = pd.DataFrame({"div_x":div_x, "div_y":div_y}, index=index)
results_f2 = smf.ols('div_y~div_x',data=div_yx).fit()
print(results_f2.summary().tables[1])
print('std = ', np.std(results_f2.resid))
输出结果:
================================================================
              coef     std err      t    P>|t|    [0.025   0.975]
----------------------------------------------------------------
Intercept  14.2853    13.552   1.054   0.297   -12.909   41.479
div_x       0.9861     0.044  22.412   0.000     0.898    1.074
================================================================
std =  50.0211150467447
```

```
div_nt = div_df.drop(columns="t")
fig = plt.figure(figsize=(12,4),dpi=150)
ax = fig.add_subplot(111)
div_nt.plot(ax=ax, linestyle="-.", color="green")
results_f.fittedvalues.plot(ax=ax, color="blue")
results_f2.fittedvalues.plot(ax=ax, linestyle=":", color="red")
ax.legend(["Real Values","Fitting line","Regression"],
        loc="upper left",fontsize=13)
```

```
ax.set_ylabel(ylabel="离婚数", fontsize=17)
ax.set_xlabel(xlabel="年份", fontsize=17)
plt.xticks(fontsize=15); plt.yticks(fontsize=15)
fig.tight_layout(); plt.savefig(fname='fig/5_16.png')
```

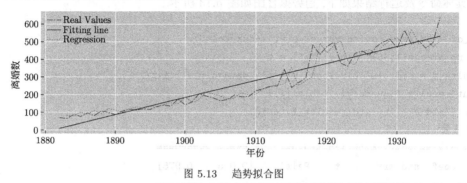

图 5.13   趋势拟合图

图 5.13 中, 点线图为序列时序图; 直线为关于时间 t 的线性拟合图; 虚线为关于延迟变量的自回归拟合图.

根据输出结果, 得到如下两个确定性趋势拟合模型:

(1) $x_t = 9.7234t + \varepsilon_t$, $\varepsilon_t \sim N(0, 51.80^2)$;

(2) $x_t = 14.2853 + 0.9861x_{t-1} + \varepsilon_t$, $\varepsilon_t \sim N(0, 50.02^2)$.

在 Python 中, 使用模块 statsmodels 中的函数 durbin_watson() 可计算残差的 DW 值, 进而可以利用 DW 统计量临界值表, 判断残差的自相关性. 其实, 在作回归拟合时, 拟合结果中已经给出了残差的 DW 值, 这里是为了给出单独计算 DW 值的函数 durbin_watson().

```
print(sm.stats.durbin_watson(results_f.resid.values))
输出拟合(1)的 DW 值: 0.9173802395645382
```

```
print(sm.stats.durbin_watson(results_f2.resid.values))
输出拟合(1)的 DW 值: 2.4324732766004815
```

从 DW 统计量临界值表中, 查得相应临界值为 $m_L = 1.356$ 和 $m_U = 1.428$. 可见, 拟合 (1) 的残差的 DW 值落入区间 $(0, m_L)$ 中, 而拟合 (2) 的残差的 DW 值落入区间 $(m_U, 4 - m_U)$ 中. 因此, 拟合 (1) 的残差序列高度正相关, 有必要对残差序列继续提取信息; 拟合 (2) 的残差序列不存在显著相关性, 不需要再进行拟合.

下面对 (1) 的残差序列拟合自相关模型. 首先对残差序列作自相关函数图和偏自相关图. 具体命令如下, 运行结果如图 5.14 和图 5.15 所示.

```
fig = plt.figure(figsize=(12,4),dpi=150)
ax1 = fig.add_subplot(121)
ACF(results_f.resid,lag=11)
ax2 = fig.add_subplot(122)
PACF(results_f.resid,lag=11, xlabel='lag', fname='fig/5_17.png')
```

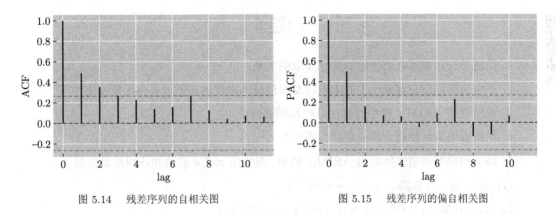

图 5.14 残差序列的自相关图	图 5.15 残差序列的偏自相关图

由图 5.14 的拖尾性和图 5.15 的一阶截尾性知, 可以用 AR(1) 建模. 具体建模命令及运行结果如下:

```
from statsmodels.tsa.ar_model import AutoReg
rsd = pd.Series(results_f.resid.values)
res = AutoReg(rsd, lags=1, trend='n').fit()
print(res.summary().tables[1]); print('std = ', np.std(res.resid))
输出结果:
==============================================================
            coef    std err      z     P>|z|    [0.025     0.975]
--------------------------------------------------------------
 y.L1     0.5319     0.120    4.438    0.000    0.297     0.767
==============================================================
std =  44.21728202527646
```

下面进行模型显著性检验, 具体命令及运行结果如下:

```
acorr_ljungbox(res.resid[1:],lags = [6,12,24],boxpierce=True,
               return_df=True)
输出结果:
      lb_stat   lb_pvalue    bp_stat    bp_pvalue
6    1.424693   0.964339    1.285385   0.972457
12   7.454233   0.826196    6.144322   0.908633
24  25.163601   0.396914   17.362073   0.832814
```

可见, 延迟 6 期, 12 期, 24 期的 Box 检验的 p 值均远远大于 0.05, 故拟合结果为

$$\varepsilon_t = 0.5319\varepsilon_{t-1} + \omega_t, \quad \omega_t \sim \mathrm{WN}(0,\ 44.22^2).$$

综合前面的分析, 对 1882 年至 1936 年苏格兰离婚数序列, 我们建立如下残差自回归模型:

$$\begin{cases} x_t = 9.7234t + \varepsilon_t; \\ \varepsilon_t = 0.5319\varepsilon_{t-1} + \omega_t, \quad \omega_t \sim \mathrm{WN}(0,\ 44.22^2). \end{cases}$$

第5章学习指导

习题 5

1. 简述差分运算的本质和趋势信息提取的关系.

2. 举例说明过差分现象产生的本质以及如何最大限度地避免过差分现象发生.

3. 举例说明 ARIMA 模型的建模过程和预测理论.

4. 举例说明为何要建立残差自回归模型?

5. 将下列模型识别成特定的 ARIMA 模型, 请写出 p, d, q 的值和各项系数的值.

(1) $x_t = x_{t-1} - 0.25x_{t-2} + \varepsilon_t - 0.1\varepsilon_{t-1}$;

(2) $x_t = 0.5x_{t-1} - 0.5x_{t-2} + \varepsilon_t - 0.5\varepsilon_{t-1} + 0.25\varepsilon_{t-2}$.

6. 获得 100 个 ARIMA$(0,1,1)$ 模型的序列观察值 $x_1, x_2, \cdots, x_{100}$.

(1) 已知 $\theta_1 = 0.3, x_{100} = 50, \hat{x}_{101} = 51$, 求 $\hat{x}_{102}$ 的值.

(2) 假定新获得 $x_{101} = 52$, 求 $\hat{x}_{102}$ 的值.

7. 已知下列 ARIMA 模型, 试求 $E(\nabla x_t)$ 与 $\mathrm{Var}(\nabla x_t)$.

(1) $x_t = 3 + x_{t-1} + \varepsilon_t - 0.75\varepsilon_{t-1}$;

(2) $x_t = 10 + 1.25x_{t-1} - 0.25x_{t-2} + \varepsilon_t - 0.1\varepsilon_{t-1}$;

(3) $x_t = 5 + 2x_{t-1} - 1.7x_{t-2} + 0.7x_{t-3} + \varepsilon_t - 0.5\varepsilon_{t-1} + 0.25\varepsilon_{t-2}$.

8. 已知一个序列 $\{y_t\}$ 为

$$y_t = a_0 + a_1 t + x_t,$$

其中, x_t 是一个随机游走序列, 并假设 a_0 与 a_1 是常数.

(1) $\{y_t\}$ 是否是平稳的?

(2) $\{\nabla y_t\}$ 是否是平稳的?

9. 已知 ARIMA$(1,1,1)$ 模型为

$$(1 - 0.8B)(1 - B)x_t = (1 - 0.6B)\varepsilon_t,$$

且 $x_{t-1} = 4.5, x_t = 5.3, \varepsilon_t = 0.8, \sigma^2 = 1$, 求 x_{t+3} 的 95% 的置信区间.

10. 表 5.2 是某股票若干天的收盘价 (单位: 元).

表 5.2　某股票的收盘价 (行数据)

304	303	307	299	296	293	301	293	301	295	284	286	286	287
284	282	278	277	270	278	270	268	272	273	279	279	280	275
271	277	278	279	283	283	282	283	279	280	280	279	278	283
278	270	275	273	272	273	270	273	271	272	271	273	277	274
272	282	282	292	295	295	294	290	291	288	288	290	293	288
289	291	293	293	290	273	288	287	289	292	288	288	285	282

请选择适当的模型拟合该序列, 并预测未来 5 天的收盘价.

11. 表 5.3 所示为 1949 年至 2001 年中国人口数据 (单位: 亿人)

表 5.3 1949 年至 2001 年中国人口数据 (行数据)

5.4167	5.5196	5.63	5.7482	5.8796	6.0266	6.1465	6.2828	6.4653
6.5994	6.7207	6.6207	6.5859	6.7295	6.9172	7.0499	7.2538	7.4542
7.6368	7.8534	8.0671	8.2992	8.5229	8.7177	8.9211	9.0859	9.242
9.3717	9.4974	9.6259	9.7542	9.8705	10.0072	10.159	10.2764	10.3876
10.5851	10.7507	10.93	11.1026	11.2704	11.4333	11.5823	11.7171	11.8517
11.985	12.1121	12.2389	12.3626	12.4761	12.5786	12.6743	12.7627	

(1) 请画出该序列时序图、自相关图和偏自相关图, 并根据图像性质进行模型识别.

(2) 根据模型识别结果, 估计时间序列模型.

(3) 预测 2002 年至 2005 年中国人口数量, 并绘制预测图.

12. 表 5.4 是 1978 年至 2008 年中国财政收入 x 的数据 (单位: 亿元), 试建立合适的模型, 并给出未来 3 期的预测值.

表 5.4 1978 年至 2008 年中国财政收入数据 (行数据)

1132.26	1146.4	1159.93	1175.8	1212.3	1367	1642.9	2004.82
2122	2199.4	2357.2	2664.9	2937.1	3149.48	3483.37	4348.95
5218.1	6242.2	7407.99	8651.14	9875.95	11444.08	13395.23	16386.04
18903.64	21715.25	26396.47	31649.29	38760.2	51321.78	61330.35	

第6章 季节模型

学习目标与要求

1. 了解季节模型的结构和特征.
2. 理解乘积季节 ARMA 模型的结构和特征.
3. 理解乘积季节 ARIMA 模型的结构和特征.
4. 掌握几类特殊的季节模型的建模过程.

6.1 简单季节自回归移动平均模型

在应用时间序列的很多领域中, 特别是许多商业和经济领域中的数据都呈现出每隔一段时间重复、循环的季节现象. 在前面, 我们曾用确定性趋势方法对这类季节性数据建模, 但是这样建立起来的确定性季节模型不能充分解释此类时间序列的行为, 而且模型残差仍然在许多滞后点高度自相关. 从本节开始我们介绍随机季节模型, 可以看到该模型可以很好地拟合季节性数据, 有效地克服确定性季节模型的不足. 我们首先讨论平稳季节模型, 之后再研究非平稳的情况.

6.1.1 季节移动平均模型

一般地, 用 s 表示季节周期: $s = 12$ 表示月度数据, $s = 4$ 表示季度数据.

考虑由下式生成的时间序列:

$$y_t = \varepsilon_t + \theta\varepsilon_{t-12},$$

注意到

$$\mathrm{Cov}(y_t, y_{t-i}) = \mathrm{Cov}(\varepsilon_t + \theta\varepsilon_{t-12}, \varepsilon_{t-i} + \theta\varepsilon_{t-12-i}) = 0, \quad i = 1, 2, \cdots, 11.$$

$$\mathrm{Cov}(y_t, y_{t-12}) = \mathrm{Cov}(\varepsilon_t + \theta\varepsilon_{t-12}, \varepsilon_{t-12} + \theta\varepsilon_{t-24}) = \theta\sigma_\varepsilon^2.$$

易见, 序列 $\{y_t\}$ 平稳且仅在延迟 12 期才具有非零自相关函数.

概括上述想法, 我们称具有如下结构的模型为**季节周期为** s **的** q **阶季节移动平均模型**, 简记为 $\mathrm{MA}(q)_s$,

$$y_t = \varepsilon_t - \theta_1\varepsilon_{t-s} - \theta_2\varepsilon_{t-2s} - \cdots - \theta_q\varepsilon_{t-qs},$$

其中, **季节移动平均 (MA) 系数多项式为**

$$\Theta(B) = 1 - \theta_1 B^s - \theta_2 B^{2s} - \cdots - \theta_q B^{qs}.$$

若 $\Theta(B) = 0$ 的根都在单位圆外, 则该模型可逆. 显然, 该序列总是平稳的, 且其自相关函数只在 $s, 2s, 3s, \cdots, qs$ 等季节滞后点上非零. 特别地

$$\rho(ks) = \frac{\theta_k + \theta_1\theta_{k+1} + \theta_2\theta_{k+2} + \cdots + \theta_{q-k}\theta_q}{1 + \theta_1^2 + \theta_2^2 + \cdots + \theta_q^2}, \quad k = 1, 2, \cdots, q.$$

当然, 季节 $\mathrm{MA}(q)_s$ 模型可以看作阶数为 qs 的非季节性 MA 模型的特例, 即后者除了在季节滞后点 $s, 2s, 3s, \cdots, qs$ 处非零外, 其余所有的 θ 值都取零.

6.1.2 季节自回归模型

类似地, 可定义季节自回归模型的概念. 首先考查一个特例. 考虑

$$y_t = \phi y_{t-12} + \varepsilon_t, \tag{6.1}$$

其中, $|\phi| < 1$, 且 ε_t 与 $y_{t-i}, i = 1, 2, 3, \cdots$ 独立. 容易证明, $|\phi| < 1$ 保证了平稳性, 而且显然 $E(y_t) = 0$. (6.1) 式两边同时乘以 y_{t-k}, 取期望后, 再除以 $\gamma(0)$ 得

$$\rho(k) = \phi\rho(k - 12), \quad k \geqslant 1. \tag{6.2}$$

由 (6.2) 式得到

$$\rho(12) = \phi\rho(0) = \phi, \ \rho(24) = \phi\rho(12) = \phi^2, \cdots, \rho(12k) = \phi^k, \cdots.$$

在 (6.2) 式中, 分别令 $k = 1$ 和 $k = 11$, 由 $\rho(k) = \rho(-k)$ 得

$$\rho(1) = \phi\rho(11), \quad \rho(11) = \phi\rho(1).$$

从而 $\rho(1) = \rho(11) = 0$. 类似可证, 除了在季节滞后 $12, 24, 36, \cdots$ 处以外, $\rho(k)$ 全为零. 而滞后 12 期, 24 期, 36 期, $\cdots$ 期的自相关函数表现出类似 AR(1) 模型的指数衰减.

一般地, 我们称具有如下结构的模型为**季节周期为** s **的** p **阶季节自回归模型**, 简记为 $\mathrm{AR}(p)_s$,

$$y_t = \phi_1 y_{t-s} + \phi_2 y_{t-2s} + \cdots + \phi_p y_{t-ps} + \varepsilon_t, \tag{6.3}$$

其中, **季节自回归 (AR) 系数多项式**为

$$\boldsymbol{\Phi}(B) = 1 - \phi_1 B^s - \phi_2 B^{2s} - \cdots - \phi_p B^{ps}.$$

若 $\boldsymbol{\Phi}(B) = 0$ 的全部根的绝对值均大于 1, 则该模型为平稳的. 方程 (6.3) 可以看作是一个阶数为 ps 的特定 AR(p) 模型, 仅在季节滞后 $s, 2s, \cdots, ps$ 处才有非零的 ϕ 系数.

6.2 乘积季节自回归移动平均模型

将季节模型和非季节模型相结合, 可以构造出既包括季节延迟自相关又包括低阶临近延迟自相关的简约模型——乘积季节模型.

考虑一个 MA 模型, 其系数多项式如下:

$$(1 + \theta B)(1 + \Theta B^{12}) = 1 + \theta B + \Theta B^{12} + \theta\Theta B^{13},$$

相应的时间序列模型为

$$y_t = \varepsilon_t + \theta\varepsilon_{t-1} + \Theta\varepsilon_{t-12} + \theta\Theta\varepsilon_{t-13}.$$

可验证此模型的自相关函数仅在延迟 1, 11, 12, 13 期非零, 即

$$\gamma(0) = (1 + \theta^2)(1 + \Theta^2)\sigma_\varepsilon^2,$$

$$\rho(1) = \frac{\theta}{1 + \theta^2}, \quad \rho(12) = \frac{\Theta}{1 + \Theta^2}, \quad \rho(11) = \rho(13) = \frac{\theta\Theta}{(1 + \theta^2)(1 + \Theta^2)}.$$

将这种想法一般化, 我们可以构造一类乘积季节模型. 一般地, 我们称具有如下结构的模型为**季节周期为** s **的乘积季节 ARMA$(p,q) \times (P,Q)_s$ 模型**:

$$\phi(B)\boldsymbol{\Phi}(B)x_t = \theta(B)\boldsymbol{\Theta}(B)\varepsilon_t, \quad \varepsilon_t \sim WN(0, \sigma_\varepsilon^2),$$

其中, AR 系数多项式和 MA 系数多项式分别为 $\phi(B)\boldsymbol{\Phi}(B)$ 和 $\theta(B)\boldsymbol{\Theta}(B)$, 这里

$$\phi(B) = 1 - \phi_1 B - \phi_2 B^2 - \cdots - \phi_p B^p,$$

$$\boldsymbol{\Phi}(B) = 1 - \Phi_1 B^s - \Phi_2 B^{2s} - \cdots - \Phi_P B^{Ps},$$

$$\theta(B) = 1 - \theta_1 B - \theta_2 B^2 - \cdots - \theta_q B^q,$$

$$\boldsymbol{\Theta}(B) = 1 - \Theta_1 B^s - \Theta_2 B^{2s} - \cdots - \Theta_Q B^{Qs}.$$

乘积季节 $\text{ARMA}(p,q) \times (P,Q)_s$ 模型, 可以看作 AR 阶数为 $p+Ps$, MA 阶数为 $q+Qs$ 的 ARMA 模型的特例, 此模型仅有 $p+P+q+Q$ 个系数非零.

特别地, 当 $P=q=1, p=Q=0, s=12$ 时, 我们得到 $\text{ARMA}(0,1) \times (1,0)_{12}$ 模型:

$$x_t = \boldsymbol{\Phi} x_{t-12} + \varepsilon_t - \theta \varepsilon_{t-1}.$$

经过计算得到

$$\gamma(1) = \boldsymbol{\Phi}\gamma(11) - \theta\sigma_\varepsilon^2,$$

且

$$\gamma(k) = \boldsymbol{\Phi}\gamma(k-12), \quad k \geqslant 2.$$

进而可得

$$\gamma(0) = \left(\frac{1+\theta^2}{1-\boldsymbol{\Phi}^2}\right)\sigma_\varepsilon^2, \quad \rho(12k) = \boldsymbol{\Phi}^k, \quad \rho(12k-1) = \rho(12k+1) = \left(-\frac{\theta}{1+\theta^2}\boldsymbol{\Phi}^k\right), \quad k \geqslant 0.$$

当延迟阶数为其他值时, 自相关函数为零.

图 6.1 为 $\theta = \pm 0.4, \boldsymbol{\Phi} = 0.7$ 时, 乘积季节 $\text{ARMA}(0,1) \times (1,0)_{12}$ 模型的自相关函数图. 对比两图可以发现, 包含自回归成份的乘积季节模型 $\text{ARMA}(0,1) \times (1,0)_{12}$ 的自相关函数并不会出现截尾特征, 而是在延迟 $12k-1, 12k$ 和 $12k+1$ $(k=1,2,\cdots)$ 快速衰减. 这是许多季节时间序列的样本自相关函数图的典型特征.

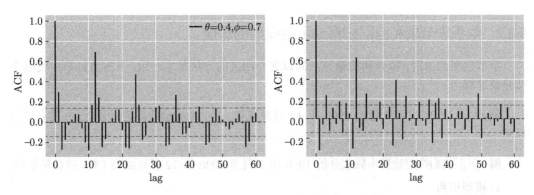

图 6.1　乘积季节 $\text{ARMA}(0,1) \times (1,0)_{12}$ 模型的自相关图

6.3　季节求和自回归移动平均模型

6.3.1　乘积季节求和自回归移动平均模型

季节差分是非平稳季节序列建模的一个重要工具. 设 s 是一个季节时间序列 $\{x_t\}$ 的季

节周期, 则它的周期为 s 的季节差分为

$$\nabla_s x_t = x_t - x_{t-s}.$$

值得注意的是, 长度为 n 的序列其季节差分序列的长度为 $n - s$, 即季节差分后丢失了 s 个数据值.

　　对于一些非平稳的时间序列来讲, 经过 d 阶差分和 D 阶季节差分后, 可以变成平稳的时间序列 $\{y_t\}$, 即

$$y_t = \nabla^d \nabla_s^D x_t.$$

若 $\{y_t\}$ 满足季节周期为 s 的 $\mathrm{ARMA}(p,q) \times (P,Q)_s$ 模型, 那么称 $\{x_t\}$ 是**季节周期为 s、非季节阶数为 p,d,q、季节阶数为 P,D,Q 的乘积季节求和自回归移动平均模型**, 记作 $\mathrm{SARIMA}(p,d,q) \times (P,D,Q)_s$, 即 $\{x_t\}$ 满足

$$\phi(B)\boldsymbol{\Phi}(B)\nabla^d\nabla_s^D x_t = c + \theta(B)\boldsymbol{\Theta}(B)\varepsilon_t, \quad \varepsilon_t \sim WN(0,\sigma^2),$$

其中, c 为常数, $\phi(B)$ 和 $\theta(B)$ 分别为自回归系数多项式和移动平均系数多项式; $\boldsymbol{\Phi}(B)$ 和 $\boldsymbol{\Theta}(B)$ 分别为季节自回归系数多项式和季节移动平均系数多项式; $\nabla^d = (1-B)^d$ 且 $\nabla_s^D = (1-B^s)^D$.

　　上述模型包含了一族范围很广, 而且表示灵活的模型类. 实践表明, 这些模型能够充分拟合许多序列.

6.3.2　乘积季节求和自回归移动平均模型的建模

　　季节模型的识别、拟合和检验方法同以前介绍过的方法基本一致. 下面通过举例说明季节建模过程.

　　例 6.1　对 1966 年 1 月至 1990 年 12 月夏威夷 CO_2 排放量数据进行分析, 并建立拟合模型.

　　解　下面我们按照建模步骤来分析 1966 年 1 月至 1990 年 12 月夏威夷 CO_2 排放量数据.

1. 模型识别

首先读入数据, 并绘制时序图. 根据图 6.2 中的时序图可知, 1966 年 1 月至 1990 年 12 月夏威夷 CO_2 排放量呈现季节性递增趋势. 然后, 对该排放量观察值序列作一阶差分以消除线性递增趋势. 具体命令如下, 运行结果见图 6.2.

```
carb_data = np.loadtxt("carbondioxide.txt")
index = pd.date_range(start="1966-01", end="1991-01", freq="M")
carb_df = pd.Series(carb_data,index=index)
carb_diff = carb_df.diff()
fig = plt.figure(figsize=(12,6),dpi=150)
```

```
ax1 = fig.add_subplot(211)
ax1.plot(carb_df, linestyle="-", color="blue")
ax1.set_ylabel(ylabel="二氧化碳排放量",fontsize=17)
ax1.set_xlabel(xlabel="年份", fontsize=17)
plt.xticks(fontsize=15); plt.yticks(fontsize=15)
ax2 = fig.add_subplot(212)
ax2.plot(carb_diff, linestyle="-", color="blue")
ax2.set_ylabel(ylabel="一阶差分", fontsize=17)
ax2.set_xlabel(xlabel="年份", fontsize=17)
plt.xticks(fontsize=15); plt.yticks(fontsize=15)
fig.tight_layout(); plt.savefig(fname='fig/6_2.png')
```

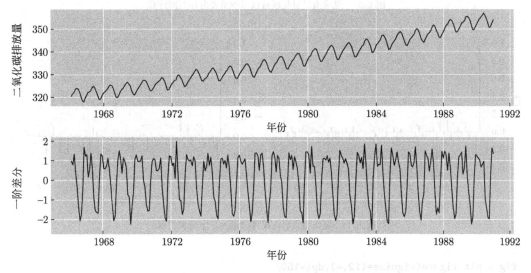

图 6.2   1966 年 1 月至 1990 年 12 月夏威夷 CO_2 排放量

由图 6.2 中的一阶差分时序图可见, 经过一阶差分运算, 该序列已无递增趋势, 但是有明显的季节性周期. 故继续对一阶差分序列作周期为 12 的季节差分, 并且绘制时序图. 具体命令如下, 运行结果见图 6.3.

```
carb_diff2 = carb_diff.diff(12)
fig = plt.figure(figsize=(12,4), dpi=150)
ax = fig.add_subplot(111)
ax.plot(carb_diff2, linestyle="-", color="blue")
ax.set_ylabel(ylabel="季节差分",fontsize=17)
ax.set_xlabel(xlabel="年份",fontsize=17)
plt.xticks(fontsize=15); plt.yticks(fontsize=15)
fig.tight_layout(); plt.savefig(fname='fig/6_3.png')
```

由图 6.3 中的季节差分时序图可见, 序列季节差分之后已经没有显著的季节性了, 并且表现出一定平稳序列的特征. 为了定阶, 作出差分序列的自相关函数图和偏自相关函数图. 具体命令如下, 运行结果如图 6.4 所示.

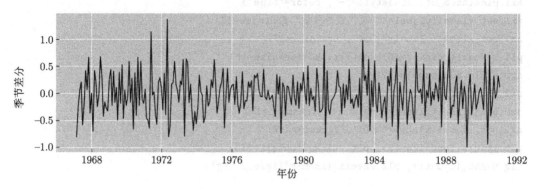

图 6.3 夏威夷二氧化碳排放量季节差分序列时序图

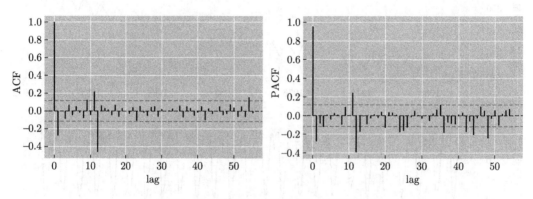

图 6.4 夏威夷二氧化碳排放量差分序列相关图

```
fig = plt.figure(figsize=(12,4),dpi=150)
ax1 = fig.add_subplot(121)
ACF(carb_diff2.dropna(),lag=55)
ax2 = fig.add_subplot(122)
PACF(carb_diff2.dropna(),lag=55, xlabel='lag', fname='fig/6_4.png')
```

由图 6.4 可见, 自相关函数具有延迟 12 期的季节周期, 且在季节点上的自相关函数具有一阶截尾性, 季节内的自相关函数也具有一阶截尾性. 同时, 偏自相关函数无论是季节点上还是季节内各延迟点上都显示了显著的拖尾性. 因此选择乘积季节模型 $SARIMA(0,1,1) \times (0,1,1)_{12}$ 来拟合数据.

2. 模型拟合

在 Python 中, 可以用模块 statsmodels.tsa.statespace 中的类 sarimax.SARIMAX() 和它的方法 fit() 来拟合季节模型, 其命令格式如下:

```
sarimax.SARIMAX(endog, order=(p,d,q), seasonal_order=(P,D,Q,s),
                trend = )
```

主要参数说明:

- **endog**: 拟合序列名.

- **p**: 自回归阶数.

- **d**: 差分阶数.

- **q**: 移动平均阶数.

- **P**: 季节自回归阶数, 仅用于季节模型.

- **D**: 季节差分阶数, 仅用于季节模型.

- **Q**: 季节移动平均阶数, 仅用于季节模型.

- **s**: 季节周期数, 仅用于季节模型.

- **trend**: 控制确定性趋势多项式的参数. 具体用法与 ARIMA() 中同名参数的用法类似; 默认值表示不含有趋势成分.

现在拟合 1966 年 1 月至 1990 年 12 月夏威夷 CO_2 排放量数据. 具体命令及运行结果如下:

```
mod = sm.tsa.statespace.SARIMAX(carb_df, order=(0,1,1),
        seasonal_order=(0,1,1,12))
res = mod.fit(); print(res.summary().tables[1])
```
输出结果:

```
==============================================================
               coef    std err        z      P>|z|    [0.025    0.975]
--------------------------------------------------------------
ma.L1       -0.3370      0.051    -6.615     0.000    -0.437    -0.237
ma.S.L12    -0.8613      0.040   -21.627     0.000    -0.939    -0.783
sigma2       0.0776      0.007    11.539     0.000     0.064     0.091
==============================================================
```

根据拟合结果, 我们得到 1966 年 1 月至 1990 年 12 月夏威夷 CO_2 排放量数据拟合的时间序列模型为

$$(1 - B^{12})(1 - B)x_t = (1 - 0.8613B^{12})(1 - 0.3370B)\varepsilon_t, \quad \varepsilon_t \sim WN(0,\ 0.0776). \quad (6.4)$$

也可看出, 移动平均系数和季节移动平均系数都显著异于零.

3. 诊断检验

现在进行模型诊断, 具体命令如下, 运行结果见图 6.4.

```
resid = res.resid[20:]; lags = np.arange(1,40)
resid_sd = (resid-np.mean(resid))/np.std(resid)
Box_test = acorr_ljungbox(resid_sd,lags = lags, boxpierce=True,
         return_df=True)
LB_p = Box_test.lb_pvalue
fig = plt.figure(figsize=(12,9), dpi=150)
```

```
ax1 = fig.add_subplot(311)
ax1.plot(resid_sd)
plt.title('Standardized Residuals', fontsize=17)
plt.xticks(fontsize=15); plt.yticks(fontsize=15)
ax2 = fig.add_subplot(323)
ACF(resid)
plt.title('ACF of Residuals', fontsize=17)
ax3 = fig.add_subplot(324)
sm.qqplot(resid_sd, fit=True, line="s", ax=ax3)
plt.title('Normal Q-Q Plot of Std Residuals', fontsize=17)
plt.xticks(fontsize=15); plt.yticks(fontsize=15)
ax4 = fig.add_subplot(313)
ax4.scatter(lags, LB_p, color="blue")
plt.xlabel(xlabel="lag", fontsize=17)
plt.ylabel(ylabel="P values", fontsize=17)
plt.title('P values for Ljung-Box statistic', fontsize=17)
plt.xticks(fontsize=15); plt.yticks(fontsize=15)
fig.tight_layout(); plt.savefig(fname='fig/6_5.png')
```

由图 6.5 中可以看到, 标准化残差图、残差自相关图、QQ 图和 Ljung-Box 统计量图都显

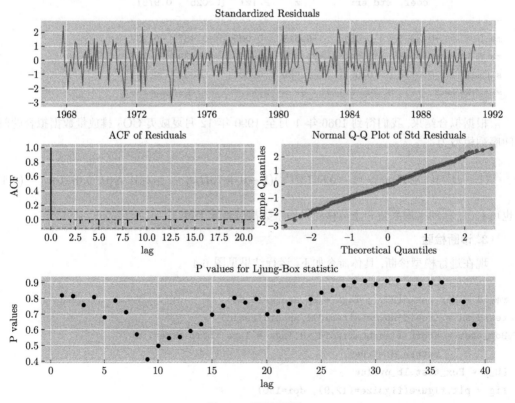

图 6.5   残差诊断图

示残差不存在显著相关性, 即残差为白噪声序列. 因此拟合方程 (6.4) 通过诊断检验, 拟合效果良好.

6.4 季节求和自回归移动平均模型的预测

季节 ARIMA 模型预测的最简单方法是对模型递归地应用差分方程形式. 下面举例说明.

1. 季节 AR(1)$_{12}$ 模型的预测

季节 AR(1)$_{12}$ 模型为

$$x_t = \Phi x_{t-12} + \varepsilon_t,$$

于是可以得到向后 l 步的预测值为

$$\hat{x}_{t+l} = \Phi \hat{x}_{t+l-12}.$$

利用上式, 向前迭代 k 步得

$$\hat{x}_{t+l} = \Phi^{k+1} x_{t+l-12(k+1)}.$$

如果最后一个观察值在当年 12 月, 那么下一年 1 月的预测值为 Φ 乘以当年 1 月的观察值. 下一年 2 月的预测值为 Φ 乘以当年 2 月的观察值. 以此类推, 下一年 1 月的预测值为 Φ^2 乘以前年 1 月的观察值.

如果 $|\Phi| < 1$, 那么未来预测值以指数方式衰减. 根据 (5.14) 式可知, 预测方差可以写成

$$\mathrm{Var}[e_t(l)] = \frac{1 - \Phi^{2k+2}}{1 - \Phi^2} \sigma_\varepsilon^2,$$

其中, k 是 $(l-1)/12$ 的整数部分.

2. 季节 MA(1)$_{12}$ 模型的预测

季节 MA(1)$_{12}$ 模型为

$$x_t = \mu + \varepsilon_t + \Theta \varepsilon_{t-12}.$$

从而得其预测值为

$$\hat{x}_{t+1} = \mu + \Theta \varepsilon_{t-11}; \quad \hat{x}_{t+2} = \mu + \Theta \varepsilon_{t-10} \quad \cdots \quad \hat{x}_{t+12} = \mu + \Theta \varepsilon_t$$

和

$$\hat{x}_{t+l} = \mu, \quad l > 12.$$

可见, 该模型能够给出第一年中各个月份的不同预测值, 然而一年之后的所有的预测值都由序列均值给出. 同样由 (5.14) 式给出预测方差

$$\text{Var}[e_t(l)] = \begin{cases} \sigma_\varepsilon^2, & 1 \leqslant l \leqslant 12, \\ (1 + \boldsymbol{\Theta}^2)\sigma_\varepsilon^2, & l > 12. \end{cases}$$

3. SARIMA$(0,1,1) \times (1,0,1)_{12}$ 模型的预测

SARIMA$(0,1,1) \times (1,0,1)_{12}$ 模型:

$$x_t - x_{t-1} = \boldsymbol{\Phi}(x_{t-12} - x_{t-13}) + \varepsilon_t - \theta\varepsilon_{t-1} - \boldsymbol{\Theta}\varepsilon_{t-12} + \theta\boldsymbol{\Theta}\varepsilon_{t-13}.$$

由上式可得

$$x_t = x_{t-1} + \boldsymbol{\Phi}x_{t-12} - \boldsymbol{\Phi}x_{t-13} + \varepsilon_t - \theta\varepsilon_{t-1} - \boldsymbol{\Theta}\varepsilon_{t-12} + \theta\boldsymbol{\Theta}\varepsilon_{t-13}.$$

于是当前时刻 t 的下一步预测值为

$$\hat{x}_{t+1} = x_t + \boldsymbol{\Phi}x_{t-11} - \boldsymbol{\Phi}x_{t-12} - \theta\varepsilon_t - \boldsymbol{\Theta}\varepsilon_{t-11} + \theta\boldsymbol{\Theta}\varepsilon_{t-12}.$$

再下一步的预测值为

$$\hat{x}_{t+2} = \hat{x}_{t+1} + \boldsymbol{\Phi}x_{t-10} - \boldsymbol{\Phi}x_{t-11} - \boldsymbol{\Theta}\varepsilon_{t-10} + \theta\boldsymbol{\Theta}\varepsilon_{t-11}.$$

以此类推, 向前预测 $l, l = 1, 2, \cdots, 13$, 步时, 噪声项 $\varepsilon_{t-13}, \varepsilon_{t-12}, \cdots, \varepsilon_t$ 进入预测表达式, 但是对于 $l > 13$, 有回归公式

$$\hat{x}_{t+l} = \hat{x}_{t+l-1} + \boldsymbol{\Phi}\hat{x}_{t+l-12} - \boldsymbol{\Phi}\hat{x}_{t+l-13}, \quad l > 13.$$

4. SARIMA$(0,0,0) \times (0,1,1)_{12}$ 模型的预测

SARIMA$(0,0,0) \times (0,1,1)_{12}$ 模型为

$$x_t - x_{t-12} = \varepsilon_t - \boldsymbol{\Theta}\varepsilon_{t-12}.$$

或者将上式写成

$$x_{t+l} = x_{t+l-12} + \varepsilon_{t+l} - \boldsymbol{\Theta}\varepsilon_{t+l-12}.$$

因此,

$$\hat{x}_{t+1} = x_{t-11} - \boldsymbol{\Theta}\varepsilon_{t-11}; \quad \hat{x}_{t+2} = x_{t-10} - \boldsymbol{\Theta}\varepsilon_{t-10} \quad \cdots \quad \hat{x}_{t+12} = x_t - \boldsymbol{\Theta}\varepsilon_t.$$

并且

$$\hat{x}_{t+l} = \hat{x}_{t+l-12}, \quad l > 12.$$

据此, 我们可以得到所有 1 月的预测, 同样可以得到所有 2 月的预测, 等等.

例 6.2 选择模型 $\text{SARIMA}(0,1,1) \times (0,1,1)_{12}$ 拟合 1966 年 1 月至 1990 年 2 月夏威夷 CO_2 排放量数据. 预测 1990 年 3 月至 1990 年 12 月的排放量, 并与实际值对比.

解 首先, 读入数据, 并且截取 1966 年 1 月至 1990 年 2 月的排放量数据, 应用截取的数据拟合模型 $\text{SARIMA}(0,1,1) \times (0,1,1)_{12}$. 然后, 将二氧化碳排放量的预测值与实际值进行比较. 具体命令如下, 运行结果如图 6.6 和图 6.7 所示.

```python
carb_data = np.loadtxt("carbondioxide.txt")
index = pd.date_range(start="1966-01", end="1991-01", freq="M")
carb_full = pd.Series(carb_data, index=index)
carb_drop = carb_data[0:290]
index = pd.date_range(start="1966-01", end="1990-03", freq="M")
carb_df = pd.Series(carb_drop, index=index)
res = sm.tsa.statespace.SARIMAX(carb_df, order=(0,1,1),
        seasonal_order=(0,1,1,12)).fit()
carb_pred = res.get_prediction(start=290,end=299) #预测
confint1 = carb_pred.conf_int(alpha=0.20)
confint2 = carb_pred.conf_int(alpha=0.05)
confint = pd.concat([carb_pred.predicted_mean, confint1, confint2],
        axis=1, ignore_index=False)
print(confint)
```
输出结果:

	mean	80% lower	80% upper	95% lower	95% upper
1990-03	355.285813	354.928702	355.642923	354.739659	355.831966
1990-04	356.676047	356.247693	357.104400	356.020937	357.331156
1990-05	357.236043	356.746712	357.725374	356.487676	357.984410
1990-06	356.695959	356.152449	357.239469	355.864732	357.527186
1990-07	355.246667	354.653910	355.839425	354.340123	356.153212
1990-08	353.324698	352.686482	353.962914	352.348630	354.300765
1990-09	351.570099	350.889454	352.250745	350.529142	352.611057
1990-10	351.516617	350.796037	352.237198	350.414584	352.618651
1990-11	352.858491	352.100075	353.616907	351.698594	354.018389
1990-12	354.123525	353.329073	354.917977	352.908516	355.338534

```python
fig = plt.figure(figsize=(12,4), dpi=150)
ax1 = fig.add_subplot(121)
ax1.plot(carb_df, linestyle="-", linewidth=0.8, color="green")
ax1.plot(carb_pred.predicted_mean, linestyle=":", color="blue")
ax1.set_ylabel(ylabel="二氧化碳排放量", fontsize=17)
ax1.fill_between(confint1.index, confint1.iloc[:,0],
            confint1.iloc[:,1], color='k',alpha=.2)
ax1.fill_between(confint2.index, confint2.iloc[:,0],
            confint2.iloc[:,1], color='k',alpha=.2)
ax1.set_xlabel(xlabel="年份",fontsize=17)
```

```
plt.xticks(fontsize=15); plt.yticks(fontsize=15)
ax2 = fig.add_subplot(122)
ax2.plot(carb_full, linestyle="-", linewidth=0.8, color="green")
ax2.plot(carb_pred.predicted_mean, linestyle=":", color="blue")
plt.legend(loc=2, labels=['实际值', '预测值'], fontsize=13)
ax2.set_xlabel(xlabel="年份", fontsize=17)
plt.xticks(fontsize=15); plt.yticks(fontsize=15)
fig.tight_layout(); plt.savefig(fname='fig/6_6.png')
```

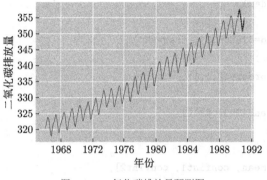
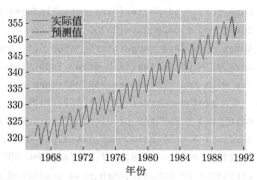

图 6.6　二氧化碳排放量预测图　　　　　　　图 6.7　预测值与实际值比较图

第6章学习指导

习题 6

1. 举例说明季节时间序列的特点, 并且阐释确定性季节模型和随机季节模型的异同.

2. 已知季节模型 $x_t = \phi x_{t-4} + \varepsilon_t - \theta \varepsilon_{t-1}$, 其中 $|\phi| < 1$, 求: $\gamma(0)$ 和 $\rho(k)$.

3. 计算下列季节时间序列模型的自相关函数:

(1) $x_t = (1 + \theta_1 B)(1 + \boldsymbol{\Theta}_1 B^s)\varepsilon_t$.

(2) $(1 - \boldsymbol{\Phi}_1 B^s)x_t = (1 + \theta_1 B)\varepsilon_t$.

4. 假设时间序列 $\{x_t\}$ 满足 $x_t = x_{t-4} + \varepsilon_t$, 当 $t = 1, 2, 3, 4$ 时, $x_t = \varepsilon_t$.

(1) 求序列 $\{x_t\}$ 方差函数和自相关函数.

(2) 证明 $\{x_t\}$ 满足的模型是 SARIMA 模型.

5. 已知一个 AR 模型的自回归系数多项式为

$$(1 - 1.6B + 0.7B^2)(1 - 0.8B^{12})$$

(1) 判断此模型的平稳性.

(2) 证明此模型是一个季节 ARIMA 模型.

6. 设时间序列 $\{x_t\}$ 满足

$$x_t = a + bt + S_t + \xi_t,$$

其中, S_t 是一个周期为 s 的确定性周期序列, 而 ξ_t 是一个 $\text{SARIMA}(p,0,q) \times (P,1,Q)_s$ 序列. 试确定 $\omega_t = x_t - x_{t-s}$ 满足的模型.

7. 证明下列公式表示乘积 SARIMA 模型:

(1) $x_t = 0.5x_{t-1} + x_{t-4} - 0.5x_{t-5} + \varepsilon_t - 0.3\varepsilon_{t-1}$.

(2) $x_t = x_{t-1} + x_{t-12} - x_{t-13} + \varepsilon_t - 0.5\varepsilon_{t-1} - \varepsilon_{t-12} + 0.25\varepsilon_{t-13}$.

8. 考虑季节时间序列模型 $\text{SARIMA}(1,1,0) \times (1,1,0)_4$:

$$(1 - \boldsymbol{\Phi}_1 B^4)(1 - \phi_1 B)(1 - B^4)(1 - B)x_t = \varepsilon_t$$

(1) 试求 x_t 一步向前预测的表达式.

(2) 推出 x_t 最终预测函数的形式.

9. 表 6.1 为 1962 年至 1991 年德国工人季度失业率序列 (行数据).

表 6.1　1962 年至 1991 年德国工人季度失业率

1.1	0.5	0.4	0.7	1.6	0.6	0.5	0.7	1.3	0.6	0.5	0.7	1.2	0.5	0.4	0.6
0.9	0.5	0.5	1.1	2.9	2.1	1.7	2.0	2.7	1.3	0.9	1.0	1.6	0.6	0.5	0.7
1.1	0.5	0.5	0.6	1.2	0.7	0.7	1.0	1.5	1.0	0.9	1.1	1.5	1.0	1.0	1.6
2.6	2.1	2.3	3.6	5.0	4.5	4.5	4.9	5.7	4.3	4.0	4.4	5.2	4.3	4.2	4.5
5.2	4.1	3.9	4.1	4.8	3.5	3.4	3.5	4.2	3.4	3.6	4.3	5.5	4.8	5.4	6.5
8.0	7.0	7.4	8.5	10.1	8.9	8.9	9.0	10.2	8.6	8.4	8.4	9.9	8.5	8.6	8.7
9.8	8.6	8.4	8.2	8.8	7.6	7.5	7.6	8.1	7.1	6.9	6.6	6.8	6.0	6.2	6.2

(1) 绘制该观察值序列的时序图, 分析并阐释该时序图.

(2) 绘制并阐释该观察值序列的一阶差分序列的时序图.

(3) 绘制并阐释该观察值序列的一阶差分和季节差分后序列的时序图.

(4) 计算该观察值序列的一阶差分和季节差分后序列的 ACF 和 PACF.

(5) 根据上述观察结果, 尝试对序列进行模型识别、拟合和诊断检验.

(6) 利用建立的模型预测未来 1 年德国工人季度失业率.

10. 美国 Johnson & Johnson 公司于 1960 年至 1980 年每股收益的季度数据见表 6.2.

表 6.2　1960 年至 1980 年 Johnson & Johnson 公司每股收益的季度数据

0.71	0.63	0.85	0.44	0.61	0.69	0.92	0.55	0.72	0.77	0.92	0.60
0.83	0.80	1.00	0.77	0.92	1.00	1.24	1.00	1.16	1.30	1.45	1.25
1.26	1.38	1.86	1.56	1.53	1.59	1.83	1.86	1.53	2.07	2.34	2.25
2.16	2.43	2.70	2.25	2.79	3.42	3.69	3.60	3.60	4.32	4.32	4.05
4.86	5.04	5.04	4.41	5.58	5.85	6.57	5.31	6.03	6.39	6.93	5.85
6.93	7.74	7.83	6.12	7.74	8.91	8.28	6.84	9.54	10.26	9.54	8.72
11.88	12.06	12.15	8.91	14.04	12.96	14.85	9.99	16.20	14.67	16.02	11.61

(1) 为该数据建立 SAMIMA 模型.

(2) 预测未来 4 个季度的观察值以及它们 95% 的预测区间.

第 7 章　单位根检验和协整

> **学习目标与要求**
>
> 1. 了解伪回归现象的产生原因.
> 2. 理解单位根检验的思想, 并掌握四种单位根检验方法.
> 3. 理解协整的概念, 学会协整检验方法.
> 4. 了解误差修正的思想.

7.1　伪回归

随着时间序列的发展, 非平稳时间序列的理论逐步成为时间序列分析的主要分支之一, 并且在计量经济学的理论和实证分析中得到了广泛的应用. 从 20 世纪 70 年代开始, 人们逐渐发现用传统方法处理时间序列数据时, 经常会出现虚假回归现象, 也称为伪回归现象, 究其原因在于经典分析中隐含了许多假定条件, 如平稳性等. 如果将非平稳序列数据应用于传统的建模分析中, 实际上是默认了假定成立. 在这些假定条件成立的情况下, 传统的 t 检验和 F 检验具有可信度, 但是如果假定条件不满足, 那么传统的 t 检验和 F 检验是不可信的.

7.1.1　"伪回归" 现象

考虑如下一元回归模型:

$$Y_t = \beta_0 + \beta_1 X_t + \xi_t. \tag{7.1}$$

现在对该模型做显著性检验, 即

原假设 $\mathbf{H}_0$:　$\beta_1 = 0$　$\leftrightarrow$　备择假设 $\mathbf{H}_1$:　$\beta_1 \neq 0$.

现在假定响应序列 $\{Y_t\}$ 和输入序列 $\{X_t\}$ 相互独立, 也就是说响应序列 $\{Y_t\}$ 和 输入序列 $\{X_t\}$ 之间没有显著的线性关系. 因此, 从理论上来讲, 检验结果应该接受原假设 $\beta_1 = 0$. 但是, 如果检验结果却接受备择假设, 即支持 $\beta_1 \neq 0$, 那么就会得到响应序列 $\{Y_t\}$ 和 输入序列 $\{X_t\}$ 之间具有显著线性关系的错误结论, 从而承认原本不成立的回归模型 (7.1), 这就犯了第一类错误, 即拒真错误.

一般地, 由于样本的随机性, 拒真错误始终都会存在, 不过通过设置显著性水平 α 可以控制犯拒真错误的概率. 构造 t 检验统计量:

$$t = \beta_1 / \sigma_{\beta_1}.$$

当响应序列和输入序列都平稳时, 该统计量服从自由度为样本容量 n 的 t 分布. 当 $|t| \leqslant t_{\alpha/2}(n)$ 时, 可以将拒真错误发生的概率控制在显著性水平 α 内, 即

$$P_r(|t| \leqslant t_{\alpha/2}(n)|\text{平稳序列}) \leqslant \alpha.$$

当响应序列或输入序列不平稳时, 检验统计量 t 不再服从 t 分布. 如果仍然采用 t 分布的临界值进行检验, 那么拒绝原假设的概率就会大大增加, 即

$$P_r(|t| \leqslant t_{\alpha/2}(n)|\text{非平稳序列}) \geqslant \alpha.$$

在这种情况下, 我们将无法控制拒真错误, 非常容易接受回归模型显著成立的错误结论, 这种现象称为 "伪回归" 现象或 "虚假回归" 现象.

7.1.2 非平稳对回归的影响

考虑如下回归问题:

假设 $\{x_t\}, \{y_t\}$ 是相互独立的随机游走序列, 即

$$\begin{cases} x_t = x_{t-1} + u_t, & u_t \sim N(0, \sigma_u^2); \\ y_t = y_{t-1} + v_t, & v_t \sim N(0, \sigma_v^2), \end{cases}$$

式中, $\{u_t\}, \{v_t\}$ 是相互独立的白噪声序列. 现在形式地引入回归模型:

$$y_t = \alpha + \beta x_t + \varepsilon_t.$$

由于序列 $\{x_t\}$ 与 $\{y_t\}$ 不相关, 所以 β 应该为零. 如果模拟结果显示拒绝原假设的概率远远大于显著性水平 α, 那么我们认为伪回归显著成立.

Granger 和 Newbold 于 1974 年进行了蒙特卡罗 (Monte Carlo) 模拟. 模拟结果显示, 每 100 次回归拟合中, 平均有 76 次拒绝 $\beta_1 = 0$ 的假定, 远远大于显著性水平 $\alpha = 0.05$. 这说明在非平稳的场合, 参数显著性检验犯拒真错误的概率远大于 α, 即伪回归显著成立.

产生伪回归的原因是在非平稳场合, 参数 t 检验统计量不再服从 t 分布. 在样本容量 $n = 100$ 的情况下, 进行大量的随机拟合, 得到 β_1 的 t 检验统计量的样本分布 $t(\widehat{\beta}_1)$ 的密度 (见图 7.1 中虚线). 从图中可以看到, β_1 的样本分布 $t(\widehat{\beta}_1)$ 的密度尾部肥, 方差大, 比 t 分布要扁平很多. 因此, 在 $t(\widehat{\beta}_1)$ 分布下, $\widehat{\beta}_1$ 落入 t 分布所确定的显著性水平为 5% 的双侧拒绝域的概率远远大于 5% (见图 7.1).

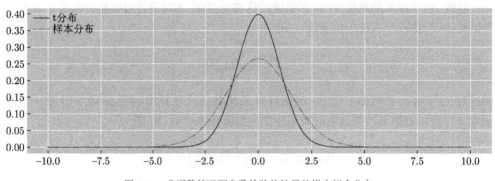

图 7.1   非平稳情况下参数检验统计量的样本拟合分布

7.2   单位根检验

由于伪回归问题的存在, 在进行回归建模时, 必须先检验各序列的平稳性. 只有各序列平稳了, 才可避开伪回归. 在前面我们主要是应用图检验的方法进行平稳性检验, 但是由于图检验带有很强的主观性, 因此必须研究平稳性的统计检验方法. 在实际问题中, 应用最广的是单位根检验. 从这一小节开始, 我们来学习单位根检验方法.

7.2.1   理论基础

首先考虑单位根序列, 这是一类最为常见的非平稳序列. 所谓**单位根序列 (unit root series)**, 就是满足如下条件的序列 $\{x_t\}$:

$$x_t = x_{t-1} + \xi_t, \tag{7.2}$$

其中, $\{\xi_t\}$ 为一平稳过程, 且 $E(\xi_t) = 0, \mathrm{Cov}(\xi_t, \xi_{t-s}) = \gamma(s) < +\infty,\ s = 0, 1, 2, \cdots$. 如果包含非零常数项:

$$x_t = \alpha + x_{t-1} + \xi_t, \tag{7.3}$$

那么称 $\{x_t\}$ 为**带漂移的单位根序列 (unit root series with drift)**.

借助滞后算子, 将 (7.2) 式改写成如下形式:

$$(1 - B)x_t = \xi_t.$$

滞后多项式的特征方程为 $1 - B = 0$, 它的根为 $B = 1$. 这就是将序列 $\{x_t\}$ 称为单位根序列的原因. 当 ξ_t 为白噪声序列 ε_t 时, (7.2) 式和 (7.3) 式分别为随机游动序列和带漂移的随机游动序列.

若 $\{x_t\}$ 为单位根序列, 则对其作一阶向后差分: $\nabla x_t = \xi_t$, 显然差分序列是一个平稳序列. 一般地, 我们把经过一次差分运算后变为平稳的序列称为**一阶单整 (integration) 序列**,

记为 $\{x_t\} \sim I(1)$. 如果一个序列经过一次差分运算之后所得序列仍然非平稳, 而序列经过两次差分运算之后才变成平稳, 那么我们称该序列为 **二阶单整序列**, 记为 $\{x_t\} \sim I(2)$. 类似地, 如果一个序列经过 n 次差分之后平稳, 而 $n-1$ 次差分却不平稳, 那么称 $\{x_t\}$ 为 **n 阶单整序列**, 记为 $\{x_t\} \sim I(n)$. 有时我们也称平稳序列 $\{x_t\}$ 为零阶单整序列, 记为 $\{x_t\} \sim I(0)$. 显然, 如果 $\{x_t\} \sim I(1)$, 那么 $\{\nabla x_t\} \sim I(0)$; 如果 $\{x_t\} \sim I(2)$, 那么 $\{\nabla^2 x_t\} \sim I(0), \cdots$.

单整衡量的是单个序列的平稳性, 它具有如下有用的性质:

(1) 若 $x_t \sim I(0)$, 则对于任意实数 c_1, c_2, 有 $c_1 + c_2 x_t \sim I(0)$.

(2) 若 $x_t \sim I(d)$, 则对于任意非零实数 c_1, c_2, 有 $c_1 + c_2 x_t \sim I(d)$.

(3) 若 $x_t \sim I(0)$, $y_t \sim I(0)$, 则对于任意实数 c_1, c_2, 有 $c_1 x_t + c_2 y_t \sim I(0)$.

(4) 若 $x_t \sim I(m)$, $y_t \sim I(n)$, 则对于任意非零实数 c_1, c_2, 有 $c_1 x_t + c_2 y_t \sim I(k)$, 其中 $k \leqslant \max\{m, n\}$.

为了分析单位根序列, 我们简要介绍一些维纳过程和泛函中心极限定理的基本内容.

1. 维纳过程

设 $W(t)$ 是定义在闭区间 $[0, 1]$ 上的连续变化的随机过程, 若该过程满足:

(a) $W(0) = 0$;

(b) 独立增量过程: 对闭区间 $[0, 1]$ 上任意一组分割 $0 \leqslant t_1 < t_2 < \cdots < t_k = 1$, $W(t)$ 的增量: $W(t_2) - W(t_1), W(t_3) - W(t_2), \cdots, W(t_k) - W(t_{k-1})$ 为相互独立的随机变量;

(c) 对任意 $0 \leqslant s < t \leqslant 1$, 有

$$W(t) - W(s) \sim N(0, \ t - s),$$

则称 $W(t)$ 为标准维纳过程 (Wiener process), 也称为 **布朗运动 (Brownian motion)**.

由定义可见, 标准维纳过程是一个正态独立增量过程, 且

$$W(t) = W(t) - W(0) \sim N(0, \ t), \quad W(1) \sim N(0, \ 1).$$

将标准维纳过程 $W(t)$ 推广, 可得到一般维纳过程. 令

$$B(t) = \sigma W(t),$$

则 $B(t)$ 是一个方差为 σ^2 的维纳过程, 即 $B(t)$ 满足维纳过程定义中的 (a)(b) 两条, 以及对任意 $0 \leqslant s < t \leqslant 1$, 有

$$B(t) - B(s) \sim N(0, \ \sigma^2(t - s)),$$

从而

$$B(t) = B(t) - B(0) \sim N(0, \ \sigma^2 t), \quad B(1) \sim N(0, \ \sigma^2).$$

维纳过程在理论和实践中都有重要作用, 比如用它可构造其他的过程: 令 $y_t = [W(t)]^2$, 则

$$y_t \sim t\chi^2(1), \quad \forall t > 0.$$

2. 泛函中心极限定理

泛函中心极限定理 (Functional central limit theorem) 是研究非平稳时间序列的重要工具, 具体内容如下:

设序列 $\{\varepsilon_t\}$ 满足条件: $\varepsilon_1, \varepsilon_2, \cdots, \varepsilon_t, \cdots$ 独立同分布, 且

$$E(\varepsilon_t) = 0, \quad D(\varepsilon_t) = \sigma^2, \quad t = 1, 2, \cdots$$

w 为闭区间 $[0, 1]$ 上的任一实数, 给定样本 $\varepsilon_1, \varepsilon_2, \cdots, \varepsilon_N$, 记 $M_w = [wN]$, 则当 $N \to \infty$ 时, 有

$$\frac{1}{\sqrt{N}} \sum_{t=1}^{M_w} \varepsilon_t \xrightarrow{L} B(w) = \sigma W(w).$$

在上式中令 $w = 1$, 有

$$\frac{1}{\sqrt{N}} \sum_{t=1}^{M} \varepsilon_t \xrightarrow{L} B(1) = \sigma W(1) \sim N(0, \sigma^2).$$

该定理是单位根检验统计量极限分布推导的理论基础, 许多单位根检验方法统计量的极限分布都是基于此定理构造出来的.

7.2.2 DF 检验

非平稳序列构成复杂, 不同结构的非平稳序列分析方法也不尽相同. 在进行单位根检验时, 通常把非平稳序列分成如下三种类型:

(1) 无漂移项一阶自回归情形

$$x_t = \phi x_{t-1} + \varepsilon_t, \tag{7.4}$$

其中, ε_t 独立同分布, 且 $\varepsilon_t \sim N(0, \sigma^2)$.

(2) 带漂移项一阶自回归情形

$$x_t = \alpha + \phi x_{t-1} + \varepsilon_t,$$

其中, 引入 α 是为了捕捉非零均值.

(3) 带趋势项一阶自回归情形

$$x_t = \alpha + \beta t + \phi x_{t-1} + \varepsilon_t,$$

其中, 引入常数项 α 和时间趋势 βt 是为了捕捉确定性趋势.

它们的单位根检验的假设为:

原假设 $\mathbf{H}_0$: $\phi = 1$ $\Leftrightarrow$ $x_t \sim I(1)$ $\longleftrightarrow$ 备择假设 $\mathbf{H}_1$: $|\phi| < 1$ $\Leftrightarrow$ $x_t \sim I(0)$.

在情形 (1) 下, 构造检验统计量

$$t = \frac{\widehat{\phi} - 1}{S(\widehat{\phi})},$$

其中, $\widehat{\phi}$ 为 AR(1) 模型中的最小二乘估计量, 并且

$$S(\widehat{\phi}) = \sqrt{\frac{S_n^2}{\sum\limits_{t=1}^{n} x_{t-1}^2}}, \qquad S_n^2 = \frac{\sum\limits_{t=1}^{n} (x_t - \hat{\phi} x_{t-1})^2}{n-1}.$$

可以证明, 在原假设成立的情况下, t 统计量依分布收敛于维纳过程的泛函, 即

$$t \xrightarrow{L} \frac{1}{2} [W^2(1) - 1] / \Big[\int_0^1 W^2(r) \mathrm{d}r \Big]^{1/2}.$$

这说明 t 检验统计量不再服从传统的 t 分布, 传统的 t 检验法失效. 上面的极限分布一般称为 Dickey-Fuller 分布, 对应的检验称为 DF 检验. 进一步的考查表明, 上述 t 检验统计量的极限分布是非对称、左偏的. 由于 $W^2(1) \sim \chi^2(1)$, 而 $P(\chi^2(1) \leqslant 1) \cong 0.7$, 故检验值大都是负数.

对于 Dickey-Fuller 分布, 可用蒙特卡罗方法模拟得到检验的临界值, 并编成 DF 临界值表供查. 在进行 DF 检验时, 比较 t 统计量与 DF 检验临界值, 就可在某个显著性水平上拒绝或接受原假设. 若 t 统计量小于 DF 检验临界值, 则拒绝原假设, 说明序列不存在单位根; 若 t 统计量值大于或等于 DF 检验临界值, 则接受原假设, 说明序列存在单位根.

在情形 (2)、情形 (3) 下, t 统计量的渐近分布比较繁复, 但检验过程与情形 (1) 类似, 这里就不再列出.

7.2.3 ADF 检验

单位根 DF 检验只适用于带有白噪声的 AR(1) 模型, 然而许多金融时间序列可能包含更为复杂的动态结构, 并不能用简单的 AR(1) 模型来刻画. 为了检验高阶的自回归模型 AR$(p), p > 1$, Dickey 和 Fuller (1979) 提出了**增广 DF (augmented Dickey-Fuller) 检验**, 简称为 **ADF 检验**.

1. ADF 检验原理

假设时间序列 $\{x_t\}$ 服从 AR(p) 过程:

$$x_t = \phi_1 x_{t-1} + \phi_2 x_{t-2} + \cdots + \phi_p x_{t-p} + \varepsilon_t, \tag{7.5}$$

其中, ε_t 为白噪声. 将 (7.5) 式变形

$$x_t = [\phi_1 x_{t-1} + (\phi_2 + \phi_3 + \cdots + \phi_p) x_{t-1}] - [(\phi_2 + \phi_3 + \cdots + \phi_p) x_{t-1} - \phi_2 x_{t-2}$$

$$-(\phi_3 + \phi_4 + \cdots + \phi_p)x_{t-2}] - (\phi_3 + \cdots + \phi_p)x_{t-2} + \cdots - \phi_p x_{t-p+1} + \phi_p x_{t-p} + \varepsilon_t$$

$$= (\phi_1 + \phi_2 + \cdots + \phi_p)x_{t-1} - (\phi_2 + \phi_3 + \cdots + \phi_p)\nabla x_{t-1} - \cdots - \phi_p \nabla x_{t-p+1} + \varepsilon_t$$

$$= \alpha x_{t-1} + \beta_1 \nabla x_{t-1} + \beta_2 \nabla x_{t-2} + \cdots + \beta_{p-1} \nabla x_{t-p+1} + \varepsilon_t, \tag{7.6}$$

其中, $\alpha = \phi_1 + \phi_2 + \cdots + \phi_p$, $\beta_i = -(\phi_{i+1} + \cdots + \phi_p)$, $i = 1, 2, \cdots, p-1$. 如果将 $p-1$ 个滞后项 ∇x_{t-i}, $i = 1, 2, \cdots, p-1$ 归到随机干扰项中, 并将其视为序列相关的平稳过程, 那么将 (7.6) 式与 (7.4) 式相比较, 对模型 (7.6) 的单位根检验就是对干扰项为一平稳过程的单位根检验.

通过上面分析可知, AR(p) 模型单位根检验的假设条件为:

原假设 $\mathbf{H}_0$: $\alpha = 1$ $\longleftrightarrow$ 备择假设 $\mathbf{H}_1$: $\alpha < 1$.

在实际应用中, 也可将 (7.6) 式写成

$$\nabla x_t = \rho x_{t-1} + \beta_1 \nabla x_{t-1} + \beta_2 \nabla x_{t-2} + \cdots + \beta_{p-1} \nabla x_{t-p+1} + \varepsilon_t, \tag{7.7}$$

其中, $\rho = \alpha - 1$. 相应地, AR(p) 模型单位根检验的假设条件也可写为:

原假设 $\mathbf{H}_0$: $\rho = 0$ $\longleftrightarrow$ 备择假设 $\mathbf{H}_1$: $\rho < 0$.

构造 ADF 检验统计量:

$$\tau = \widehat{\rho}/\sigma_{\widehat{\rho}},$$

其中, $\widehat{\rho}$ 为原假设条件下, 对模型 (7.7) 进行的最小二乘估计. $\sigma_{\widehat{\rho}}$ 为参数 ρ 的样本标准差.

通过蒙特卡罗方法, 可以得到 τ 检验统计量的临界值表. 显然 DF 检验是 ADF 检验在自相关阶数为 1 时的一个特例, 所以统称为 ADF 检验.

2. ADF 检验的类型

在实际应用中, 和 DF 检验一样, ADF 检验也可以用于如下三种类型的单位根检验:

(a) 无漂移项、无时间趋势项的 p 阶自回归模型:

$$x_t = \phi_1 x_{t-1} + \phi_2 x_{t-2} + \cdots + \phi_p x_{t-p} + \varepsilon_t.$$

(b) 有漂移项、无时间趋势项的 p 阶自回归模型:

$$x_t = \mu + \phi_1 x_{t-1} + \phi_2 x_{t-2} + \cdots + \phi_p x_{t-p} + \varepsilon_t.$$

(c) 有漂移项、有时间趋势项的 p 阶自回归模型:

$$x_t = \mu + \beta t + \phi_1 x_{t-1} + \phi_2 x_{t-2} + \cdots + \phi_p x_{t-p} + \varepsilon_t.$$

相应地, 我们可得 ADF 检验回归方程 (a)(b)(c) 的另一种形式分别为 (7.7) 式和

$$\nabla x_t = \mu + \rho x_{t-1} + \beta_1 \nabla x_{t-1} + \beta_2 \nabla x_{t-2} + \cdots + \beta_{p-1} \nabla x_{t-p+1} + \varepsilon_t,$$

$$\nabla x_t = \mu + \beta t + \rho x_{t-1} + \beta_1 \nabla x_{t-1} + \beta_2 \nabla x_{t-2} + \cdots + \beta_{p-1} \nabla x_{t-p+1} + \varepsilon_t.$$

在 Python 中, 可以使用模块 statsmodels.tsa 中的函数 stattools.adfuller() 来作 ADF 单位根检验, 其命令格式如下:

```
adfuller(x, maxlag=, regression=, autolag=, store=, regresults=)
```

该函数的参数说明:

- **x**: 需要进行单位根检验的序列名.

- **maxlag**: 最大延迟阶数. maxlag= None 是默认值, 此时最大延迟阶数是 $12(nobs/100)^{1/4}$, 其中 $nobs$ 是观察值数目.

- **regression**: 包含在回归中的常数和趋势, 即检验类型. regression 通常可取四个值, regression="c" 意味着模型中仅含有漂移项, 而无时间趋势项; regression="ct" 意味着模型中含有漂移项和时间趋势项; regression="ctt" 意味着模型中含有漂移项, 时间的线性趋势项和二次项; regression="n" 意味着模型中不含有漂移项, 不含有时间趋势项; 默认取值为 c.

- **autolag**: 自动确定延迟阶数时所用的方法. autolag="AIC" or "BIC" 表示按照相应信息量最小准则确定延迟阶数; autolag="t-stat" 表示基于 maxlag 的阶数选择方法, 即从 maxlag 开始, 逐次下降一阶, 直到 t 统计量以水平 5% 显著的最大延迟阶数; autolag=None 表示所包含的滞后阶数被设定为 maxlag; 默认值取为 AIC.

- **store**: 取布尔值. store=True 表示除了 adf 统计量外, 还返回一个实例. 默认值是 False.

- **regresults**: 取布尔值. regresults=True 表示返回完整的回归结果; 默认值是 False.

例 7.1 绘制 1996 年至 2015 年国内居民出境人数的对数序列 $\{\ln x_t\}$ 的时序图, 并进行 ADF 检验. (单位: 万人次)

解 首先绘制该序列的时序图, 然后进行 ADF 检验. 具体命令如下, 运行结果见图 7.2.

```
from statsmodels.tsa.stattools import adfuller
le_df = pd.read_csv("leaving_entering.csv",
        usecols=["leaving","year"], index_col="year")
le_log = np.log(le_df["leaving"])
fig = plt.figure(figsize=(12,4), dpi=150)
ax = fig.add_subplot(111)
ax.plot(le_log, marker="o", linestyle="-", color="blue")
ax.xaxis.set_major_locator(ticker.MultipleLocator(3))
plt.legend(["出境人数的对数"],fontsize=13)
plt.xlabel(xlabel="年份",fontsize=17)
plt.ylabel(ylabel="出境人数的对数", fontsize=17)
plt.xticks(fontsize=15);plt.yticks(fontsize=15)
plt.tight_layout(); plt.savefig("fig/7_2.png")
输出结果
```

```
Results of Dickey-Fuller Test:
Test Statistic                -2.051647
p-value                        0.264396
#Lags Used                     1.000000
Number of Observations Used   18.000000
Critical Value (1%)           -3.859073
Critical Value (5%)           -3.042046
Critical Value (10%)          -2.660906
dtype: float64
```

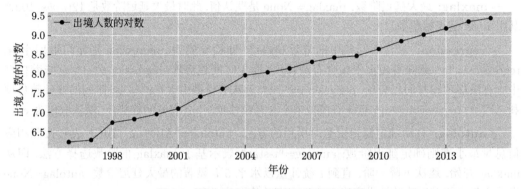

图 7.2　国内居民出境人数的对数序列时序图

从该序列的时序图可知, 序列具有明显的增长趋势, 因此, 该序列显然是非平稳序列. 进一步, 观察 ADF 检验结果可知, 检验的统计量值为 -2.051647, 分别大于显著性水平 1% 的检验临界值 -3.859073, 显著性水平 5% 的检验临界值 -3.042046, 显著性水平 10% 的检验临界值 -2.660906, 同时检验的 p 值 0.264396 远大于 0.05, 故接受原假设, 有理由相信该序列是带漂移项的单位根序列.

7.2.4　KPSS 单位根检验

Kwiatkowski、Phillips、Schmidt 和 Shin (1992) 提出了所谓的 **KPSS 检验**, 用于序列平稳性的检验. 设时间序列 $\{x_t, 0 < t \leqslant T\}$ 满足方程

$$x_t = \beta D_t + \omega_t + u_t,$$

$$\omega_t = \omega_{t-1} + \varepsilon_t, \quad \varepsilon_t \sim WN(0, \sigma_\varepsilon^2),$$

其中, D_t 包含确定性成分; u_t 是一个可能含有异方差的平稳序列; ω_t 是一个随机游走过程.

KPSS 检验的原假设是序列 $\{x_t\}$ 平稳, 即 $\sigma_\varepsilon^2 = 0$; 备择假设是序列 $\{x_t\}$ 非平稳, 即 $\sigma_\varepsilon^2 > 0$. KPSS 检验的统计量为

$$\text{KPSS} = \frac{\sum\limits_{t=1}^{T} S_t^2}{T^2 \hat{\sigma}_\varepsilon^2},$$

其中, $S_t = u_1 + u_2 + \cdots + u_t$, $t = 1, 2, \cdots, T$, u_t 为 x_t 对 D_t 回归后的残差, $\hat{\sigma}_\varepsilon^2$ 是 u_t 的长期方差的一致估计量. 在序列平稳的原假设下, 当 D_t 恒为常数时,

$$\text{KPSS} \xrightarrow{L} \int_0^1 V_1(r)\mathrm{d}r, \tag{7.8}$$

其中, $V_1(r) = W(r) - rW(1)$, $W(r)$ 是一个标准布朗运动. 当 D_t 中含有时间趋势时,

$$\text{KPSS} \xrightarrow{L} \int_0^1 V_2(r)\mathrm{d}r, \tag{7.9}$$

其中, $V_2(r) = W(r) + r(2 - 3r)W(1) + 6r(r^2 - 1)\int_0^1 W(s)\mathrm{d}s.$

KPSS 检验的临界值可以通过模拟得出. 平稳性检验是一个单边右尾检验, 如果 KPSS 检验统计量大于 (7.8) 式或 (7.9) 式的 $(1 - \alpha)$ 分位数, 我们可以拒绝序列为平稳的假设.

在 Python 中, 可以使用模块 statsmodels.tsa 中的函数 stattools.kpss() 来作 KPSS 检验, 其命令格式如下:

```
kpss(x, regression=, nlags=, store=)
```

该函数的参数说明:

- **x**: 需要进行检验的序列名.

- **regression**: regression="c" 意味着数据围绕某个常数平稳波动; regression="ct" 意味着数据围绕某个时间趋势平稳波动; 默认值为 c.

- **nlags**: 延迟阶数. 默认值是程序自动给定的.

- **store**: 取布尔值. store=True 表示除了 KPSS 统计量外, 还返回一个实例. 默认值是 False.

例 7.2 绘制 1996 年至 2015 年外国人入境游客人数的对数序列 $\{\ln y_t\}$ 的时序图, 并进行 KPSS 检验. (单位: 万人次)

解 首先绘制该序列的时序图, 然后进行 KPSS 检验. 具体命令如下, 运行结果见图 7.3.

```
from statsmodels.tsa.stattools import kpss#导入 KPSS 检验函数
en_df = pd.read_csv("leaving_entering.csv", usecols=
        ["entering","year"], index_col="year")
en_log = np.log(en_df["entering"])
fig = plt.figure(figsize=(12,4),dpi=150)
ax = fig.add_subplot(111)
ax.plot(en_log, marker="o", linestyle="-", color="blue")
ax.xaxis.set_major_locator(ticker.MultipleLocator(3))
plt.legend(["入境游客人数的对数"], fontsize=13)
plt.xlabel(xlabel="年份", fontsize=17)
plt.ylabel(ylabel="入境游客人数的对数",fontsize=17)
```

```
plt.xticks(fontsize=15); plt.yticks(fontsize=15)
plt.tight_layout(); plt.savefig("fig/7_3.png")
def kpss_test(timeseries):          #定义检验显示函数
    print("Results of KPSS Test:")
    kpsstest = kpss(timeseries, regression="c", nlags="auto")
    kpss_output = pd.Series(kpsstest[0:3], index=["Test Statistic",
                            "p-value", "Lags Used"])
    for key, value in kpsstest[3].items():
        kpss_output["Critical Value (%s)" % key] = value
    print(kpss_output)
kpss_test(en_log)
输出结果:
Results of KPSS Test:
Test Statistic          0.704540
p-value                 0.013133
Lags Used               2.000000
Critical Value (10%)    0.347000
Critical Value (5%)     0.463000
Critical Value (2.5%)   0.574000
Critical Value (1%)     0.739000
dtype: float64
```

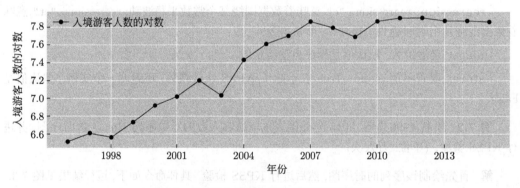

图 7.3　外国人入境游客人数的对数序列时序图

从该序列的时序图可知, 序列具有明显的增长趋势, 因此, 该序列显然是非平稳序列. 进一步, 观察 KPSS 检验结果可知, 检验的统计量值为 0.704540, 分别大于显著性水平 10% 的检验临界值 0.347000, 显著性水平 5% 的检验临界值 0.463000, 显著性水平 2.5% 的检验临界值 0.574000, 同时检验的 p 值 0.013133 小于 0.05, 故拒绝原假设, 有理由相信该序列为非平稳序列.

例 7.3 使用 KPSS 检验法检验 2014 年 10 月至 2017 年 8 月我国货币月度供应量 (期末值) 的对数差分序列的平稳性.

解　读入数据, 并取对数, 然后对序列对数差分作 KPSS 检验. 具体命令及运行结果如下:

```
currency_data = np.log(np.loadtxt("currency.txt"))
index = pd.date_range(start="2014-10", end="2017-09", freq="M")
currency_df = pd.Series(currency_data, index=index)
currency_diff = currency_df.diff().dropna()
输出结果:
Results of KPSS Test:
Test Statistic           0.273071
p-value                  0.100000
Lags Used                1.000000
Critical Value (10%)     0.347000
Critical Value (5%)      0.463000
Critical Value (2.5%)    0.574000
Critical Value (1%)      0.739000
dtype: float64
```

可以看出, KPSS 统计量的值 0.273071 小于显著性水平 10%、5%、2.5% 和 1% 的临界值 0.347、0.463、0.574 和 0.739, 同时检验的 p 值 0.100000 大于 0.05 故不能够拒绝平稳的原假设.

7.3 协 整

在 7.1 节中, 我们讨论了伪回归现象, 其实避免伪回归的方法很多, 其中一种办法是避免回归方程中出现非平稳时间序列变量. 一般的做法是对非平稳时间序列变量进行差分, 使得差分序列变成平稳序列, 然后对差分变量进行回归. 虽然这种做法可以消除因变量非平稳带来的伪回归, 但是差分运算会损失变量的部分信息, 尤其是多次差分运算损失的信息量更大. 这是需要格外引起注意的问题. 另一种办法是直接对非平稳变量进行回归, 寻找变量之间存在的相依关系, 以建立反映水平变量间长期关系的回归方程. 这种方法就是本节介绍的协整分析.

7.3.1 协整的概念

在现实生活中, 有些序列自身的变化虽然是非平稳的, 但是序列与序列之间却具有非常密切的长期均衡关系. 例如, 收入与消费、工资与价格、政府支出与税收、出口与进口, 等等, 这些经济时间序列一般各自都是非平稳的序列, 但是它们之间却往往存在着长期均衡关系. 这些均衡关系的具体表现为它们的某个线性组合保持着长期稳定的关系, 这种现象就是所谓的**协整 (cointegration)**.

为进一步认识协整, 我们看一个简单的模拟系统.

例 7.4 已知时间序列 $\{x_{1t}\}$, $\{x_{2t}\}$ 满足如下系统:

$$\begin{cases} x_{1t} = 0.5x_{2t} + \varepsilon_{1t}, \\ x_{2t} = x_{2,t-1} + \varepsilon_{2t}, \end{cases} \tag{7.10}$$

其中, $\varepsilon_{it} \sim N(0,1)$, $i = 1, 2$, 且相互独立. 试分析序列 $\{x_{1t}\}, \{x_{2t}\}$ 之间是否存在协整关系.

解 从关联系统 (7.10) 容易得到:

(1) 序列 $\{x_{it}\}, i = 1, 2$ 都是一阶单整序列, 即 $x_{it} \sim I(1)$, $i = 1, 2$.

(2) $\varepsilon_{1t} = x_{1t} - 0.5x_{2t} \sim I(0)$, 即序列 $\{x_{it}\}, i = 1, 2$ 的线性组合平稳.

下面我们通过绘制时序图来进行分析. 具体命令如下, 运行结果如图 7.4 所示.

```
np.random.seed(701); e1 = np.random.normal(0,1,1000)
index = np.arange(1,1001); e1_df = pd.Series(e1,index=index)
np.random.seed(702); e2 = np.random.normal(0,1,1000)
e2_df = pd.Series(e2,index=index); x2_df = e2_df.cumsum()
x1_df = 0.5*x2_df + e1_df
fig = plt.figure(figsize=(12,6),dpi=150)
ax1 = fig.add_subplot(221)
ax1.plot(x1_df,linestyle="-",color="blue")
plt.xlabel(xlabel="(a)",fontsize=17)
plt.title("$x_{1t}\sim$I(1) ")
plt.xticks(fontsize=15); plt.yticks(fontsize=15)
ax2 = fig.add_subplot(222)
ax2.plot(x2_df,linestyle="-",color="green")
plt.xlabel(xlabel="(b)",fontsize=17)
plt.title("$x_{2t}\sim$I(1) ")
plt.xticks(fontsize=15); plt.yticks(fontsize=15)
ax3 = fig.add_subplot(223)
ax3.plot(x1_df,linestyle="-",color="blue")
ax3.plot(x2_df,linestyle="-",color="green")
plt.xlabel(xlabel="(c)",fontsize=17)
plt.title("cointegration")
plt.xticks(fontsize=15); plt.yticks(fontsize=15)
ax4 = fig.add_subplot(224)
ax4.plot(x1_df-0.5*x2_df,linestyle="-",color="red")
plt.xlabel(xlabel="(d)",fontsize=18)
plt.title("$x_{1t}-0.5x_{2t}\sim$I(0)")
plt.xticks(fontsize=15); plt.yticks(fontsize=15)
plt.tight_layout(); plt.savefig("fig/7_4.png")
```

由图 7.4 (a) 和图 7.4 (b) 可见, 序列 $\{x_{1t}\}, \{x_{2t}\}$ 都呈现一种非平稳的游走态势. 将 (a)、(b) 重叠放在一起, 由图 7.4 (c) 可见, 两序列 $\{x_{1t}\}, \{x_{2t}\}$ 之间具有非常稳定的线性关系, 即它们的变化速度几乎一致. 这种稳定的同变关系, 让我们怀疑它们之间具有一种内在的均衡关系. 最后由图 7.4 (d) 知, 两序列 $\{x_{1t}\}, \{x_{2t}\}$ 的线性组合的时序图呈现平稳序列关系,

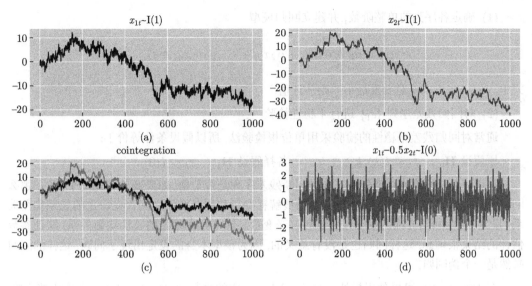

图 7.4 协整关系模拟图

因而序列 $\{x_{1t}\}, \{x_{2t}\}$ 具有协整关系.

在 1987 年, Engle 和 Granger 给出了下面协整的严格定义:

一般地, 如果向量 $\boldsymbol{x}_t = (x_{1t}, x_{2t}, \cdots, x_{nt})^{\mathrm{T}}$ 的所有分量序列都是 d 阶单整序列, 且存在一个非零向量 $\boldsymbol{\alpha} = (\alpha_1, \alpha_2, \cdots, \alpha_n)^{\mathrm{T}}$, 使得 $\boldsymbol{\alpha}^{\mathrm{T}}\boldsymbol{x}_t = \alpha_1 x_{1t} + \alpha_2 x_{2t} + \cdots + \alpha_n x_{nt}$ 是 $(d-b)$ 阶单整序列, 其中 $0 < b \leqslant d$, 那么称向量 $\boldsymbol{x}_t$ 的各分量之间是 (d, b) 阶协整的, 记为 $\boldsymbol{x}_t \sim CI(d, b)$. 向量 $\boldsymbol{\alpha}$ 称为协整向量.

从协整向量的定义来看, 协整向量并不唯一. 显然, 如果 $\boldsymbol{x}_t$ 有两个协整向量 $\boldsymbol{\alpha}_1$ 和 $\boldsymbol{\alpha}_2$, 那么它们的线性组合 $k_1\boldsymbol{\alpha}_1 + k_2\boldsymbol{\alpha}_2$ (k_1 和 k_2 不同时为零) 也是 $\boldsymbol{x}_t$ 的一个协整向量.

7.3.2 协整检验

由协整的定义可以看出, 多个非平稳序列之间能否建立动态回归模型的关键, 为它们之间是否存在协整关系, 因此, 对多个非平稳序列建模必须先进行协整检验. 协整检验也称为 **Engle-Granger** 检验, 简称 **EG 检验** 或 **EG 两步检验**.

由于实际生活中, 大多数序列之间不具有协整关系, 所以 EG 检验的假设条件可以确定为:

原假设 $\mathbf{H}_0$: 非平稳序列之间不存在协整关系.

备择假设 $\mathbf{H}_1$: 非平稳序列之间存在协整关系.

一般来讲, 协整关系主要是通过考查回归残差的平稳性确定的, 因而上述假设条件等价于:

原假设 $\mathbf{H}_0$: 回归残差序列 $\{\varepsilon_t\}$ 非平稳 $\longleftrightarrow$ 备择假设 $\mathbf{H}_1$: 回归残差序列 $\{\varepsilon_t\}$ 平稳.

EG 两步检验的检验步骤如下:

(1) 确定各序列的单整阶数, 并建立回归模型

$$y_t = \hat{\alpha}_0 + \hat{\alpha}_1 x_{1t} + \hat{\alpha}_2 x_{2t} + \cdots + \hat{\alpha}_n x_{nt} + \varepsilon_t,$$

式中, $\hat{\alpha}_k$, $0 \leqslant k \leqslant n$ 是普通最小二乘估计值.

(2) 对回归残差序列 $\{\varepsilon_t\}$ 进行平稳性检验.

通常对回归残差平稳性的检验采用单位根检验法, 所以假设条件等价于:

原假设 $\mathbf{H}_0$: $\varepsilon_t \sim I(k), k \geqslant 1$ $\longleftrightarrow$ 备择假设 $\mathbf{H}_1$: $\varepsilon_t \sim I(0)$.

利用 ADF 检验的协整分析方法来判断残差序列是否平稳, 如果残差序列是平稳的, 那么回归方程的设定是合理的, 即回归方程的被解释变量和解释变量之间存在稳定的长期均衡关系; 反之, 说明回归方程的被解释变量和解释变量之间不存在稳定的长期均衡关系, 即使参数估计的结果很理想, 这样回归也是没有意义的, 因为模型本身的设定出现了问题. 这样的回归必然是一个伪回归.

在 Python 中, 可以使用模块 statsmodels.tsa 中的函数 stattools.coint() 来作协整检验, 其命令格式如下:

```
coint(y0, y1, trend= ,maxlag= ,autolag= )
```

主要参数说明:

- **y0**: 在协整系统中的第一个序列.

- **y1**: 在协整系统中剩下的序列.

- **trend**: 回归方程所含有的趋势项. trend="c" 表示含有常数项; trend="ct" 表示含有常数项和线性趋势项; trend="ctt" 表示含有二次趋势项; trend="n" 表示不含常数项.

- **maxlag**: 延迟阶数. maxlag=None 表示最大延迟阶数; maxlag=n 表示延迟阶数为 n.

- **autolag**: 自动确定延迟阶数时所用的准则. autolag="AIC" or "BIC" 表示按照相应信息量最小准则确定延迟阶数; autolag="t-stat" 表示基于 maxlag 的阶数选择方法, 即从 maxlag 开始, 逐次下降一阶, 直到 t 统计量以水平 5% 显著的最大延迟阶数; autolag=None 表示滞后阶数被设定为 maxlag; 默认值取为 AIC.

例 7.5　分析 1978 年至 2002 年我国农村居民家庭平均每人纯收入序列 $\{x_t\}$ 和现金消费支出序列 $\{y_t\}$, 并进行 EG 检验.

解　读入数据, 并绘制时序图. 具体命令如下, 运行结果见图 7.5.

```
income_df = pd.read_csv("Inc_con.csv", usecols=["income", "year"],
            index_col="year")
consumption_df = pd.read_csv("Inc_con.csv", usecols=["consumption",
                "year"],index_col="year")
fig = plt.figure(figsize=(12,4), dpi=150)
ax = fig.add_subplot(111)
ax.plot(income_df,marker="o", linestyle="-", color="blue")
```

```
ax.plot(consumption_df, linestyle="-.", color="green")
plt.legend(["农村人均纯收入", "人均现金消费支出"], fontsize=13)
plt.xlabel(xlabel="年份",fontsize=17)
plt.xticks(fontsize=15);plt.yticks(fontsize=15)
plt.tight_layout(); plt.savefig("fig/7_5.png")
```

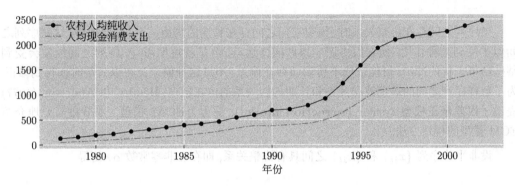

图 7.5　纯收入序列和现金消费支出序列时序图

从图 7.5 可以看出, 我国农村居民家庭平均每人纯收入序列 $\{x_t\}$ 和现金消费支出序列 $\{y_t\}$ 不但非平稳, 而且具有很强的同变关系, 可能二者具有协整关系, 下面进行 EG 检验. 为了更清晰的显示输出结果, 我们定义了一个检验函数 coint_test(), 利用该函数进行 EG 检验. 具体命令及运行结果如下:

```
def coint_test(y0,y1,trend="c",autolag="AIC"): #定义显示协整检验的函数
    print("Results of EG Test:")
    cointtest = coint(y0, y1, trend=trend,autolag=autolag)
    coint_output = pd.Series(cointtest[0:2],
                             index=["Test Statistic", "p-value"])
    coi = {'1%' : cointtest[2][0],'5%' :cointtest[2][1],'10%' :
           cointtest[2][2]}
    for key, value in coi.items():
        coint_output["Critical Value (%s)" % key] = value
    print(coint_output)
from statsmodels.tsa.stattools import coint
coint_test(income_df,consumption_df)
输出结果
Results of EG Test:
Test Statistic      -3.628394 # 对回归残差作单位根检验的 t 统计量
p-value              0.022588  # p值小于某个显著水平(如0.05)就可拒绝原假设
Critical Value (1%)  -4.410976 # t 统计量的 1% 水平临界值
Critical Value (5%)  -3.602563 # t 统计量的 5% 水平临界值
Critical Value (10%) -3.225889 # t 统计量的 10% 水平临界值
dtype: float64
```

检验结果表明, 检验的统计量 -3.628394 小于 5% 的临界值 -3.602563, 说明有 95% 的把握拒绝原假设, 同时检验的 p 值 0.022588 小于 0.05, 故可判断两个时间序列具有协整关系.

7.4　误差修正模型

当序列之间存在协整关系时, 说明它们之间存在长期的均衡关系. 形象地讲, 这些序列之间似乎受到某种作用, 使它们协调一致做同变运动. 但是就短期而言, 序列之间经常会受到某些随机干扰的冲击, 可能造成不协调而存在偏差, 不过这种偏差会在以后某时期得到修正. 为了解释序列之间的短期波动关系和长期均衡关系的内在机理, Hendry 和 Anderson (1977) 提出了**误差修正模型 (error correction model)**, 简称为 **ECM 模型**. 本节将简要地介绍 ECM 模型的构造方法.

设非平稳序列 $\{x_{1t}\}$ 和 $\{x_{2t}\}$ 之间具有协整关系, 即存在非零常数 α, 使得

$$\varepsilon_t = x_{2t} - \alpha x_{1t} \sim I(0). \tag{7.11}$$

将 (7.11) 式写成

$$x_{2t} = \alpha x_{1t} + \varepsilon_t. \tag{7.12}$$

进一步由 (7.12) 式得到

$$x_{2t} - x_{2,t-1} = \alpha x_{1t} - x_{2,t-1} + \varepsilon_t = \alpha x_{1t} - \alpha x_{1,t-1} - \varepsilon_{t-1} + \varepsilon_t,$$

也即

$$\nabla x_{2t} = \alpha \nabla x_{1t} - \varepsilon_{t-1} + \varepsilon_t. \tag{7.13}$$

设 α 的最小二乘估计值为 $\hat{\alpha}$, 则 $\hat{\varepsilon}_{t-1} = x_{2,t-1} - \hat{\alpha} x_{1,t-1}$ 为上一期误差, 记作 ECM_{t-1}, 从而 (7.13) 式可以写成如下形式:

$$\nabla x_{2t} = \alpha \nabla x_{1t} - \mathrm{ECM}_{t-1} + \varepsilon_t. \tag{7.14}$$

(7.14) 式表明, 序列 $\{x_{2t}\}$ 的当期波动值主要受到三个短期波动的影响: 当期波动值 ∇x_{1t}、上一期误差 ECM_{t-1} 和 当期纯随机波动 ε_t. 为了测量上述三方面的影响, 构造如下 ECM 模型:

$$\nabla x_{2t} = \alpha_0 \nabla x_{1t} + \alpha_1 \mathrm{ECM}_{t-1} + \varepsilon_t,$$

其中, α_1 称为**误差修正系数**, 表示误差修正项对当期波动的修正力度. 根据 (7.14) 式的推导, 可见 α_1 应当小于零. 此时, 当 $\mathrm{ECM}_{t-1} > 0$, 也即 $x_{2,t-1} > \hat{\alpha} x_{1,t-1}$ 时, 上期真实值大于估计值, 因而导致下期适当减少, 即 $\nabla x_{2t} < 0$; 反之, 当 $\mathrm{ECM}_{t-1} < 0$, 也即 $x_{2,t-1} < \hat{\alpha} x_{1,t-1}$ 时,

上期真实值小于估计值, 因而导致下期适当增加, 即 $\nabla x_{2t} > 0$.

例 7.6 续例 7.5, 对 1978 年至 2002 年我国农村居民家庭平均每人纯收入序列 $\{x_t\}$ 和现金消费支出序列 $\{y_t\}$ 构造 ECM 模型.

解 首先提取残差, 然后估计模型参数. 具体命令及运行结果如下:

```
in_con_df = pd.read_csv("Inc_con.csv", index_col="year")
results = smf.ols('consumption ~ 0+income', data=in_con_df).fit()
resids = results.resid[0:24]
x_diff = income_df.diff().dropna()
y_diff = consumption_df.diff().dropna.rename(columns=
        {"consumption":"y_diff"})
y_diff["x_diff"]=x_diff["income"]
y_diff["resids"]=resids
res_df = smf.ols('y_diff ~ 0 + x_diff + resids', data=y_diff).fit()
print(res_df.summary().tables[1])
输出结果
==============================================================
           coef    std err      t      P>|t|    [0.025   0.975]
--------------------------------------------------------------
x_diff    0.5876    0.043    13.813    0.000    0.499    0.676
resids    0.5239    0.178     2.942    0.008    0.154    0.894
==============================================================
```

从上面估计, 我们得到误差修正模型:

$$\nabla y_t = 0.5876\nabla x_t + 0.5239\mathrm{ECM}_{t-1} + \varepsilon_t.$$

从上述误差修正模型来看, 收入的当期波动对消费支出当期波动影响较大, 每增加 1 单位的收入, 会增加 0.5876 单位的消费支出. 上期误差 ECM_{t-1} 对消费支出也有一定影响, 单位调整比例为 0.5239.

第7章学习指导

习题 7

1. 为什么在对时间序列进行回归分析时, 要对序列的平稳性进行检验?

2. 单位根检验的原理是什么? 使用单位根检验方法重新考查例 1.22、例 3.1 和例 3.2 的平稳性, 并将检验结果与图检验方法得出的结果进行比较研究.

3. 假定 $\{x_t\}$ 和 $\{y_t\}$ 都是 $I(1)$ 序列, 但对于某个 $\beta \neq 0$, $\{x_t - \beta y_t\}$ 是 $I(0)$, 证明: 对于任何 $\alpha \neq \beta$, $\{x_t - \alpha y_t\}$ 一定是 $I(1)$.

4. 如何判断变量之间是否存在协整关系? 简述 EG 两步检验的思路和步骤.

5. 简述误差修正模型的建模思想.

6. 表 7.1 和 表 7.2 是建立某地区消费模型所需的行数据. 对实际人均年消费支出 $\{x_t\}$ 和人均年收入 $\{y_t\}$ (单位: 元) 分别取对数, 得到 $\{\ln x_t\}$ 和 $\{\ln y_t\}$. 试完成下列要求:

(1) 使用单位根检验, 分别考查序列 $\{\ln x_t\}$ 和 $\{\ln y_t\}$ 的平稳性.

(2) 用 EG 检验法对序列 $\{\ln x_t\}$ 和 $\{\ln y_t\}$ 进行协整检验.

(3) 建立误差修正模型, 并分析该模型的经济意义.

表 7.1　1950 年至 1990 年某地区实际人均年消费支出 $\{x_t\}$　　(单位: 元)

92.28	97.92	105.00	118.08	121.92	132.96	123.84	137.88	138.00	145.08
143.04	155.40	144.24	132.72	136.20	141.12	132.84	139.20	140.76	133.56
144.60	151.20	163.20	165.00	170.52	170.16	177.36	181.56	200.40	219.60
260.76	271.08	290.28	318.48	365.40	418.92	517.56	577.92	655.76	756.24
833.76									

表 7.2　1950 年至 1990 年某地区实际人均年收入 $\{y_t\}$　　(单位: 元)

151.20	165.60	182.40	198.48	203.64	211.68	206.28	255.48	226.20	236.88
245.40	240.00	234.84	232.68	238.56	239.88	239.04	237.48	239.40	248.04
261.48	274.08	286.68	288.00	293.52	301.92	313.80	330.12	361.44	398.76
491.76	501.00	529.20	529.72	671.16	811.80	988.44	1094.64	1231.80	1374.60
1522.20									

7. 表 7.3 和 表 7.4 分别是某地区过去 38 年谷物产量序列和该地区相应的降水量序列. 试完成下列要求:

(1) 使用单位根检验, 分别考查这两个模型的平稳性.

(2) 选择适当模型, 分别拟合这两个序列的发展.

(3) 确定这两个序列之间是否具有协整关系.

(4) 如果这两个序列之间具有协整关系, 请建立适当的模型拟合谷物产量序列对降水量序列的回归模型.

表 7.3　某地区谷物产量 (行数据)

24.5	33.7	27.9	27.5	21.7	31.9	36.8	29.9	30.2	32.0	34.0	19.4	36.0
30.2	32.4	36.4	36.9	31.5	30.5	32.3	34.9	30.1	36.9	26.8	30.5	33.3
29.7	35.0	29.9	35.2	38.3	35.2	35.5	36.7	26.8	38.0	31.7	32.6	

表 7.4　某地区降水量 (行数据)

9.6	12.9	9.9	8.7	6.8	12.5	13.0	10.1	10.1	10.1	10.8	7.8	16.2
14.1	10.6	10.0	11.5	13.6	12.1	12.0	9.3	7.7	11.0	6.9	9.5	16.5
9.3	9.4	8.7	9.5	11.6	12.1	8.0	10.7	13.9	11.3	11.6	10.4	

8. 假设两个时间序列 $\{x_t\}$ 和 $\{y_t\}$ 满足

$$\begin{cases} y_t = \beta x_t + \varepsilon_{1t}, \\ \nabla x_t = \alpha \nabla x_{t-1} + \varepsilon_{2t}, \end{cases}$$

其中, $|\alpha| < 1$, $\beta \neq 0$, 且 ε_{1t} 与 ε_{2t} 分别是两个 $I(0)$ 序列. 证明: 从这两个方程可以推出一个如下形式的误差修正模型:

$$\nabla y_t = \alpha_1 \nabla x_{t-1} + \delta(y_{t-1} - \beta x_{t-1}) + \varepsilon_t,$$

其中, $\alpha_1 = \alpha\beta$, $\delta = -1$, $\varepsilon_t = \varepsilon_{1t} + \beta\varepsilon_{2t}$.

9. 我国 1950 年至 2008 年进出口总额数据 (单位: 亿元) 如表 7.5 和 表 7.6 所示. 请完成下列要求:

(1) 使用单位根检验, 分别考查进口序列和出口序列的平稳性.

(2) 分别对进口总额序列和出口总额序列拟合模型.

(3) 考查这两个序列是否具有协整关系.

(4) 如果这两个序列具有协整关系, 请建立适当模型拟合它们之间的相关关系.

(5) 构造该协整模型的误差修正模型.

表 7.5　进口总额数据 (行数据)

21.3	35.3	37.5	46.1	44.7	61.1	53.0	50.0	61.7
71.2	65.1	43.0	33.8	35.7	42.1	55.3	61.1	53.4
50.9	47.2	56.1	52.4	64.0	103.6	152.8	147.4	129.3
132.8	187.4	242.9	298.8	367.7	357.5	421.8	620.5	1257.8
1498.3	1614.2	2055.1	2199.9	2574.3	3398.7	4443.3	5986.2	9960.1
11048.1	11557.4	11806.5	11626.1	13736.5	18638.8	20159.2	24430.3	34165.6
46435.8	54273.7	63376.9	73284.6	79526.5				

表 7.6　出口总额数据 (行数据)

20.0	24.2	27.1	34.8	40.0	48.7	55.7	54.5	67.0
78.1	63.3	47.7	47.1	50.0	55.4	63.1	66.0	58.8
57.6	59.8	56.8	68.5	82.9	116.9	139.4	143.0	134.8
139.7	167.6	211.7	271.2	367.6	413.8	438.3	580.5	808.9
1082.1	1470.0	1766.7	1956.0	2985.8	3827.1	4676.3	5284.8	10421.8
1254.8	12576.4	15160.7	15223.6	16159.8	20634.4	22024.4	26947.9	36287.9
49103.3	62648.1	77594.6	93455.6	100394.9				

第 8 章 异方差时间序列模型

8.1 简单异方差模型

在前面的建模中, 我们基本默认残差序列满足方差齐性条件, 即残差的方差始终为一常数. 但是, 在处理金融时间数据时, 忽视异方差的存在会导致参数显著性检验容易犯纳伪错误, 这使得参数的显著性检验失去意义, 继而影响模型的拟合精度. 为了提高模型的拟合精度, 我们必须对异方差序列进行深入研究.

8.1.1 异方差的现象

由于对序列进行中心化处理之后残差序列均值为零, 所以残差方差实际上就是它平方的期望, 即

$$\mathrm{Var}(\varepsilon_t) = E(\varepsilon_t^2).$$

因而残差序列的方差是否齐性主要考查残差平方的性质. 像前面章节一样, 我们可以通过观察残差平方的时序图对残差序列的方差齐性进行诊断. 一般地, 如果残差序列的方差满足齐性, 那么残差平方的时序图应该在某个常数值附近随机波动, 它不应该具有任何明显的趋势, 否则就呈现出异方差性.

例 8.1 考查新西兰 1970 年第一季度至 2012 年第一季度居民消费价格指数 (CPI) 序列的方差齐性.

解 读入数据, 并对序列作一阶差分, 然后绘制残差平方 (即差分序列的平方) 时序图. 具体命令如下, 运行结果如图 8.1 所示.

```
cpi_data = np.loadtxt("nzcpi.txt")
index = pd.date_range(start="1970-03", end="2012-06", freq="Q")
cpi_df = pd.Series(cpi_data, index=index)
cpi_diff = cpi_df.diff().dropna()
fig, ax = plt.subplots(1, figsize=(12, 4), dpi=150)
ax.plot(cpi_diff**2, linestyle="-", color="green")
plt.xticks(fontsize=15); plt.yticks(fontsize=15)
plt.xlabel(xlabel="年份", fontsize=17)
plt.ylabel(ylabel="残差平方", fontsize=17)
plt.tight_layout(); plt.savefig("fig/8_1.png")
```

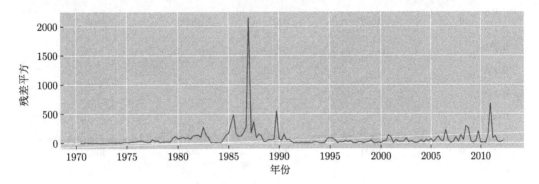

图 8.1　新西兰居民消费价格指数作一阶差分后的残差平方图

从图 8.1 可以明显地看出, 残差平方图呈现出新西兰居民消费价格指数序列具有异方差性.

许多经济或金融市场的时间数据表现出在经历一段相对平稳的时期后, 集中出现非常大的波动, 我们称这种现象为**集群效应 (cluster effect)**. 由于集群效应的存在, 所以我们对序列同方差的假设是不恰当的.

例 8.2　分析 2000 年 1 月 3 日至 2017 年 9 月 29 日美元对欧元汇率: 绘制汇率对数时序图, 观察走势; 绘制回报率 (即汇率对数的差分) 平方时序图, 观察集群效应.

解　读入数据, 并删除缺失数据, 然后绘制汇率对数时序图和回报率平方时序图. 具体命令如下, 运行结果如图 8.2 所示.

```
exrate_data = pd.read_csv("ex_rate.csv")["exchangerate"].values
exrate_df = pd.Series(exrate_data).dropna()
exrate_diff = exrate_df.diff()**2
fig = plt.figure(figsize=(12, 6), dpi=150)
ax1 = fig.add_subplot(211)
ax1.plot(exrate_df, linestyle="-", color="green")
plt.xlabel(xlabel="年份", fontsize=17)
plt.ylabel(ylabel="汇率的对数", fontsize=17)
plt.xticks(fontsize=15); plt.yticks(fontsize=15)
ax2 = fig.add_subplot(212)
```

```
ax2.plot(exrate_diff, linestyle="-", color="blue")
plt.xlabel(xlabel="年份", fontsize=17)
plt.ylabel(ylabel="回报率", fontsize=17)
plt.xticks(fontsize=15); plt.yticks(fontsize=15)
plt.tight_layout(); plt.savefig("fig/8_2.png")
```

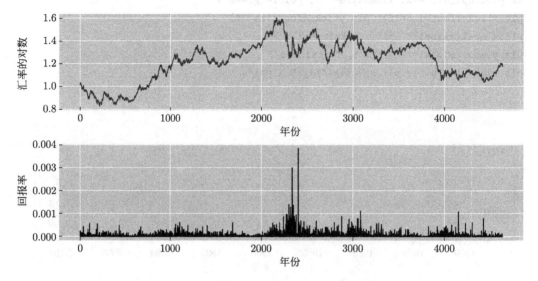

图 8.2　美元对欧元汇率对数时序图和回报率平方时序图

由图 8.2 可见, 美元对欧元汇率对数时序图呈现较大波动. 进一步观察其一阶差分之后残差平方的时序图发现, 具有明显的集群效应. 显然, 这时对汇率序列建模, 应该充分考虑到集群效应引起的异方差现象, 否则导致模型不准确, 预测偏差过大.

当序列异方差时, 一般有两种处理手段:

(1) 如果方差函数具体形式已知, 那么可以通过方差齐性变换, 化为方差齐性序列进行建模.

(2) 如果方差函数具体形式未知, 那么建立条件异方差模型.

第一种处理手段较为简单, 但是假设过于理想化, 适用范围不广. 下面我们首先来处理这种模型, 第二种处理手段留待后面小节来处理.

8.1.2　方差齐性变换

设时间序列 $\{x_t, t \in T\}$ 的方差函数 σ_t^2 与均值函数 μ_t 之间存在函数关系

$$\sigma_t^2 = f(\mu_t).$$

其中, $f(\cdot)$ 是已知函数. 现在尝试寻找一个变换 $g(\cdot)$, 使得经过变换之后的序列 $\{g(x_t)\}$ 满足方差齐性条件:

$$\mathrm{Var}[g(x_t)] = \sigma^2.$$

将 $g(x_t)$ 在 μ_t 处作一阶泰勒展开:

$$g(x_t) \approx g(\mu_t) + (x_t - \mu_t)g'(\mu_t).$$

上式两边求方差得:

$$\mathrm{Var}[g(x_t)] \approx \mathrm{Var}[g(\mu_t) + (x_t - \mu_t)g'(\mu_t)] = [g'(\mu_t)]^2\mathrm{Var}(x_t) = [g'(\mu_t)]^2 f(\mu_t).$$

可见, 要使 $\mathrm{Var}[g(x_t)]$ 恒为常数, 必须有

$$g'(\cdot) \propto \frac{1}{\sqrt{f(\cdot)}}.$$

在金融时间数据分析中, 一些序列的标准差与其水平之间存在某种正比关系, 即序列的水平低时, 序列的波动范围较小, 序列的水平高时, 序列的波动范围大. 此时, 可以简单地假定为 $\sigma_t = \mu_t$ 即等价于 $f(\mu_t) = \mu_t^2$. 令变换为 $g(\cdot)$, 则不妨取等式

$$g'(\mu_t) = \frac{1}{\sqrt{f(\mu_t)}} = \frac{1}{\mu_t}.$$

于是推得 $g(\mu_t) = \ln(\mu_t)$. 这表明对于标准差与水平成正比的异方差序列, 对数变换可以有效地实现方差齐性.

例 8.3 考查 2016 年 8 月 3 日至 2017 年 10 月 4 日 10 年期美国国债收益率序列, 并使用方差齐性变换方法进行分析.

解 首先读取数据, 并绘制 2016 年 8 月 3 日至 2017 年 10 月 4 日 10 年期美国国债收益率序列的时序图. 具体命令如下, 运行结果见图 8.3.

```
earn_data = pd.read_csv("earnings.csv", index_col="date")["rate"]
            .values
earn_df = pd.Series(earn_data).interpolate()
fig, ax = plt.subplots(1, figsize=(12, 4), dpi=150)
ax.plot(earn_df,linestyle="-", color="green")
plt.xlabel(xlabel="时间", fontsize=17)
plt.ylabel(ylabel="十年期美国国债收益率", fontsize=17)
plt.xticks(fontsize=15); plt.yticks(fontsize=15)
plt.tight_layout(); plt.savefig("fig/8_3.png")
```

从图 8.3 我们看到, 10 年期美国国债收益率序列的波动性与序列水平值之间有正相关性, 于是假定它们之间具有正比关系. 对原序列作对数变换, 并绘制对数变换之后序列的时序图. 然后作一阶差分, 并绘制一阶差分后所得序列的时序图. 最后对一阶差分后所得序列作白噪声检验. 具体命令如下, 运行结果见图 8.4.

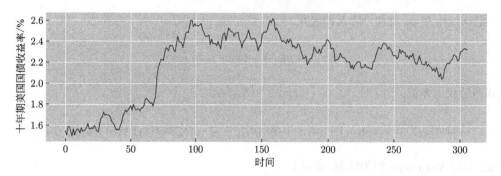

图 8.3　10 年期美国国债收益率序列的时序图

```
earn_log = np.log(earn_df)
earn_logdiff = earn_log.diff().dropna()
fig = plt.figure(figsize=(12,4),dpi=150)
ax1 = fig.add_subplot(121)
ax1.plot(earn_log, linestyle="-", color="green")
plt.xlabel(xlabel="时间", fontsize=17)
plt.ylabel(ylabel="收益率的对数", fontsize=17)
plt.xticks(fontsize=15); plt.yticks(fontsize=15)
ax2 = fig.add_subplot(122)
ax2.plot(earn_logdiff, linestyle="-", color="blue")
plt.xlabel(xlabel="时间", fontsize=17)
plt.ylabel(ylabel="一阶差分", fontsize=17)
plt.xticks(fontsize=15); plt.yticks(fontsize=15)
plt.tight_layout(); plt.savefig("fig/8_4.png")
```

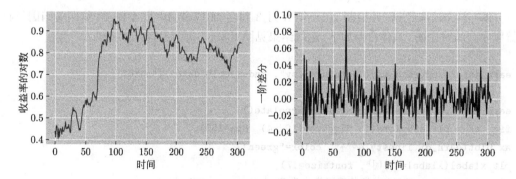

图 8.4　10 年期美国国债收益率序列的对数及其一阶差分序列的时序图

由图 8.4 可见, 10 年期美国国债收益率对数序列保持了原序列的变化趋势. 但是, 其一阶差分时序图表明残差序列波动基本平稳. 下面作白噪声检验, 具体命令及运行结果如下:

```
from statsmodels.stats.diagnostic import acorr_ljungbox
acorr_ljungbox(earn_logdiff,lags = [6,12],boxpierce=True,
        return_df=True)
```

输出结果:

	lb_stat	lb_pvalue	bp_stat	bp_pvalue
6	6.269274	0.393712	6.129415	0.408850
12	14.013112	0.299872	13.603041	0.326772

白噪声检验显示残差序列为白噪声. 于是可以得到序列的拟合模型:

$$\nabla \ln(x_t) = \varepsilon_t,$$

其中, ε_t 为零均值白噪声序列.

8.2 自回归条件异方差模型

方差齐性变换方法为异方差序列的精确拟合提供了一种很好的解决方法, 不过可惜的是适用范围有限, 实际中遇到的大部分金融数据都不能够利用方差齐性变换的方法解决. 1982 年, Engle 在分析英国通货膨胀率序列时提出了**自回归条件异方差 (autoregressive conditional heteroskedastic, ARCH)** 模型, 简称为 **ARCH 模型**. 目前, 该模型及其各种推广形式已被广泛应用于经济和金融数据序列的分析, 成为研究经济变量波动群集效应和异方差序列建模的有力工具.

8.2.1 自回归条件异方差模型的概念

首先, 我们简述 ARCH 模型的构造原理. 假设历史数据已知, 均值为零的残差序列具有异方差性, 即 $\mathrm{Var}(\varepsilon_t) = E(\varepsilon_t^2) = h(t)$ 是关于时间 t 而变动的函数. 考查残差平方序列的自相关性:

$$\rho(k) = \frac{\mathrm{Cov}(\varepsilon_t^2, \varepsilon_{t-k}^2)}{\mathrm{Var}(\varepsilon_t^2)}.$$

当自相关系数恒为零时, 即 $\rho(k) = 0, k = 1, 2, \cdots$, 表明残差平方序列是纯随机的序列, 历史数据对未来残差的估计没有作用. 这种情况难于分析, 本书不做讨论. 当存在某个 $k \geqslant 1$, 使得 $\rho_k \neq 0$ 时, 表明残差平方序列中蕴含着某种相关信息, 可以通过构造适当的模型提取这些相关信息, 以获得序列异方差波动特征. ARCH 模型就是基于这种情况构造的模型.

一般地, 设一个时间序列 $\{x_t, t \in T\}$ 满足

$$x_t = f(t, x_{t-1}, x_{t-2}, \cdots) + u_t,$$

其中, $f(t, x_{t-1}, x_{t-2}, \cdots)$ 为 $\{x_t\}$ 的确定信息拟合模型; u_t 为残差项. 如果 u_t 满足下列条件

$$\begin{cases} u_t | \Omega_{t-1} \sim N(0, \ h_t), \\ h_t = h(u_{t-1}, u_{t-2}, \cdots, u_{t-q}), \end{cases}$$

其中, Ω_{t-1} 为包含了 t 期以前全部信息的集合; $h(\cdot)$ 是一个 q 元非负函数, 那么我们称 $\{u_t\}$ 服从 q **阶自回归条件异方差模型**, 简称为 **ARCH(q) 模型**.

上面的定义是 ARCH 模型的一般性定义, 在应用中可以有不同的形式. 比如, 如果 u_t 满足

$$u_t^2 = \beta_0 + \beta_1 u_{t-1}^2 + \cdots + \beta_q u_{t-q}^2 + \varepsilon_t,$$

其中, 系数 $\beta_0 > 0, 0 \leqslant \beta_k < 1, k = 1, 2, \cdots, q, \sum_{i=1}^{q} \beta_i < 1; \{\varepsilon_t\}$ 为白噪声, 则有

$$h_t = \mathrm{Var}(u_t|\Omega_{t-1}) = E(u_t^2|\Omega_{t-1}) = \beta_0 + \beta_1 u_{t-1}^2 + \cdots + \beta_q u_{t-q}^2.$$

可见条件方差 h_t 随 $\{u_t\}$ 过去值的变化而变化. 我们称满足这种情况的 $\{u_t\}$ 为服从具有线性参数形式的 q 阶自回归条件异方差模型 ARCH(q).

在实际应用中, 为了简化模型, 可以对模型做出一些合理假设. 一种比较简便的处理方式是假定

$$\begin{cases} x_t = \boldsymbol{X}_t^{\mathrm{T}}\boldsymbol{\eta} + u_t, \\ u_t = \sqrt{h_t}\varepsilon_t, \\ h_t = \beta_0 + \beta_1 u_{t-1}^2 + \cdots + \beta_q u_{t-q}^2, \end{cases} \tag{8.1}$$

其中, $\boldsymbol{X}_t$ 是前定解释变量向量, 包括被解释变量的滞后项, $\boldsymbol{\eta}$ 是回归参数, ε_t 独立同分布, 且 $\varepsilon_t \sim N(0, 1)$. 由上面假设容易得到

$$E(u_t|\Omega_{t-1}) = E(\sqrt{h_t}\varepsilon_t|\Omega_{t-1}) = \sqrt{h_t}E(\varepsilon_t|\Omega_{t-1}) = 0$$

$$\mathrm{Var}(u_t|\Omega_{t-1}) = E(u_t^2|\Omega_{t-1}) = h_t E(\varepsilon_t^2|\Omega_{t-1}) = h_t,$$

即 $u_t|\Omega_{t-1} \sim N(0, h_t)$, 从而 $\{u_t\}$ 服从 ARCH(q) 模型.

下面, 我们主要以 (8.1) 式所表示的情况展开讨论.

8.2.2　自回归条件异方差模型的估计

估计 ARCH 模型的常用方法是极大似然方法. 对于回归模型 (8.1) 而言, 假设前 q 组观察值已知, 记

$$\Omega_t = \{x_t, x_{t-1}, \cdots, x_1, x_0, \cdots, x_{-q+1}, \boldsymbol{X}_t^{\mathrm{T}}, \boldsymbol{X}_{t-1}^{\mathrm{T}}, \cdots, \boldsymbol{X}_1^{\mathrm{T}}, \boldsymbol{X}_0^{\mathrm{T}}, \cdots, \boldsymbol{X}_{-q+1}^{\mathrm{T}}\},$$

则

$$x_t|\Omega_{t-1} \sim N(\boldsymbol{X}_t^{\mathrm{T}}\boldsymbol{\eta}, \, h_t).$$

从而 x_t 的条件密度函数为

$$p(x_t|\boldsymbol{X}_t, \Omega_{t-1}) = \frac{1}{\sqrt{2\pi h_t}} \exp\left\{-\frac{(x_t - \boldsymbol{X}_t^{\mathrm{T}}\boldsymbol{\eta})^2}{2h_t}\right\},$$

其中

$$\begin{aligned} h_t &= \beta_0 + \beta_1 u_{t-1}^2 + \cdots + \beta_q u_{t-q}^2 \\ &= \beta_0 + \beta_1(x_{t-1} - \boldsymbol{X}_{t-1}^{\mathrm{T}}\boldsymbol{\eta})^2 + \cdots + \beta_q(x_{t-q} - \boldsymbol{X}_{t-q}^{\mathrm{T}}\boldsymbol{\eta})^2 \\ &= [W_t(\boldsymbol{\eta})]^{\mathrm{T}}\boldsymbol{\beta}, \end{aligned}$$

这里 $\boldsymbol{\beta} = (\beta_0, \beta_1, \cdots, \beta_q)^{\mathrm{T}}$, $W_t(\boldsymbol{\eta}) = [1, (x_{t-1} - \boldsymbol{X}_{t-1}^{\mathrm{T}}\boldsymbol{\eta})^2, \cdots, (x_{t-q} - \boldsymbol{X}_{t-q}^{\mathrm{T}}\boldsymbol{\eta})^2]^{\mathrm{T}}$.

可见待估参数向量为 $\boldsymbol{\eta}$ 和 $\boldsymbol{\beta}$. 记

$$\boldsymbol{\theta} = \begin{pmatrix} \boldsymbol{\beta} \\ \boldsymbol{\eta} \end{pmatrix},$$

则 $\boldsymbol{\theta}$ 为回归模型 (8.1) 的参数向量. 于是, 样本的对数似然函数为

$$L(\boldsymbol{\theta}) = \sum_{t=1}^{T} \ln p(x_t|\boldsymbol{X}_t, \Omega_{t-1}; \boldsymbol{\theta}) = -\frac{T}{2}\ln(2\pi) - \frac{1}{2}\sum_{t=1}^{T}\ln(h_t) - \frac{1}{2}\sum_{t=1}^{T}\frac{(x_t - \boldsymbol{X}_t^{\mathrm{T}}\boldsymbol{\eta})^2}{h_t}.$$

上式两边关于 $\boldsymbol{\theta}$ 求一阶偏导数, 并令偏导数为零, 得

$$\frac{\partial L(\boldsymbol{\theta})}{\partial \boldsymbol{\theta}} = -\frac{1}{2}\sum_{t=1}^{T}\left\{\frac{\ln(h_t)}{\partial\boldsymbol{\theta}} + \left[\frac{1}{h_t}\frac{\partial(x_t - \boldsymbol{X}_t^{\mathrm{T}}\boldsymbol{\eta})^2}{\partial\boldsymbol{\theta}} - \frac{(x_t - \boldsymbol{X}_t^{\mathrm{T}}\boldsymbol{\eta})^2}{h_t^2}\frac{\partial h_t}{\partial\boldsymbol{\theta}}\right]\right\} = 0.$$

解此方程组, 可得到 $\boldsymbol{\theta}$ 的极大似然估计 $\hat{\boldsymbol{\theta}}$. 在实际应用中, 可借助于软件进行计算.

8.2.3 自回归条件异方差模型的检验

ARCH 检验不仅要检验序列具有异方差性, 而且要检验这种异方差性是可以用残差序列的自回归模型进行拟合. 常用的两种 ARCH 检验方法是 LM 检验和 Q 检验.

1. Lagrange 乘子检验

Lagrange 乘子检验, 简记为 LM 检验, 其构造思想是, 如果残差序列方差非齐, 且具有集群效应, 那么残差平方序列通常具有自相关性. 于是, 可以使用 ARCH(q) 模型拟合残差平方序列

$$u_t^2 = \beta_0 + \beta_1 u_{t-1}^2 + \cdots + \beta_q u_{t-q}^2 + \varepsilon_t. \tag{8.2}$$

这样方差齐性的检验就转化为 (8.2) 式是否显著成立的检验. 因此, 针对回归方程 (8.2), Lagrange 乘子检验的假设条件为:

原假设 $\mathbf{H}_0$:　$\beta_1 = \beta_2 = \cdots = \beta_q = 0 \longleftrightarrow$　备择假设 $\mathbf{H}_1$:　$\beta_1, \beta_2, \cdots, \beta_q$ 不全为零.

Lagrange 乘子检验的统计量为

$$LM(q) = \frac{\left[\sum_{t=q+1}^{T} (u_t^2 - \varepsilon_t^2) \right] / q}{\left(\sum_{t=q+1}^{T} \varepsilon_t^2 \right) / (T - 2q - 1)}.$$

经过计算可知, 在原假设成立时统计量 $LM(q)$ 近似服从自由度为 $q - 1$ 的 χ^2 分布, 即

$$LM(q) \sim \chi^2(q - 1).$$

当 $LM(q)$ 检验统计量的 p 值小于显著性水平 α 时, 拒绝原假设, 认为该序列方差非齐, 可用 (8.2) 式拟合残差平方序列中的自相关关系.

2. Portmanteau Q 检验

Portmanteau Q 检验, 简记为 Q 检验, 其检验思想是, 如果残差序列方差非齐, 且具有集群效应, 那么残差平方序列通常具有自相关性. 故可将方差非齐次的检验转化为残差平方序列的自相关性检验. 该检验的假设条件为:

原假设 $\mathbf{H}_0$:　残差平方序列纯随机 $\longleftrightarrow$　备择假设 $\mathbf{H}_1$:　残差平方序列自相关.
或等价地表述为: 原假设 $\mathbf{H}_0$:　$\rho(1) = \rho(2) = \cdots = \rho(q) = 0 \longleftrightarrow$　备择假设 $\mathbf{H}_1$: $\rho(1), \rho(2), \cdots, \rho(q)$ 不全为零. 这里 $\rho(k)$ 表示残差平方序列的延迟 k 阶自相关函数.

Portmanteau Q 检验的统计量 Q(q) 实际上就是 $\{u_t\}$ 的 Q_{LB} 统计量. 因此, 当原假设成立时, Portmanteau Q 检验的统计量近似服从自由度为 $q - 1$ 的 χ^2 分布. 当统计量 Q(q) 的 p 值小于显著性水平 α 时, 拒绝原假设, 认为该序列方差非齐次且具有自相关关系.

在 Python 中, 可用模块 statsmodels.stats.diagnostic 中的函数 acorr_lm() 来作 LM 检验. 而 Portmanteau Q 检验其实就是残差平方序列的纯随机性检验, 所以只需调用 acorr_ljungbox() 函数就可以了. 函数 acorr_lm() 的命令格式如下:

```
acorr_lm(resid, nlags= )
```

主要参数说明:

- **resid**: 需要进行检验的序列名.

- **nlags**: 最高滞后阶数, 默认值为 None.

拟合 ARCH 模型可以用 arch.univariate 中的 arch_model() 函数. 函数 arch_model() 的命令格式如下:

```
arch_model(y, x= , mean= , lags= , vol= , p= , o= , q= , dist= )
```

该函数的参数说明:

- **y**: 需要进行拟合的序列名.

- **x**: 外生解释变量. 如果模型不允许外生回归量, 则忽略.

- **lags**: 自回归阶数. 取整数值表明延迟阶数, 或取整数列表表明延迟位置.

- **vol**: 模型类型. vol 可取值为 'GARCH', 'ARCH', 'EGARCH', 'FIARCH' 和 'HARCH', 其中默认为 'GARCH'.

- **p**: 对称革新的延迟阶, 默认值为 1.

- **o**: 非对称革新的延迟阶, 默认值为 0.

- **q**: 滞后波动或等效波动的延迟阶, 默认值为 1.

- **dist**: 残差分布, 目前支持 Normal 分布: 'normal', 'gaussian' (默认); Students's 分布: 't', 'studentst'; Skewed Student's 分布: 'skewstudent', 'skewt'; Generalized Error Distribution : 'ged', 'generalized error'.

例 8.4 分析 2012 年 10 月 8 日至 2017 年 10 月 5 日美国美银美林欧元高收益指数总回报指数序列, 对其一阶差分序列进行 ARCH 检验, 并拟合差分序列的波动性.

解 读取数据, 并作差分, 绘制差分平方时序图. 具体命令如下, 运行结果见图 8.5.

```
index_data = pd.read_csv("income_index.csv", usecols=
            ["BAMLHE00EHYITRIV"])
index_diff = index_data.diff().dropna()
fig, ax = plt.subplots(1, figsize=(12, 4), dpi=150)
ax.plot(index_diff**2, linestyle="-", color="green")
plt.xlabel(xlabel="时间", fontsize=17)
plt.ylabel(ylabel="一阶差分的平方", fontsize=17)
plt.xticks(fontsize=15); plt.yticks(fontsize=15)
plt.tight_layout(); plt.savefig("fig/8_5.png")
```

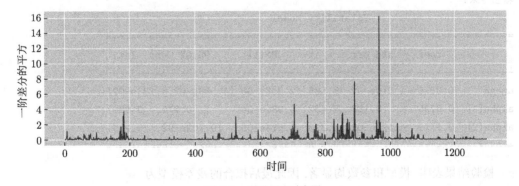

图 8.5   差分平方时序图

由图 8.5 可以看出, 该序列残差具有群集效应, 因此, 进一步进行 LM 检验和 Q 检验.

```
#LM 检验
from statsmodels.stats.diagnostic import acorr_lm
for n in (1,2,3,4,5):
    alm = acorr_lm(index_diff, nlags=n)[0:2]
    print(alm)
输出结果:
(177.81215833883562, 1.4558972759129598e-40)
(177.84906854280203, 2.4019582817272545e-39)
(181.0800975813278, 5.15478597497062e-39)
(183.21082098562573, 1.523744221556101e-38)
(182.8518218821264, 1.316148162242038e-37)
```

```
#Q 检验
from statsmodels.stats.diagnostic import acorr_ljungbox
acorr_ljungbox(index_diff**2, lags = [1,2,3,4,5],
             boxpierce=True, return_df=True)
输出结果:
    lb_stat     lb_pvalue     bp_stat     bp_pvalue
1   33.699507   6.431698e-09  33.621858   6.693629e-09
2   59.065321   1.493236e-13  58.909744   1.614030e-13
3   77.335422   1.144107e-16  77.109683   1.278987e-16
4   94.380081   1.543772e-19  94.075795   1.791780e-19
5   113.533331  7.336326e-23  113.126071  8.945694e-23
```

LM 检验和 Q 检验都表明, 该序列残差平方具有显著的长期相关性, 可以建立 ARCH 模型进行拟合. 通过观察检验过程, 并尝试多次, 选择 ARCH(2) 进行拟合. 具体命令及运行结果如下:

```
from arch.univariate import arch_model
am = arch_model(index_diff, mean='Zero', vol='ARCH',p=2).fit(disp=
    "off")
print(am.summary().tables[1])
输出结果:
                      Volatility Model
=====================================================================
            coef     std err      t      P>|t|      95.0% Conf. Int.
---------------------------------------------------------------------
omega     0.0676   1.210e-02    5.585   2.338e-08  [4.388e-02,9.133e-02]
alpha[1]  0.6295     0.183      3.432   5.985e-04  [ 0.270,  0.989]
alpha[2]  0.1779   4.124e-02    4.313   1.614e-05  [9.702e-02, 0.259]
=====================================================================
```

检验结果表明, 模型和参数均显著, 因此最后拟合的残差模型为

$$u_t^2 = 0.0676 + 0.6295u_{t-1}^2 + 0.1779u_{t-2}^2 + \varepsilon_t,$$

式中, ε_t 为白噪声.

8.3　广义自回归条件异方差模型

在实践中, 许多残差序列的异方差函数具有长期自相关性, 用 ARCH 模型拟合会产生很高的移动平均阶数. 在样本有限的情况下, 不但增加了估计的难度, 而且参数估计的效率大大降低. 为了弥补这一缺陷, Bollerslev (1986) 提出了**广义自回归条件异方差 (generalized autoregressive conditional heteroskedastic, GARCH) 模型**. 它的结构如下

$$\begin{cases} x_t = f(t, x_{t-1}, x_{t-2}, \cdots) + u_t, \\ u_t = \sqrt{h_t}\varepsilon_t, \\ h_t = \alpha_0 + \sum_{i=1}^{q} \alpha_i u_{t-i}^2 + \sum_{j=1}^{p} \beta_j h_{t-j}, \end{cases}$$

式中, $\alpha_0 > 0, 0 \leqslant \alpha_i < 1, 0 \leqslant \beta_j < 1, \sum_{i=1}^{q} \alpha_i + \sum_{j=1}^{p} \beta_j < 1$; ε_t 独立同分布, 且 $\varepsilon_t \sim N(0,\ 1)$. 该模型简记为 **GARCH**$(p, q)$.

可见 GARCH 模型实际上就是在 ARCH 模型的基础上增加了异方差函数的 p 阶自相关性而形成的; 它可以有效地拟合具有长期记忆性的异方差函数. ARCH 模型是 GARCH 模型当 $p = 0$ 的一个特例.

当回归函数 $f(t, x_{t-1}, x_{t-2}, \cdots)$ 不能充分提取原序列中的相关信息时, u_t 中还可能含有自相关性, 这时可先对 $\{u_t\}$ 拟合自回归模型, 然后再考查自回归残差 $\{v_t\}$ 的方差齐性. 如果 $\{v_t\}$ 异方差, 对它拟合 GARCH 模型. 此时, 模型结构如下:

$$\begin{cases} x_t = f(t, x_{t-1}, x_{t-2}, \cdots) + u_t, \\ u_t = \gamma_1 u_{t-1} + \gamma_2 u_{t-2} + \cdots + \gamma_m u_{t-m} + v_t, \\ v_t = \sqrt{h_t}\varepsilon_t, \\ h_t = \alpha_0 + \sum_{i=1}^{q} \alpha_i v_{t-i}^2 + \sum_{j=1}^{p} \beta_j h_{t-j}, \end{cases} \tag{8.3}$$

式中, ε_t 独立同分布, 且 $\varepsilon_t \sim N(0,\ 1)$. 形如 (8.3) 式的模型有时也被称为 AR$(m)$-GARCH$(p, q)$ 模型.

GARCH 模型的常用估计方法仍然是极大似然法, 常用检验法仍然是 LM 法.

例 8.5　分析拟合 2012 年 10 月 9 日至 2017 年 10 月 5 日中国/美国外汇汇率序列.

解　读入数据, 并对缺失部分做样条插值, 然后绘制时序图. 由时序图 8.6 可见, 该序列没有任何平稳特征, 不过具有一定趋势性, 因此, 对序列作一阶差分, 并绘制差分序列的时序图. 一阶差分时序图表明, 差分序列具有明显的群集效应. 作差分序列自相关图和偏自相关图. 具体命令如下, 运行结果如图 8.6 和图 8.7 所示.

```
cufer = pd.read_csv("CUFER.csv", usecols=["DEXCHUS"]).interpolate()
ut = cufer.diff().dropna()
fig = plt.figure(figsize=(12,4), dpi=150)
ax1 = fig.add_subplot(121)
ax1.plot(cufer,linestyle="-",color='blue')
ax1.set_ylabel(ylabel="中/美外汇汇率 ", fontsize=17)
ax1.set_xlabel(xlabel="时间",fontsize=17)
plt.xticks(fontsize=15); plt.yticks(fontsize=15)
ax2 = fig.add_subplot(122)
ax2.plot(ut,linestyle="-", color='green')
ax2.set_ylabel(ylabel="一阶差分", fontsize=17)
ax2.set_xlabel(xlabel="时间",fontsize=17)
plt.xticks(fontsize=15); plt.yticks(fontsize=15)
fig.tight_layout(); plt.savefig(fname='fig/8_6.png')
```

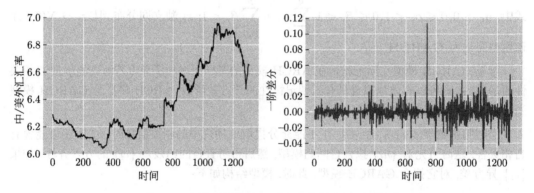

图 8.6   中国/美国外汇汇率序列与其差分序列时序图

```
fig = plt.figure(figsize=(12,4), dpi=150)
ax1 = fig.add_subplot(121)
ACF(ut, lag=31)
ax2 = fig.add_subplot(122)
PACF(ut, lag=31, xlabel='lag', fname='fig/8_7.png')
```

从图 8.7 可见, 自相关系数具有拖尾性, 偏自相关系数具有三阶截尾性. 于是, 选用 ARIMA$(3,0,0)$ 模型拟合差分序列, 并对残差作白噪声检验. 具体命令及运行结果如下:

```
ut_est = ARIMA(ut,trend='n', order=(3,0,0)).fit()
print(ut_est.summary().tables[1])
输出结果:
==============================================================================
                 coef    std err          z      P>|z|      [0.025      0.975]
------------------------------------------------------------------------------
ar.L1          0.1574      0.014     11.116      0.000       0.130       0.185
```

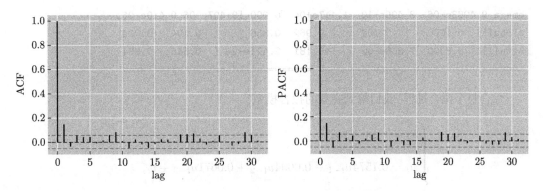

图 8.7 中国/美国外汇汇率差分序列自相关图和偏自相关图

```
ar.L2      -0.0694     0.019    -3.611   0.000      -0.107     -0.032
ar.L3       0.0671     0.022     3.111   0.002       0.025      0.109
sigma2  9.398e-05   1.17e-06    80.547   0.000    9.17e-05   9.63e-05
=================================================================
```

```
vt = ut_est.resid
acorr_ljungbox(vt, lags = [2,4], boxpierce=True, return_df=True)
输出结果:
      lb_stat    lb_pvalue      bp_stat    bp_pvalue
2    0.006741     0.996635     0.006722     0.996645
4    0.206185     0.995037     0.205248     0.995081
```

残差白噪声分析表明, 拟合之后的残差为白噪声. 对残差平方作异方差检验. 具体命令及运行结果如下:

```
acorr_ljungbox(vt**2, lags = [2,4], boxpierce=True, return_df=True)
输出结果:
      lb_stat      lb_pvalue        bp_stat      bp_pvalue
2   29.096071   4.806937e-07      29.026468   4.977171e-07
4   33.035919   1.174424e-06      32.949238   1.223409e-06
```

检验结果表明, 残差具有群集效应, 且蕴含长期相关关系. 用 GARCH(1, 1) 模型拟合异方差. 具体命令及运行结果如下:

```
vt_model = arch_model(vt, mean='Zero', vol="GARCH").fit(disp="off")
print(vt_model.summary().tables[1])
输出结果:
                    Volatility Model
=================================================================
            coef    std err      t    P>|t|    95.0% Conf. Int.
-----------------------------------------------------------------
```

```
omega 9.4083e-06  8.426e-10  1.117e+04   0.000 [9.407e-06,9.410e-06]
alpha[1] 0.1000       0.104    0.962   0.336   [ -0.104,  0.304]
beta[1]  0.8000  7.858e-02   10.181 2.421e-24 [  0.646,  0.954]
===================================================================
```

综合整个拟合过程, 我们得到完整的拟合模型

$$
\begin{cases}
x_t = x_{t-1} + u_t, \\
u_t = 0.1574u_{t-1} - 0.0694u_{t-2} + 0.0671u_{t-3} + v_t, \\
v_t = \sqrt{h_t}\varepsilon_t, \\
h_t = 9.4083 \times 10^{-6} + 0.8h_{t-1} + 0.1v_{t-1}^2.
\end{cases}
$$

GARCH 模型拟合出来之后, 需要对它进行检验. 检验包括三个方面的内容, 即参数的显著性检验, 模型显著性检验以及分布检验.

(1) 参数的显著性检验

GARCH 模型的参数显著性检验与 ARMA 模型的参数显著性检验类似, 也是通过构造 t 分布检验统计量实现的. 当检验的显著性水平取为 α 时, 如果 t 统计量的 p 值小于 α, 那么认为所估计参数显著非零; 反之, 参数不显著非零, 可以删除该参数. 在例 8.5 中, v_{t-1} 前面的系数估计值为 0.1, 其 p 值 0.336 较大, 故该参数不显著非零.

(2) 模型的显著性检验

GARCH 模型拟合得好不好, 取决于它是否将残差序列中蕴涵的异方差信息充分提取出来. 利用拟合模型估计出来的条件异方差 $\widehat{h}_t$, 对残差序列和残差平方序列分别实施标准化, 得

$$
\varepsilon_t = \frac{\widehat{v_t}}{\sqrt{\widehat{h}_t}}, \qquad \varepsilon_t^2 = \frac{\widehat{v_t^2}}{\widehat{h}_t}.
$$

一般地, 如果拟合恰当, 那么均值模型应该将序列水平相关信息充分提取出来了, 故而 ε_t 是白噪声序列; 同时, 方差模型应该将序列波动相关信息充分提取出来了, 也就是说, 残差平方序列消除了异方差的影响之后应该是白噪声, 所以 ε_t^2 应该也是白噪声序列.

需要注意的是, GARCH 模型的参数估计通常是在正态分布的假定下进行的, 而许多金融数据具有尖峰特征, 它们并不服从正态分布, 这样由于分布假定不对, 往往导致信息提取不够充分, 从而白噪声检验不一定能通过. 此外, 还有一些其他的原因影响异方差信息的提取, 如 GARCH 模型的信息滞后性偏大, 致使对波动信息的提取不够敏感, 在大幅波动变小幅波动, 或者小幅波动变大幅波动的时候, 信息延迟可能会出现很大偏差. 在例 8.5 中, 通过如下语句对 ε_t 和 ε_t^2 进行白噪声检验:

```
xgmf = vt_model.conditional_volatility
ypsw = vt/(np.sqrt(xgmf))
acorr_ljungbox(ypsw, lags=[2,4,6,8], boxpierce=True,
```

```
                    return_df=True)
```
输出结果:

	lb_stat	lb_pvalue	bp_stat	bp_pvalue
2	0.172676	0.917284	0.172279	0.917466
4	0.453877	0.977833	0.452192	0.977985
6	3.472708	0.747597	3.454509	0.750012
8	5.304271	0.724615	5.272068	0.728141

```
acorr_ljungbox(ypsw**2, lags=[2,4,6,8], boxpierce=True,
                    return_df=True)
```
输出结果:

	lb_stat	lb_pvalue	bp_stat	bp_pvalue
2	0.675015	0.713547	0.673374	0.714132
4	1.042932	0.903218	1.039624	0.903729
6	1.209378	0.976419	1.205075	0.976633
8	1.212487	0.996517	1.208160	0.996561

结果表明, ε_t 和 ε_t^2 都是白噪声.

(3) 分布检验

在构造 GARCH 模型时, 如果不特殊指定, 通常默认序列 $\{\varepsilon_t\}$ 服从正态分布. 因此, 检验的重要内容之一就是检验这个分布假定正确与否. 检验的方法一般有两种: 一是图检验方法, 二是统计检验方法.

图检验方法就观察残差序列 $\{\varepsilon_t\}$ 的 QQ 图和直方图. QQ 图就是分布的分位点图. 横轴是标准正态分布的分位点, 纵轴是序列 $\{\varepsilon_t\}$ 的样本分位点. 如果残差序列服从正态分布, 那么所有观察点应该在对角线上. 如果观察点偏离对角线, 那么就认为偏离了正态分布的假定, 而且偏离对角线的点越多, 偏离的角度越大, 正态分布的假定就越不可靠.

残差直方图是另一种分布检验方法. 将残差序列绘制成直方图, 然后根据残差序列的样本均值和样本方差, 绘制正态分布参考线. 如果直方图和正态分布参考线吻合的好, 那么表明正态分布的假定比较合理. 如果直方图严重偏离正态分布参考线, 那么表明正态分布的假设不合理.

正态分布的统计检验方法常用 1982 年 Jarque 和 Bera 提出的 JB 检验. 检验的假设条件为:

原假设 $\mathbf{H}_0$: $v_t/\sqrt{h_t}$ 服从 $N(0,1)$ $\longleftrightarrow$ 备择假设 $\mathbf{H}_1$: $v_t/\sqrt{h_t}$ 不服从 $N(0,1)$.

Jarque 和 Bera 借助正态分布的偏态系数和峰态系数构造出一个服从自由度为 2 的卡方分布的统计量:

$$JB = \frac{n}{6}b_1^2 + \frac{n}{24}(b_2^2 - 3)^2 \sim \chi^2(2),$$

式中, n 为观察值序列的长度; b_1 为样本偏态系数; b_2 为样本峰态系数. 如果原假设成立, 那么这个统计量会很小, 落入接受域; 反之, 这个统计量会很大, 当这个统计量足够大时, 就可以显著拒绝序列服从正态分布的假定.

很多金融时间序列具有尖峰厚尾特征, 峰态系数特别大, 所以 JB 检验的结果通常会拒绝正态分布假定. 当分布检验拒绝正态假定时, 就需要考虑用更合适的分布取代正态分布. 正态分布的常用替代分布是 t 分布、广义误差分布、Elliptical 分布、双曲分布、非对称拉普拉斯分布等尖峰厚尾分布. 不过, 是否替换正态分布, 需要考虑替换正态分布之后, 拟合的精度是否比不替换时更好.

　　现在, 我们对例 8.5 拟合的残差序列作分布检验. 首先, 作图检验, 具体命令如下, 运行结果见图 8.8.

```
import scipy.stats as st
fig = plt.figure(figsize=(12, 4),dpi=150)
ax1 = fig.add_subplot(121)
res1 = st.probplot(ypsw, plot=ax1)
ax1.set_ylabel(ylabel="Ordered Values", fontsize=17)
ax1.set_xlabel(xlabel="Theoretical quantiles", fontsize=17)
plt.xticks(fontsize=15); plt.yticks(fontsize=15)
ax2 = fig.add_subplot(122)
ax2.hist(ypsw, bins=360)
ax2.set_title('histogram', fontsize=17)
plt.xticks(fontsize=15); plt.yticks(fontsize=15)
plt.tight_layout(); plt.savefig("fig/8_8.png")
```

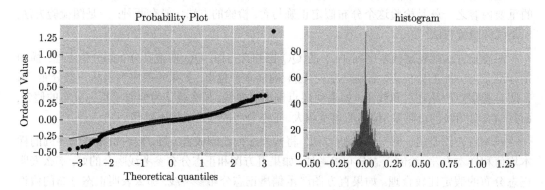

图 8.8　残差序列的 QQ 图和直方图

　　由图 8.8 可见, 残差序列的分布偏离正态分布较大, 而且尖峰厚尾特征很明显, 因此, 可以认为残差序列不具有正态分布. 进一步, 我们还可以作 JB 检验. 具体命令以及运行结果如下:

```
def self_JBtest(y):                    #定义一个 JB 检验函数
    n = y.size
    ym = y - y.mean()
    M2 = np.mean(ym**2)                #二阶中心钜
    skew =  np.mean(ym**3)/M2**1.5     #三阶中心矩 与 M2^1.5的比
    krut = np.mean(ym**4)/M2**2        #四阶中心钜 与 M2^2 的比
    JB = n*(skew**2/6 + (krut-3 )**2/24) #计算JB统计量
    pvalue = 1 - st.chi2.cdf(JB,df=2)
```

```
    print("偏度: ",st.skew(y),skew)
    print("峰值: ",st.kurtosis(y)+3,krut)
    print("JB检验: ",st.jarque_bera(y))
    return np.array([JB,pvalue])
import scipy.stats as st
print(self_JBtest(ypsw))
输出结果:
偏度: 2.0186101982388647 2.0186101982388673
峰值: 35.293909638012295 35.29390963801243
JB检验:  Jarque_beraResult(statistic=57461.36934190277, pvalue=0.0)
        [57461.3693419    0. ]
```

JB 检验结果显示, JB 统计量值很大, 而且 p 值几乎为零, 这说明至少可以在 99% 的置信水平下拒绝原假设, 即有理由相信残差序列不服从正态分布. 因此, 可以调整残差分布, 重新进行估计, 比如, 用学生分布作为残差的分布进行估计. 具体命令和运行结果如下:

```
vt_model2 = arch_model(vt, mean='Zero', vol="GARCH",
          dist="t").fit(disp="off")
print(vt_model2.summary())
输出结果
                     Volatility Model
===============================================================
          coef    std err     t      P>|t|      95.0% Conf. Int.
---------------------------------------------------------------
omega 9.4083e-06 1.186e-07 79.359    0.000   [9.176e-06,9.641e-06]
alpha[1]  0.1000  5.260e-02 1.901  5.729e-02  [-3.098e-03, 0.203]
beta[1]   0.8000  3.030e-02 26.406 1.165e-153  [ 0.741, 0.859]
===============================================================
```

我们看到, 当选用学生分布, 即 t 分布为残差的分布时, 估计的参数值虽然与残差分布为正态分布时的估计值一样, 但是考查 p 值后会发现, 所得估计都是显著的, 而且 AIC 和 BIC 的值 -9045.23 和 -9024.54 比残差为正态分布时的 AIC 和 BIC 的值 -8544.96 和 -8529.44 更小, 因此, 残差选用学生分布时估计更优. 当模型建立完成后, 进一步可以预测条件异方差, 这里就不再赘述了.

GARCH 模型为金融时间数据的波动性建模提供了有效的方法, 但是实际使用中也存在一些不足. 为此, 人们提出了许多 GARCH 的衍生模型, 以便高效地处理金融中的时间数据. 最常见的 GARCH 衍生模型有 EGARCH 模型、GARCH-M 模型和 IGARCH 模型, 等等, 感兴趣的读者可查阅相关书籍.

第8章学习指导

习题 8

1. 请分别写出 ARCH(q) 模型和 GARCH(p,q) 模型, 并指出它们的联系和区别?

2. 在 (8.1) 式的模型形式下, 假设 u_t 服从 ARCH(1) 模型:

$$h_t = \beta_0 + \beta_1 u_{t-1}^2,$$

证明: (1) $E(h_t^2) = \dfrac{\beta_0^2}{1 - \beta_1} \dfrac{1 + \beta_1}{1 - 3\beta_1^2}$;   (2) $E(u_t^4) = 3\left(\dfrac{1 - \beta_1^2}{1 - 3\beta_1^2}\right).$

3. 假设 u_t 服从 GARCH(3, 2) 模型:

$$h_t = \alpha_0 + \sum_{i=1}^{3} \alpha_i u_{t-i}^2 + \sum_{j=1}^{2} \beta_j h_{t-j}$$

证明: u_t^2 可写成 ARMA(3, 2) 模型.

4. 假设 v_t 是 WN(0, 1) 过程, 满足

$$\begin{cases} r_t = 3 + 0.72 r_{t-1} + u_t, \\ u_t = v_t \sqrt{1 + 0.35 u_{t-1}^2}. \end{cases}$$

(1) 求 r_t 的均值和方差.

(2) 计算 r_t 的自相关函数.

(3) 计算 u_t^2 的自相关函数.

5. 某股票连续若干天的收盘价如表 8.1 所示. 选择适当模型拟合该序列的发展, 并估计下一天的收盘价.

表 8.1　某股票收盘价 (行数据)

304	303	307	299	296	293	301	293	301	295	284	286	286	287	284
282	278	281	278	277	279	278	270	268	272	273	279	279	280	275
271	277	278	279	283	284	282	283	279	280	280	279	278	283	278
270	275	273	273	272	275	273	273	272	273	272	273	271	272	271
273	277	274	274	272	280	282	292	295	295	294	290	291	288	288
290	293	288	289	291	293	293	290	288	287	289	292	288	288	285
282	286	286	287	284	283	286	282	287	286	287	292	292	294	291
288	289													

6. 1750 年至 1849 年瑞典人口出生率 (‰) 数据如表 8.2 所示.

表 8.2　瑞典人口出生率 (行数据)

9	12	8	12	10	10	8	2	0	7	10	9	4	1	7	5	8	9	5
5	6	4	−9	−27	12	10	10	8	8	9	14	7	4	1	1	2	6	7
7	−2	−1	7	12	10	10	4	9	10	9	5	4	3	7	7	6	8	3
4	−5	−14	1	6	3	2	6	1	13	10	10	6	9	10	13	16	14	16
12	8	7	6	9	4	7	12	8	14	11	5	5	10	11	11	9	12
13	8	6	10	13													

(1) 请选择适当的模型拟合该序列的发展.

(2) 检验序列的异方差性, 如果存在异方差, 请拟合条件异方差.

7. 1867 年至 1938 年英国 (英格兰及威尔士) 绵羊数量如表 8.3 (行数据) 所示.

(1) 确定该序列的平稳性.

(2) 选择适当模型, 拟合该序列的发展.

(3) 利用拟合模型预测 1939 年至 1945 年英国绵羊的数量.

表 8.3　英国 (英格兰及威尔士) 绵羊数量 (行数据)

2203	2360	2254	2165	2024	2078	2214	2292	2207	2119	2119	2137
2132	1955	1785	1747	1818	1909	1958	1892	1919	1853	1868	1991
2111	2119	1991	1859	1856	1924	1892	1916	1968	1928	1898	1850
1841	1824	1823	1843	1880	1968	2029	1996	1933	1805	1713	1726
1752	1795	1717	1648	1512	1338	1383	1344	1384	1484	1597	1686
1707	1640	1611	1632	1775	1850	1809	1653	1648	1665	1627	1791

8. 已知一个时间序列 $\{u_t\}$ 服从 GARCH(1, 1) 模型, 试求 $\{u_t\}$ 的无条件期望和方差、条件期望和方差, 并与 ARCH(1) 模型的情形比较.

第 9 章　谱分析

学习目标与要求

1. 理解谱分析的基本思想和周期图的概念和性质.
2. 了解谱表示定理的基本内容.
3. 理解谱密度的概念和特性, 并掌握 ARMA 序列谱密度的求法.
4. 学会谱密度的周期图估计、参数估计和非参数估计方法.

9.1　谱分析大意

在前面章节的学习中, 我们主要学习了时间序列的时域分析方法. 在本章中, 我们将学习时间序列的频域分析方法, 即谱分析方法. 在通信工程、声学、地球物理学、生物医学等许多科学和技术领域中, 经常会遇到具有某种周期特性的时间序列, 谱分析方法就起始于寻找这些时间序列里隐藏的周期特性.

考虑下列余弦曲线

$$y_t = A\cos(2\pi\omega t + \varphi), \tag{9.1}$$

其中, $A > 0$ 为振幅, ω 为频率, φ 为初相. 容易见到, 曲线每隔 $1/\omega$ 时间单位就会重复取值, 也即 y_t 的周期为 $1/\omega$. 现在, 利用余弦曲线的线性组合构造一个序列

$$z_t = \sum_{n=1}^{3} \sqrt{(2n)^2 + (2n+1)^2} \cos\left[2\pi t\frac{6(2n+1)}{100} + \frac{n}{5}\right], t = 1, 2, \cdots. \tag{9.2}$$

由 $\{z_t\}$ 的时序图 9.1 可见, 该序列的周期性有所隐藏. 不过, 谱分析理论为我们提供了较为容易地发现 "隐藏" 周期性的方法. 由于余弦曲线的表达式 (9.1) 不是关于参数 A 和 φ 的线性函数, 因此 A 和 φ 都不易估计. 我们用三角恒等式可以把 (9.1) 式重新表示为

$$y_t = a\cos(2\pi\omega t) + b\sin(2\pi\omega t), \tag{9.3}$$

其中, $a = A\cos\varphi, b = -A\sin\varphi$. 这样当频率固定时, 就可以将 $\cos(2\pi\omega t)$ 和 $\sin(2\pi\omega t)$ 视为自变量, 利用普通最小二乘法, 由观测数据估计出 a 和 b 的值. 同样地, 对于 (9.3) 式的一般

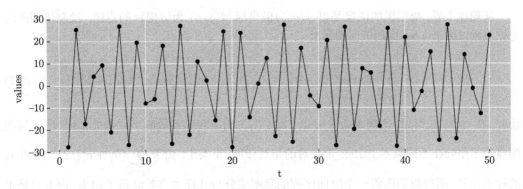

图 9.1　余弦函数的线性组合

形式

$$x_t = a_0 + \sum_{k=1}^{m} \big[a_k \cos(2\pi\omega_k t) + b_k \sin(2\pi\omega_k t) \big],\tag{9.4}$$

当频率取一些特殊形式时, 也可用普通最小二乘法估计出参数 $a_0, a_k, b_k,\ k = 1, 2, \cdots, m$. 事实上, 当样本量 $n = 2m + 1$ 时, 如果频率固定为 $\omega_k = k/n, k = 1, 2, \cdots, m$, 那么可得最小二乘估计

$$\hat{a}_0 = \bar{x} = \frac{1}{n}\sum_{t=1}^{n} x_t, \quad \hat{a}_k = \frac{2}{n}\sum_{t=1}^{n} x_t \cos(2\pi t k/n), \quad \hat{b}_k = \frac{2}{n}\sum_{t=1}^{n} x_t \sin(2\pi t k/n).\tag{9.5}$$

当样本量 $n = 2m$ 时, 对于 $k = 1, 2, \cdots, m-1$, (9.5) 式仍然成立. 但是, 对于 $k = m$, 由于 $\omega_m = 1/2$, 所以

$$\hat{a}_m = \frac{1}{n}\sum_{t=1}^{n} (-1)^t x_t, \quad \hat{b}_m = 0.\tag{9.6}$$

　　上面的序列没有随机性, 不过根据谱表示理论, 对于任意一个平稳时间序列 $\{x_t\}$, 不论它是周期的还是非周期的, 都可以用形如 (9.4) 式的形式进行拟合, 而且 (9.5) 式和 (9.6) 式与所谓的**离散傅里叶变换 (discrete Fourier transform, DFT)** 相联系.

$$x(j/n) = \frac{1}{\sqrt{n}}\sum_{t=1}^{n} x_t \mathrm{e}^{-2\pi\mathrm{i}tj/n} = \frac{1}{\sqrt{n}}\Big[\sum_{t=1}^{n} x_t \cos(-2\pi t j/n) + \mathrm{i}\sum_{t=1}^{n} x_t \sin(-2\pi t j/n)\Big],$$

其中, $j = 0, 1, 2, \cdots, n-1$, i 为虚数单位. 离散傅里叶变换的模的平方, 即

$$|x(j/n)|^2 = \frac{1}{n}\Big[\sum_{t=1}^{n} x_t \cos(2\pi t j/n)\Big]^2 + \frac{1}{n}\Big[\sum_{t=1}^{n} x_t \sin(2\pi t j/n)\Big]^2,$$

称为**周期图**, 记为 $I(j/n)$. 周期图将随时间变化的波动曲线转变为从频率角度描述的周期图.

从图像上看, 周期图的图像是以 j/n 为横坐标, $I(j/n)$ 为纵坐标的点图. 绘制周期图时习惯上乘以因子 $4/n$, 即用下面的函数

$$P(j/n) = \left[\frac{2}{n}\sum_{t=1}^{n} x_t \cos(2\pi t j/n)\right]^2 + \left[\frac{2}{n}\sum_{t=1}^{n} x_t \sin(2\pi t j/n)\right]^2 = \hat{a}_j^2 + \hat{b}_j^2 \tag{9.7}$$

绘制. 从 (9.7) 式可知, 当频率为 j/n 时, 周期图与相应回归系数的平方和成正比, 所以周期图显示了序列在不同频率上余弦-正弦对的相对强度. 事实上, 由于 $\sum_{j=0}^{n-1}(\hat{a}_j^2 + \hat{b}_j^2)/2$ 为序列 x_t 的样本方差, 所以周期图将一个时间序列的频率成分与其样本方差联系了起来, 而方差是平稳序列的重要参数, 从而我们可以从频率角度分析时间序列, 这是谱分析的基本思想.

由周期图的定义容易看出,

$$I\left(\frac{k}{n}\right) = I\left(1 - \frac{k}{n}\right), \quad k = 0, 1, 2, \cdots, n-1. \tag{9.8}$$

(9.8) 式表明周期图关于 $1/2$ 对称. $\omega = 1/2$ 被称为**折叠频率**, 它是离散时间取样时的最高频率.

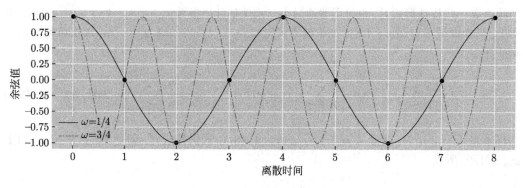

图 9.2　假频图解

在图 9.2 中, 我们绘制了频率为 $1/4$ 和 $3/4$ 的两条余弦曲线, 如果只在离散时间点 $0, 1, 2, \cdots$ 处观察序列, 那么无法区分这两条曲线. 此时, 我们称两个频率 $1/4$ 和 $3/4$ 互为**假频**. 一般而言, 在 0 到 $1/2$ 的区间上的每一个频率 ω 与形如 $\omega + k\frac{1}{2}, k \in \mathbb{Z}^+$ 的频率互为假频, 因此, 我们只需研究 0 到 $1/2$ 区间上的频率就可以了.

在 Python 中, 可以用 Numpy 中的模块 numpy.fft 或 SciPy 中的模块 scipy.fft 实现快速傅里叶变换 (FFT) 的计算. 下面通过例子说明它的用法.

例 9.1 绘制序列 (9.2) 的周期图.

解 首先, 定义一个函数 cosz(), 用来计算 $\sqrt{(2n)^2 + (2n+1)^2}\cos\left[2\pi t\frac{6(2n+1)}{100} + \frac{n}{5}\right]$. 具体命令如下:

```
def cosz(n,T=100):
    t = np.arange(1, T+1)
```

```
alpha = 2*np.pi*t*(6*(2*n+1)/100)
x = np.sqrt((2*n)**2+(2*n+1)**2)*np.cos(alpha+n/5)
return x
```

其次, 选定样本容量为 $T = 100$, 并计算 $z_t,\quad t = 1, 2, \cdots, 100$; 接着计算周期图的值. 具体命令如下:

```
sum = np.zeros(100)
for n in range(1, 4):
    sum = sum + cosz(n, 100)
freqs = np.linspace(0, 0.5, 51)
xf = np.abs(np.fft.rfft(sum)*(2/100))**2
```

最后, 绘制周期图的图像. 具体命令如下, 运行结果见图 9.3.

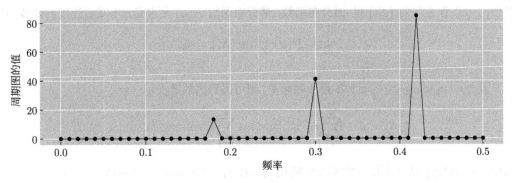

图 9.3　序列 (9.2) 的周期图

```
fig = plt.figure(figsize=(12,4), dpi=150)
ax = fig.add_subplot(111)
ax.plot(freqs,xf,marker="o", linestyle="-", color='blue')
ax.set_ylabel(ylabel="周期图", fontsize=17)
ax.set_xlabel(xlabel="频率", fontsize=17)
plt.xticks(fontsize=15); plt.yticks(fontsize=15)
fig.tight_layout(); plt.savefig(fname='fig/exam9_3.png')
```

9.2　谱密度

　　平稳序列的谱表示理论揭示了平稳序列的谱密度和频率特性的关系. 但是, 由于谱表示的一般理论需要一些数学上的准备, 因此我们不准备展开详述. 在本小节中, 我们首先描述一下实值离散时间序列的谱表示定理, 然后重点阐释谱密度及其样本形式. 本书只研究实值离散时间序列, 因而下面所说的时间序列指的就是实值离散时间序列.

9.2.1 谱表示

谱表示定理表明, 任意一个平稳的时间序列 X_t 都可以表示为

$$X_t = \mu + \int_0^{1/2} \cos(2\pi\omega t) \mathrm{d}a(\omega) + \int_0^{1/2} \sin(2\pi\omega t) \mathrm{d}b(\omega), \tag{9.9}$$

其中, $a(\omega)$ 和 $b(\omega)$ 是参数为 ω 的零均值随机过程, 且满足:

(1) 对于 $0 \leqslant \omega \leqslant 1/2$, 有 $E(a(\omega)^2) < +\infty, E(b(\omega)^2) < +\infty$;

(2) 对于 $0 < \omega_1 < \omega_2 < \omega_3 < \omega_4 < 1/2$, 有 $E([a(\omega_2) - a(\omega_1)][a(\omega_4) - a(\omega_3)]) = 0$, $E([b(\omega_2) - b(\omega_1)][b(\omega_4) - b(\omega_3)]) = 0$, $E([a(\omega_2) - a(\omega_1)][b(\omega_4) - b(\omega_3)]) = 0$.

事实上, 谱表示定理还表明,

$$E[a(\omega)b(\omega)] = 0; \quad E[\mathrm{d}a(\omega)]^2 = E[\mathrm{d}b(\omega)]^2 = \mathrm{d}F(\omega),$$

其中, $F(\omega)$ 称为序列 $\{X_t\}$ 的 **谱分布函数**. 谱分布函数 $F(\omega)$ 是非负、不减右连续的函数, 且

$$\lim_{\omega \to 1/2} F(\omega) = \mathrm{Var}(X_t) = \gamma_0.$$

设 $0 < \omega_1 < \omega_2 < \cdots < 1/2$ 是一列频率, 则可得到离散谱表示

$$X_t = \mu + \sum_{i=1}^{\infty} a_i \cos(2\pi\omega_i t) + \sum_{i=1}^{\infty} b_i \sin(2\pi\omega_i t),$$

其中, $\{a_i, b_i\}_{i=1}^{\infty}$ 是互不相关的零均值随机变量序列, 且 $\mathrm{Var}(a_i) = \mathrm{Var}(b_i)$. 习惯上, 将这个相等的方差记为 σ_i^2. 直接计算可得 $\{X_t\}$ 的自协方差函数

$$\gamma_k = \sum_{i=1}^{\infty} \sigma_i^2 \cos(2\pi k\omega_i).$$

此时, 序列 $\{X_t\}$ 的谱分布函数为

$$F(\omega) = \sum_{\{i | \omega_i \leqslant \omega\}} \sigma_i^2. \tag{9.10}$$

显然, 在 (9.10) 式中的 $F(\omega)$ 是个阶梯函数. 当谱分布函数 $F(\omega)$ 只有 m 个跳跃点 $0 < \omega_1 < \omega_2 < \cdots < \omega_m < 1/2$ 时, X_t 的离散谱表示为

$$X_t = \mu + \sum_{i=1}^{m} a_i \cos(2\pi\omega_i t) + \sum_{i=1}^{m} b_i \sin(2\pi\omega_i t). \tag{9.11}$$

9.2.2 谱密度

设 $\{X_t\}_{t=-\infty}^{+\infty}$ 是一个平稳时间序列, $\mu = E(X_t)$ 为均值函数, $\gamma_k = E[(X_t - \mu)(X_{t-k} - \mu)]$

为延迟 k 阶的自协方差函数. 如果 $\sum\limits_{k=1}^{\infty} |\gamma_k| < +\infty$, 那么称

$$g(z) = \sum_{k=-\infty}^{\infty} \gamma_k z^k \quad (z \text{ 为复数}) \tag{9.12}$$

为 **自协方差生成函数**. 在 (9.12) 式中, 令 $z = \mathrm{e}^{-\mathrm{i}2\pi\omega}$, i 为虚数单位, 则得

$$f(\omega) = g(\mathrm{e}^{-\mathrm{i}2\pi\omega}) = \sum_{k=-\infty}^{\infty} \gamma_k \mathrm{e}^{-\mathrm{i}2\pi\omega k}. \tag{9.13}$$

由于 $\gamma_k = \gamma_{-k}$, 且 $\mathrm{e}^{-\mathrm{i}2\pi\omega k} = \cos(2\pi\omega k) - \mathrm{i}\sin(2\pi\omega k)$, 所以

$$f(\omega) = \gamma_0 + 2\sum_{k=1}^{\infty} \gamma_k \cos(2\pi\omega k). \tag{9.14}$$

一般地, 称 $f(\omega)$ 为序列 $\{X_t\}$ 的**谱密度函数**, 简称**谱密度**. 从 (9.14) 式易见, 谱密度关于原点对称, 且对任意的整数 j 有, $f(\omega + j) = f(\omega)$, 因此, 如果知道 $f(\omega)$ 在区间 $[0, 1/2]$ 上的所有函数值, 那么就可推出它在任意区间上的函数值. 进一步, 还可证明它是关于 ω 的非负连续函数 (见文献 [2, 9]), 且

$$F(\omega) = \int_0^{\omega} f(x)\mathrm{d}x, \quad \omega \in [0, 1/2]. \tag{9.15}$$

(9.15) 式表明, 称 $f(\omega)$ 为谱密度的合理性.

下面计算 ARMA 模型的谱密度.

(1) MA 模型的谱密度

设 MA(q) 模型: $x_t = \Theta(B)\varepsilon_t$, 其中, $\Theta(B) = 1 - \theta_1 B - \theta_2 B^2 - \cdots - \theta_q B^q$ 为 q 阶移动平均系数多项式. 当 $q = 1$ 时, 由 (2.25) 式得, MA(1) 模型的自协方差生成函数

$$g_1(z) = -\theta_1\sigma_\varepsilon^2 z^{-1} + [(1 + \theta_1^2)\sigma_\varepsilon^2]z^0 - \theta_1\sigma_\varepsilon^2 z = \sigma_\varepsilon^2(1 - \theta_1 z)(1 - \theta_1 z^{-1}). \tag{9.16}$$

对于 MA(q) 模型, 有自协方差生成函数

$$\begin{aligned}
g_q(z) &= (-\theta_q)\sigma_\varepsilon^2 z^q + (-\theta_{q-1} + \theta_q\theta_1)\sigma_\varepsilon^2 z^{q-1} + (-\theta_{q-2} + \theta_{q-1}\theta_1 + \theta_q\theta_2)\sigma_\varepsilon^2 z^{q-2} + \\
&\quad \cdots + (-\theta_1 + \theta_2\theta_1 + \theta_3\theta_2 + \cdots + \theta_q\theta_{q-1})\sigma_\varepsilon^2 z + (1 + \theta_1^2 + \cdots + \theta_q^2)\sigma_\varepsilon^2 z^0 + \\
&\quad (-\theta_1 + \theta_2\theta_1 + \theta_3\theta_2 + \cdots + \theta_q\theta_{q-1})\sigma_\varepsilon^2 z^{-1} + \cdots + (-\theta_q)\sigma_\varepsilon^2 z^{-q} \\
&= (1 - \theta_1 z - \theta_2 z^2 - \cdots - \theta_q z^q)(1 - \theta_1 z^{-1} - \theta_2 z^{-2} - \cdots - \theta_q z^{-q})\sigma_\varepsilon^2 \\
&= \Theta(z)\Theta(z^{-1})\sigma_\varepsilon^2. \tag{9.17}
\end{aligned}$$

类似地, 对于 MA(∞) 模型, 有自协方差生成函数

$$g_\infty(z) = \Theta_\infty(z)\Theta_\infty(z^{-1})\sigma_\varepsilon^2, \tag{9.18}$$

这里, $\Theta_\infty(z) = 1 - \theta_1 z - \theta_2 z^2 - \cdots - \theta_q z^q - \cdots$, 且 $\displaystyle\sum_{j=0}^{\infty}|\theta_j| < +\infty$.

根据 (9.16) 式, 我们有 MA(1) 模型的谱密度

$$f_{\mathrm{MA}(1)}(\omega) = g_1(\mathrm{e}^{-\mathrm{i}2\pi\omega}) = [1 + \theta_1^2 - 2\theta_1\cos(2\pi\omega)]\sigma_\varepsilon^2.$$

显然, 当 $\theta_1 > 0$ 时, $f_{\mathrm{MA}(1)}(\omega)$ 在 $[0, 1/2]$ 上是单调增函数; 当 $\theta_1 < 0$ 时, $f_{\mathrm{MA}(1)}(\omega)$ 在 $[0, 1/2]$ 上是单调减函数.

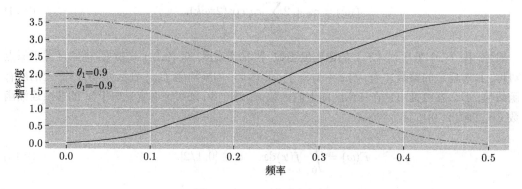

图 9.4　　MA(1) 的谱密度图

图 9.4 分别显示了当 $\theta_1 = 0.9, \sigma_\varepsilon^2 = 1$ 和 $\theta_1 = -0.9, \sigma_\varepsilon^2 = 1$ 的 MA(1) 模型的谱密度. 在 $\theta_1 = 0.9$ 情形, MA(1) 模型在延迟一阶处有一个相对大的负相关值, 而在延迟阶数大于 1 时相关函数值为零, 这反映到谱上就是谱密度在高频处的值明显大于在低频处的值; 在 $\theta_1 = -0.9$ 情形, MA(1) 模型在延迟一阶处正相关值, 而在延迟阶数大于 1 时自相关函数值为零, 这反映到谱上就是谱密度在低频处的值明显大于在高频处的值.

显然, 根据 (9.17) 式和 (9.18) 式, 我们容易得到 MA(q) 模型和 MA(∞) 模型的谱密度

$$f_{\mathrm{MA}(q)}(\omega) = g_q(\mathrm{e}^{-\mathrm{i}2\pi\omega}) = \Theta(\mathrm{e}^{-\mathrm{i}2\pi\omega})\Theta(\mathrm{e}^{\mathrm{i}2\pi\omega})\sigma_\varepsilon^2 \tag{9.19}$$

和

$$f_{\mathrm{MA}(\infty)}(\omega) = g_\infty(\mathrm{e}^{-\mathrm{i}2\pi\omega}) = \Theta_\infty(\mathrm{e}^{-\mathrm{i}2\pi\omega})\Theta_\infty(\mathrm{e}^{\mathrm{i}2\pi\omega})\sigma_\varepsilon^2. \tag{9.20}$$

特别地, 白噪声序列的谱密度为 $f(\omega) = \sigma_\varepsilon^2$.

(2) AR 模型的谱密度

设平稳 AR(p) 模型: $\Phi(B)x_t = \varepsilon_t$, 其中, $\Phi(B) = 1 - \phi_1 B - \phi_2 B^2 - \cdots - \phi_p B^p$ 为 p 阶

自回归系数多项式, 则 $x_t = \Phi^{-1}(B)\varepsilon_t$. 再由 (9.19) 式得 AR($p$) 模型的谱密度

$$f_{\mathrm{AR}(p)}(\omega) = \frac{\sigma_\varepsilon^2}{\Phi(\mathrm{e}^{-\mathrm{i}2\pi\omega})\Phi(\mathrm{e}^{\mathrm{i}2\pi\omega})}. \tag{9.21}$$

当 $p = 1$ 时, 根据 (9.21) 式, 可以求得 AR(1) 模型的谱密度

$$f_{\mathrm{AR}(1)}(\omega) = \frac{\sigma_\varepsilon^2}{1 + \phi_1^2 - 2\phi_1\cos(2\pi\omega)}.$$

可见, 当 $\phi_1 > 0$ 时, $f_{\mathrm{AR}(1)}(\omega)$ 在区间 $[0, 1/2]$ 上单调递减; 当 $\phi_1 < 0$ 时, $f_{\mathrm{AR}(1)}(\omega)$ 在区间 $[0, 1/2]$ 上单调递增. 同样地, 当 $p = 2$ 时, 可求得 AR(2) 模型的谱密度

$$f_{\mathrm{AR}(2)}(\omega) = \frac{\sigma_\varepsilon^2}{1 + \phi_1^2 + \phi_2^2 - 2\phi_1(1 - \phi_2)\cos(2\pi\omega) - 2\phi_2\cos(4\pi\omega)}.$$

AR(2) 模型的谱密度比 AR(1) 谱密度更复杂, 其性质依赖于两个参数 ϕ_1 和 ϕ_2 的取值. 图 9.5 显示了两个 $\sigma_\varepsilon^2 = 1$ 的 AR(2) 模型的谱密度图像. 从图像可知, 不同的参数 ϕ_1 和 ϕ_2 的值会使 AR(2) 模型的谱密度性质大不相同.

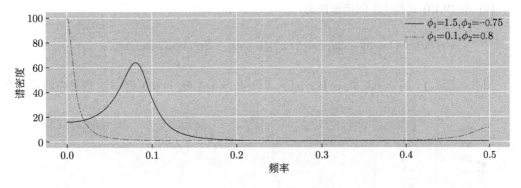

图 9.5 AR(2) 的谱密度图

(3) ARMA 模型的谱密度

设平稳 ARMA(p, q) 模型: $\Phi(B)x_t = \Theta(B)\varepsilon_t$, 其中, $\Phi(B) = 1 - \phi_1 B - \phi_2 B^2 - \cdots - \phi_p B^p$ 为 p 阶自回归系数多项式, $\Theta(B) = 1 - \theta_1 B - \theta_2 B^2 - \cdots - \theta_q B^q$ 为 q 阶移动平均系数多项式, 则 $x_t = \Phi^{-1}(B)\Theta(B)\varepsilon_t$. 根据 (9.19) 式得 ARMA($p, q$) 模型的谱密度为

$$f_{\mathrm{ARMA}(p,q)}(\omega) = \sigma_\varepsilon^2 \frac{\Theta(\mathrm{e}^{-\mathrm{i}2\pi\omega})\Theta(\mathrm{e}^{\mathrm{i}2\pi\omega})}{\Phi(\mathrm{e}^{-\mathrm{i}2\pi\omega})\Phi(\mathrm{e}^{\mathrm{i}2\pi\omega})}. \tag{9.22}$$

如果自回归系数多项式和移动平均系数多项式可以分解为如下形式:

$$\Phi(z) = (1 - \eta_1 z)(1 - \eta_2 z)\cdots(1 - \eta_p z),$$

$$\Theta(z) = (1 - \lambda_1 z)(1 - \lambda_2 z)\cdots(1 - \lambda_q z),$$

那么

$$f_{\mathrm{ARMA}(p,q)}(\omega) = \sigma_\varepsilon^2 \frac{\prod\limits_{i=1}^{q}[(1+\lambda_i^2)-2\lambda_i\cos(2\pi\omega)]}{\prod\limits_{i=1}^{p}[(1+\eta_i^2)-2\eta_i\cos(2\pi\omega)]}. \tag{9.23}$$

由 (9.23) 式立即得到 ARMA(1,1) 的谱密度

$$f_{\mathrm{ARMA}(1,1)}(\omega) = \sigma_\varepsilon^2 \frac{1+\theta_1^2-2\theta_1\cos(2\pi\omega)}{1+\phi_1^2-2\phi_1\cos(2\pi\omega)}.$$

例 9.2　求下列平稳序列的谱密度, 并绘制它们的图像.

(1) $(1-\phi_1 B)(1-\Phi_1 B^{12})x_t = \varepsilon_t,$　　　　　(2) $x_t = (1-\theta_1 B)(1-\Theta_1 B^{12})\varepsilon_t.$

解　(1) 因为 $x_t = (1-\phi_1 B)^{-1}(1-\Phi_1 B^{12})^{-1}\varepsilon_t$, 所以由 (9.19) 式得 (1) 的谱密度为

$$f(\omega) = \frac{\sigma_\varepsilon^2}{(1+\phi_1^2-2\phi_1\cos(2\pi\omega))(1+\Phi_1^2-2\Phi_1\cos(24\pi\omega))}.$$

(2) 由 (9.19) 式得 (2) 的谱密度为

$$f(\omega) = (1+\theta_1^2-2\theta_1\cos(2\pi\omega))(1+\Theta_1^2-2\Theta_1\cos(24\pi\omega))\sigma_\varepsilon^2.$$

图 9.6 显示了, $\phi_1=0.5, \Phi_1=0.9, \sigma_\varepsilon^2=1$ 和 $\theta_1=0.4, \Theta_1=0.9, \sigma_\varepsilon^2=1$ 情形下的谱密度

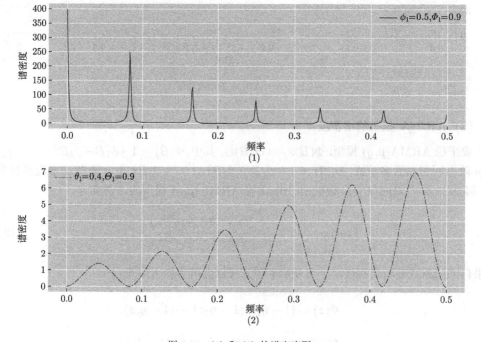

图 9.6　(1) 和 (2) 的谱密度图

图. 可见, 图 9.6 具有很强的周期性, 这是由于 (1) 和 (2) 是季节模型, 从其表达式也可看出其周期性.

由谱密度的定义可知, 只要知道平稳序列的自协方差序列就可求出谱密度. 下面的定理告诉我们, 反之也成立, 即知道谱密度也可求出序列的所有自协方差. 这意味着, 谱密度与自协方差序列包含相同的信息, 也就是说, 任何一个都不能提供给我们另外一个方法不能推出的信息.

定理 9.1 设 $\{X_t\}_{-\infty}^{+\infty}$ 是一个平稳时间序列, $f(\omega)$ 为它的谱密度, $\{\gamma_k\}_{-\infty}^{+\infty}$ 是其自协方差序列, 且 $\sum_{k=-\infty}^{\infty} |\gamma_k| < +\infty$, 则

$$\int_{-1/2}^{1/2} f(\omega) e^{i2\pi\omega k} d\omega = \gamma_k \tag{9.24}$$

或等价地表示为

$$\int_{-1/2}^{1/2} f(\omega) \cos(2\pi\omega k) d\omega = \gamma_k. \tag{9.25}$$

证明 根据谱密度的定义可以得到

$$\int_{-1/2}^{1/2} f(\omega) e^{i2\pi\omega k} d\omega = \int_{-1/2}^{1/2} \sum_{j=-\infty}^{\infty} \gamma_j e^{-i2\pi\omega j} e^{i2\pi\omega k} d\omega = \sum_{j=-\infty}^{\infty} \gamma_j \int_{-1/2}^{1/2} e^{i2\pi\omega(k-j)} d\omega$$

$$= \sum_{j=-\infty}^{\infty} \gamma_j \int_{-1/2}^{1/2} \{\cos[2\pi\omega(k-j)] + i\sin[2\pi\omega(k-j)]\} d\omega. \tag{9.26}$$

当 $k = j$ 时, 有

$$\int_{-1/2}^{1/2} \{\cos[2\pi\omega(k-j)] + i\sin[2\pi\omega(k-j)]\} d\omega = 1. \tag{9.27}$$

当 $k \neq j$ 时, 有

$$\int_{-1/2}^{1/2} \{\cos[2\pi\omega(k-j)] + i\sin[2\pi\omega(k-j)]\} d\omega$$

$$= \frac{\sin(2\pi\omega(k-j))}{2\pi(k-j)}\Big|_{\omega=-1/2}^{\omega=1/2} - i\frac{\cos(2\pi\omega(k-j))}{2\pi(k-j)}\Big|_{\omega=-1/2}^{\omega=1/2} = 0. \tag{9.28}$$

将 (9.27) 式和 (9.28) 式代入 (9.26) 式, 我们得到 (9.24) 式.

根据谱密度的对称性, 得

$$\int_{-1/2}^{1/2} f(\omega) e^{i2\pi\omega k} d\omega = \int_{-1/2}^{0} f(\omega) e^{i2\pi\omega k} d\omega + \int_{0}^{1/2} f(\omega) e^{i2\pi\omega k} d\omega$$

$$= \int_0^{1/2} f(-\omega) \mathrm{e}^{-\mathrm{i}2\pi\omega k} \mathrm{d}\omega + \int_0^{1/2} f(\omega) \mathrm{e}^{\mathrm{i}2\pi\omega k} \mathrm{d}\omega$$

$$= 2\int_0^{1/2} f(\omega) \cos(2\pi\omega k) \mathrm{d}\omega$$

$$= \int_{-1/2}^{1/2} f(\omega) \cos(2\pi\omega k) \mathrm{d}\omega.$$

因而得到 (9.25) 式.

在 (9.24) 式中, 令 $k=0$, 得到

$$\int_{-1/2}^{1/2} f(\omega) \mathrm{d}\omega = \gamma_0. \tag{9.29}$$

也就是说, 序列的方差 γ_0 为谱密度与区间 $[-1/2, 1/2]$ 围成的曲边梯形的面积.

9.3　谱密度估计

9.2 节, 我们主要介绍了谱密度的总体表示和性质. 在本节中, 我们主要讨论谱密度的估计方法, 也就是当知道序列的样本观察值后, 如何估计它的谱密度?

9.3.1　谱密度的周期图估计

设 $\{x_1, x_2, \cdots, x_n\}$ 为平稳序列 $\{X_t\}$ 的 n 个样本观察值. 根据自协方差函数的对称性, 可以定义样本自协方差函数为

$$\hat{\gamma}_k = \frac{1}{n} \sum_{i=1}^{n-|k|} (x_{i+|k|} - \bar{x})(x_i - \bar{x}), \quad -n < k < n.$$

自然地, 将谱密度 (9.13) 式中的自协方差函数 γ_k 换成其样本形式, 就得样本谱密度

$$\hat{f}(\omega) = \sum_{k=-n+1}^{n-1} \hat{\gamma}_k \mathrm{e}^{-2\pi\mathrm{i}\omega k}, \quad \omega \in [-1/2, 1/2]. \tag{9.30}$$

记频率 $\omega_j = j/n, j = 0, 1, 2, \cdots, n-1$. 对于上面给定的样本观察序列 $\{x_1, x_2, \cdots, x_n\}$, 可给出其离散傅里叶变换 (discrete Fourier transform, DFT)

$$x(\omega_j) = n^{-1/2} \sum_{t=1}^n x_t \mathrm{e}^{-2\pi\mathrm{i}\omega_j t}, \quad j = 0, 1, \cdots, n-1. \tag{9.31}$$

从而得到周期图为

$$I(\omega_j) = |x(\omega_j)|^2 = \Big[\frac{1}{\sqrt{n}}\sum_{t=1}^{n}x_t\cos(2\pi\omega_j t)\Big]^2 + \Big[\frac{1}{\sqrt{n}}\sum_{t=1}^{n}x_t\sin(2\pi\omega_j t)\Big]^2 = I_{\mathrm{c}}^2(\omega_j) + I_{\mathrm{s}}^2(\omega_j). \quad (9.32)$$

显然, $I(0) = n(\bar{x})^2$, 其中, $\bar{x}$ 为样本均值. 数据的周期性与均值无关, 因此, 谱分析之前一般将数据中心化, 从而使得 $I(0) = 0$.

令 $w_n = \mathrm{e}^{-\mathrm{i}2\pi\frac{1}{n}}$, 则 $w_n^{jn} = 1, 1 \leqslant j \leqslant n-1$, 于是

$$0 = 1 - w_n^{jn} = (1 - w_n^j)(1 + w_n^j + w_n^{2j} + \cdots + w_n^{(n-1)j}). \quad (9.33)$$

由 (9.33) 式得到

$$\sum_{t=1}^{n}\mathrm{e}^{-\mathrm{i}2\pi\omega_j t} = \sum_{t=1}^{n}w_n^{tj} = w_n^j + w_n^{2j} + \cdots + w_n^{(n-1)j} + 1 = 0. \quad (9.34)$$

再由 (9.34) 式, 得到

$$
\begin{aligned}
I(\omega_j) &= |x(\omega_j)|^2 = \frac{1}{n}\Big|\sum_{t=1}^{n}x_t\mathrm{e}^{-2\pi\mathrm{i}\omega_j t}\Big|^2 = \frac{1}{n}\Big|\sum_{t=1}^{n}(x_t - \bar{x})\mathrm{e}^{-2\pi\mathrm{i}\omega_j t}\Big|^2 \\
&= \frac{1}{n}\Big(\sum_{t=1}^{n}(x_t - \bar{x})\mathrm{e}^{-2\pi\mathrm{i}\omega_j t}\Big)\Big(\sum_{t=1}^{n}(x_t - \bar{x})\mathrm{e}^{2\pi\mathrm{i}\omega_j t}\Big) \\
&= \frac{1}{n}\sum_{s,t}\mathrm{e}^{-2\pi\mathrm{i}\omega_j(s-t)}(x_s - \bar{x})(x_t - \bar{x}) \\
&= \sum_{k=-n+1}^{n-1}\hat{\gamma}_k\mathrm{e}^{-2\pi\mathrm{i}\omega_j k} = \hat{f}(\omega_j).
\end{aligned}
$$

上式说明, 当 $j \neq 0$ 时, 周期图 $I(\omega_j)$ 就是谱密度的样本形式 $\hat{f}(\omega_j)$. 为了分析方便, 人们也用 $I(\omega)$ 作为 $f(\omega)$ 的估计.

下面给出样本谱密度和周期图的一些统计性质.

> **定理 9.2** 设 $\{X_t\}_{-\infty}^{+\infty}$ 是一个零均值平稳时间序列, $f(\omega)$ 为它的谱密度, $\{\gamma_k\}_{-\infty}^{+\infty}$ 是其自协方差序列, 且 $\displaystyle\sum_{k=-\infty}^{\infty}|\gamma_k| < +\infty$, 则 $\hat{f}(\omega)$ 是 $f(\omega)$ 的渐近无偏估计, 即
>
> $$E(\hat{f}(\omega)) \to f(\omega), \quad n \to \infty. \quad (9.35)$$

证明 为了证明定理 9.2, 首先给出 Kronecker 引理: 如果 $\{b_n\}$ 单调上升趋于 $+\infty$, 复数列 $\{a_n\}$ 满足 $\displaystyle\sum_{n\geqslant 1}a_n$ 收敛, 那么 $\displaystyle\lim_{n\to\infty}\Big(\sum_{j=1}^{n}b_j a_j\Big)/b_n = 0$. 根据上述引理得

$$E(\hat{f}(\omega)) = \sum_{k=-n+1}^{n-1}E(\hat{\gamma}_k\mathrm{e}^{-2\pi\mathrm{i}\omega k}) = \sum_{k=-n+1}^{n-1}\frac{1}{n}(n - |k|)\gamma_k\mathrm{e}^{-2\pi\mathrm{i}\omega k}$$

$$= \sum_{k=-n+1}^{n-1} \gamma_k e^{-2\pi i\omega k} - \frac{1}{n} \sum_{k=-n+1}^{n-1} |k|\gamma_k e^{-2\pi i\omega k}$$

$$\rightarrow \sum_{k=-\infty}^{\infty} \gamma_k e^{-2\pi i\omega k} = f(\omega).$$

定理 9.2 表明, 周期图 $I(\omega_j)$ 是谱密度 $f(\omega_j)$ 的渐近无偏估计. 进一步, 在一些限制条件下, 周期图渐近服从卡方分布.

> **定理 9.3**　设 $\{X_t\}_{-\infty}^{+\infty}$ 是一个零均值正态时间序列, $f(\omega)$ 为它的谱密度, 则 $I_c(\omega_j)$ 与 $I_s(\omega_j)$ 渐近独立, 且渐近地服从 $N(0, f(\omega))$ 分布. 如果 $\omega_j = j/n$ 是 ω 最近的傅里叶频率, 则当 $\lim_{n\to\infty} \omega_j = \omega$ 时, $\lim_{n\to\infty} f(\omega_j) = f(\omega)$, 且
>
> $$\frac{2I(\omega_j)}{f(\omega)} \Rightarrow_P \chi_2^2, \tag{9.36}$$
>
> 其中, '$\Rightarrow_P$' 表示依概率收敛.

这里略去定理 9.3 的证明. 根据 (9.36) 式可得到渐近置信区间

$$P\Big(\frac{2I(\omega_j)}{\chi_2^2(\alpha/2)} \leqslant f(\omega) \leqslant \frac{2I(\omega_j)}{\chi_2^2(1-\alpha/2)} \Big) \rightarrow 1 - \alpha.$$

通常情况下, 一个好的估计量除了具有无偏性外还应该是相合的, 然而周期图却不是谱密度的相合估计. 这会造成在样本量很大时, 周期图还会绕谱密度作大幅剧烈振荡. 为解决这个问题, 我们引入下面的光滑方法.

9.3.2　谱密度的非参数估计

下面介绍谱密度的光滑化方法, 这是一种非参数估计.

1. 加时窗谱估计

称谱密度 $f(\omega)$ 的如下估计量为**加时窗谱估计**:

$$\hat{f}(\omega) = \sum_{k=-n+1}^{n-1} \lambda_n(k)\hat{\gamma}_k e^{-2\pi i\omega k}, \tag{9.37}$$

其中, 权函数 $\lambda_n(k)$ 是关于 $|k|$ 的单调减少函数, 被称为**时窗**. 显然 (9.37) 式是 (9.30) 式的加权版本. 一般地, 对 $\mathrm{ARMA}(p,q)$ 序列的谱密度进行加时窗谱估计, 如果时窗 $\lambda_n(k)$ 取得恰当都会得到相合的估计.

例 9.3　设 $\{x_t\}$ 是 $\mathrm{MA}(q)$ 序列: $x_t = \Theta(B)\varepsilon_t$, 其中, $\Theta(B)$ 为 q 阶移动平均系数多项式. 由于 $\mathrm{MA}(q)$ 序列的自协方差函数具有 q 阶截尾性, 所以 $\{x_t\}$ 的谱密度可写成

$$f(\omega) = \sum_{k=-q}^{q} \gamma_k \mathrm{e}^{-\mathrm{i}2\pi\omega k}. \tag{9.38}$$

对于恰当的正整数 K, 令

$$\lambda_n(k) = \begin{cases} 1, & |k| \leqslant K; \\ 0, & |k| > K. \end{cases}$$

则根据 (9.37) 式得 (9.38) 式的加时窗谱估计

$$\hat{f}(\omega) = \sum_{k=-K}^{K} \hat{\gamma}_k \mathrm{e}^{-\mathrm{i}2\pi\omega k}. \tag{9.39}$$

由于当 $n \to \infty$ 时, $\hat{\gamma}_k$ 几乎必然收敛到 γ_k (感兴趣的读者参见文献 [14]), 所以

$$\lim_{n\to\infty} \hat{f}(\omega) = \sum_{k=-K}^{K} \gamma_k \mathrm{e}^{-\mathrm{i}2\pi\omega k} = \sum_{k=-q}^{q} \gamma_k \mathrm{e}^{-\mathrm{i}2\pi\omega k} = f(\omega) \quad a.s.成立.$$

可见, 加时窗谱估计 $\hat{f}(\omega)$ 是谱密度 $f(\omega)$ 的强相合估计.

考虑 MA(2) 序列:

$$x_t = \varepsilon_t + 0.05\varepsilon_{t-1} - 0.9\varepsilon_{t-2}, \quad \sigma_\varepsilon^2 = 1$$

的谱密度 $f(\omega)$、它的形如 (9.30) 式的估计以及加时窗谱估计 (9.39) 式的图像, 其中, 样本量 $n = 10000$, $K = 3$. 具体命令如下, 运行结果见图 9.7.

```python
from statsmodels.tsa.stattools import acovf
ar = np.r_[1, 0]; ma = np.r_[1, 0.05,-0.9]
np.random.seed(2022)
xt = smtsa.arma_generate_sample(ar=ar, ma=ma, nsample=L)
gk = acovf(xt,adjusted=True)
def func(x,n=500):
    sum = gk[0]
    for k in range(1,n,1):
        sum = sum + 2*gk[k]*np.cos(2*np.pi*x*k)
    return sum
w = np.arange(0.001,0.5001,0.001)
def f(a,b):
    f = 1+a**2+b**2-2*a*(1-b)*np.cos(2*np.pi*w)
        -2*b*np.cos(4*np.pi*w)
    return f
fig = plt.figure(figsize=(12,8),dpi=150)
ax1 = fig.add_subplot(211)
```

```
ax1.plot(w,func(w), linestyle=":", color='green')
ax1.legend(loc=1, labels=['无加窗谱估计'], fontsize=15)
plt.xticks(fontsize=15); plt.yticks(fontsize=15)
ax2 = fig.add_subplot(212)
ax2.plot(w, f(-0.05,0.9), linestyle="-", color='blue')
ax2.plot(w,func(w,n=3),linestyle="-.",color='green')
ax2.legend(loc=1, labels=['谱密度','加时窗谱估计'], fontsize=15)
ax2.set_xlabel(xlabel="频率",fontsize=17)
plt.xticks(fontsize=15); plt.yticks(fontsize=15)
fig.tight_layout(); plt.savefig(fname='fig/9_7.png')
```

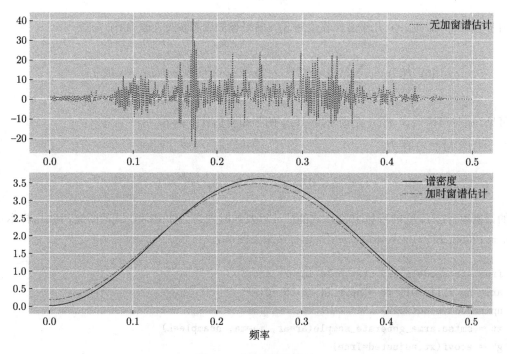

图 9.7　谱密度估计图

2. 加谱窗谱估计

称谱密度 $f(\omega)$ 的如下估计量为**加谱窗谱估计**:

$$\hat{f}(\omega) = \int_{-1/2}^{1/2} I(s)W_n(\omega - s)\mathrm{d}s, \tag{9.40}$$

其中, $I(s)$ 为周期图的如下形式:

$$I(s) = \sum_{k=-n+1}^{n-1} \hat{\gamma}_k \mathrm{e}^{-2\pi\mathrm{i}sk},$$

函数 $W_n(s)$ 被称为**谱窗**, 具有如下形式:

$$W_n(s) = \sum_{k=-n+1}^{n-1} \lambda_n(k) e^{-2\pi i s k}, \qquad (9.41)$$

这里的 $\lambda_n(k)$ 为 (9.37) 式中的时窗. 容易看出, 谱窗 $W_n(s)$ 和时窗 $\lambda_n(k)$ 还具有如下关系:

$$\lambda_n(k) = \int_{-1/2}^{1/2} W_n(s) e^{i2\pi s k} ds. \qquad (9.42)$$

从 (9.40) 式可以看出, $f(\omega)$ 的加谱窗谱估计本质上是周期图的光滑平均. 今后, 加时窗谱估计和加谱窗谱估计统一简被称为**加窗谱估计**. 为方便研究加窗谱估计的统计性质, 一般要求谱窗 $W_n(s)$ 满足下面的性质:

(1) $\displaystyle\int_{-1/2}^{1/2} W_n(s) ds = 1$, 即 $\lambda_n(0) = 1$;

(2) $\displaystyle\int_{-1/2}^{1/2} W_n^2(s) ds < +\infty$;

(3) 对任何 $\varepsilon > 0$, 当 $n \to \infty$ 时, $\sup_{|s| \geqslant \varepsilon} W_n(s) \to 0$;

(4) 对称性: $W_n(-s) = W_n(s)$;

(5) 对任何正数 C, 当 $n \to \infty$ 时,

$$\max_{|\mu| \leqslant C/n} \left| \frac{\displaystyle\int_{-1/2}^{1/2} W_n(s) W_n(\mu+s) ds}{\displaystyle\int_{-1/2}^{1/2} W_n^2(s) ds} - 1 \right| \to 0.$$

以上性质表明, 满足上述条件的谱窗 $W_n(s)$ 的质量随着 n 的增大向 $s = 0$ 处集中.

3. 几个常用的加窗谱估计

设 $\{x_1, x_2, \cdots, x_n\}$ 是来自零均值平稳序列的样本. 取正整数 K_n, 满足 $n \to \infty$ 时, $K_n = o(n)$, 且 $K_n \to \infty$. 通常, K_n 取成 $C[\sqrt{n}]$, 其中 C 是正常数, $[x]$ 是 x 的整数部分. C 一般取值在 1 和 3 之间.

A 截断窗

截断窗的时窗是

$$\lambda_n(k) = \begin{cases} 1, & |k| \leqslant K_n; \\ 0, & |k| > K_n. \end{cases}$$

此时, 相应的加时窗谱估计是

$$\hat{f}(\omega) = \sum_{k=-n+1}^{n-1} \lambda_n(k) \hat{\gamma}_k e^{-i2\pi\omega k} = \sum_{|k| \leqslant K_n} \hat{\gamma}_k e^{-i2\pi\omega k}.$$

由 (9.41) 式得到相应的谱窗为

$$W_n(s) = \sum_{|k| \leqslant K_n} \mathrm{e}^{-\mathrm{i}2\pi sk} = \sum_{k=-K_n}^{K_n} \cos(2\pi sk) = \frac{\sin[(2K_n+1)\pi s]}{\sin(\pi s)} = D_{2K_n+1}(s),$$

其中, $D_n(s) = \frac{\sin(\pi ns)}{\sin(\pi s)}$, $s \in (-1/2, 1/2]$, 被称为 **Dirichlet 核**, 其图像如图 9.8 所示. 根据 (9.40) 式得加谱窗谱估计为

$$\hat{f}(\omega) = \int_{-1/2}^{1/2} I(s) D_{2K_n+1}(\omega-s)\mathrm{d}s.$$

需要指出的是, Dirichlet 核可以取到负值, 因而加截断窗的谱估计可能在某些 ω 处取到负值. 这是截断窗估计的不足之处.

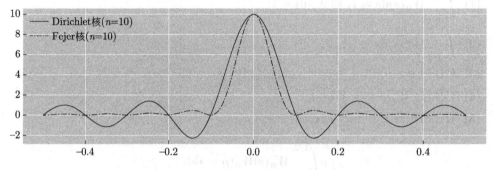

图 9.8　　Dirichlet 核和 Fejer 核

B Bartlett 窗

Bartlett 窗的时窗为

$$\lambda_n(k) = \begin{cases} 1 - \dfrac{|k|}{K_n}, & |k| \leqslant K_n; \\ 0, & |k| > K_n. \end{cases}$$

此时, 相应的加时窗谱估计是

$$\hat{f}(\omega) = \sum_{|k| \leqslant K_n} (1-|k|/K_n)\hat{\gamma}_k \mathrm{e}^{-\mathrm{i}2\pi\omega k}.$$

根据 (9.41) 式得相应的谱窗为

$$W_n(s) = \sum_{|k| \leqslant K_n} (1-|k|/K_n)\mathrm{e}^{-\mathrm{i}2\pi sk} = \frac{1}{K_n}\left(\frac{\sin(K_n\pi s)}{\sin(\pi s)}\right)^2 = F_{K_n}(s),$$

其中, $F_n(s) = \dfrac{1}{n}\left[\dfrac{\sin(n\pi s)}{\sin(\pi s)}\right]^2$, $s \in (-1/2, 1/2]$, 被称为 **Fejer 核**, 其图像如图 9.8 所示. 再由

(9.40) 式得加谱窗谱估计为

$$\hat{f}(\omega) = \int_{-1/2}^{1/2} I(s) F_{K_n}(\omega - s) \mathrm{d}s.$$

C Daniell 窗

Daniell 窗的谱窗为

$$W_n(s) = \begin{cases} K_n, & |s| \leqslant \dfrac{1}{2K_n}; \\ 0, & |s| > \dfrac{1}{2K_n}. \end{cases}$$

由 (9.42) 式得到相应的时窗

$$\lambda_n(k) = \int_{-1/2}^{1/2} W_n(s) \mathrm{e}^{\mathrm{i}2\pi sk} \mathrm{d}s = K_n \int_{-1/(2K_n)}^{1/(2K_n)} \mathrm{e}^{\mathrm{i}2\pi sk} \mathrm{d}s = \sin\left(\frac{k\pi}{K_n}\right) \bigg/ \left(\frac{k\pi}{K_n}\right).$$

此时, 相应的加窗谱估计是

$$\begin{aligned} \hat{f}(\omega) &= \sum_{k=-n+1}^{n-1} \lambda_n(k) \hat{\gamma}_k \mathrm{e}^{-\mathrm{i}2\pi\omega k} = \sum_{k=-n+1}^{n-1} \left[\sin\left(\frac{k\pi}{K_n}\right) \bigg/ \left(\frac{k\pi}{K_n}\right)\right] \hat{\gamma}_k \mathrm{e}^{-\mathrm{i}2\pi\omega k} \\ &= \int_{-1/2}^{1/2} I(s) W_n(\omega - s) \mathrm{d}s. \end{aligned}$$

例 9.4 平稳 AR(2) 序列 $\{x_t\}$ 满足:

$$x_t = 0.12 x_{t-1} - 0.64 x_{t-2} + \varepsilon_t, \quad \sigma_\varepsilon^2 = 1.$$

它的谱密度为

$$f(\omega) = \frac{1}{1.424 - 0.3936 \cos(2\pi\omega) + 1.28 \cos(4\pi\omega)}.$$

对上述谱密度 $f(\omega)$ 分别作形如 (9.30) 式的估计、截断窗加窗谱估计、Bartlett 窗加窗谱估计和 Daniell 窗加窗谱估计, 并绘图比较. 具体命令如下, 运行结果如图 9.9 所示.

```
w = np.arange(0.001,0.5001,0.001); L = len(w)
ar = np.r_[1, -0.12, 0.64]; ma = np.r_[1, 0]
np.random.seed(2026)
xt = smtsa.arma_generate_sample(ar=ar,ma=ma, nsample=L)
gk = acovf(xt,adjusted=True)
def f(s,t):
```

```python
    f = 1/(1+s**2+t**2-2*s*(1-t)*np.cos(2*np.pi*w)
        -2*t*np.cos(4*np.pi*w))
    return f
def func(s,n=500):
    sum = gk[0]
    for k in range(1,n,1):
        sum = sum + 2*gk[k]*np.cos(2*np.pi*s*k)
    return sum
def funca(s,n=500,c=3):
    Kn = c*int(np.sqrt(n))
    sum = gk[0]
    for k in range(1,Kn,1):
        sum = sum + 2*gk[k]*np.cos(2*np.pi*s*k)
    return sum
def funcb(s,n=500,c=3):
    Kn = c*int(np.sqrt(n))
    sum = gk[0]
    for k in range(1,Kn,1):
        sum = sum + 2*(1-(k/Kn))*gk[k]*np.cos(2*np.pi*s*k)
    return sum
def funcc(s,n=500,c=3):
    Kn = c*int(np.sqrt(n))
    sum = gk[0]
    for k in range(1,Kn,1):
        sum = sum + 2*(np.sin(k*np.pi/Kn)/(k*np.pi/Kn))
                *gk[k]*np.cos(2*np.pi*s*k)
    return sum
fig = plt.figure(figsize=(12,8), dpi=150)
ax1 = fig.add_subplot(211)
ax1.plot(w, func(w), linestyle=":", color='green')
ax1.legend(loc=1, labels=['无加窗谱估计'], fontsize=15)
plt.xticks(fontsize=15); plt.yticks(fontsize=15)
ax2 = fig.add_subplot(212)
ax2.plot(w, f(0.12,-0.64), linestyle="-", color='blue')
ax2.plot(w, funca(w), linestyle=":", color='blue')
ax2.plot(w, funcb(w), linestyle="-.", color='green')
ax2.plot(w, funcc(w), linestyle="--", color='red')
ax2.legend(loc=1, labels=['谱密度', '截断窗加窗谱估计',
        'Bartlett 窗加窗谱估计',
        'Daniell 窗加窗谱估计'], fontsize=15)
ax2.set_xlabel(xlabel="频率", fontsize=17)
plt.xticks(fontsize=15); plt.yticks(fontsize=15)
fig.tight_layout(); plt.savefig(fname='fig/9_9.png')
```

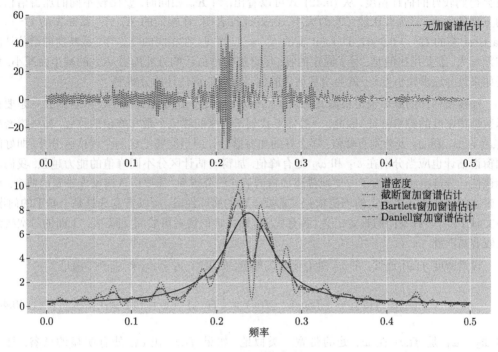

图 9.9 AR(2) 谱密度估计图

从图 9.9 可见, 无加窗谱估计 (9.30) 式有较大的振荡. 在加窗谱估计中, Bartlett 窗的加窗谱估计更加准确.

上面我们介绍了几类加窗谱估计. 一个显然的问题是, 如何对加窗谱估计进行比较? 下面的定理可以从方差的角度对加窗谱估计进行比较.

定理 9.4 设 $\{X_t\}$ 是一个平稳正态时间序列, 它的谱密度 $f(\omega)$ 连续可微, 谱窗函数 $W_n(\omega)$ 满足前面 (1)–(5) 条性质, 则由 (9.40) 式给出的加窗谱估计 $\hat{f}(\omega)$ 有如下结果:

(1) $\hat{f}(\omega)$ 是 $f(\omega)$ 的渐近无偏估计, 即 $\lim\limits_{n\to\infty} E(\hat{f}(\omega)) = f(\omega)$.

(2) $\hat{f}(\omega)$ 是 $f(\omega)$ 的均方相合估计, 即 $\lim\limits_{n\to\infty} E[\hat{f}(\omega)) - f(\omega)]^2 = 0$.

(3) 当 n 充分大时, 有

$$
\mathrm{Var}(\hat{f}(\omega)) \approx
\begin{cases}
\dfrac{K_n}{n} f^2(\omega) C^2, & \omega \neq 0, \pm 1/2; \\[2mm]
2\dfrac{K_n}{n} f^2(\omega) C^2, & \omega = 0, \pm 1/2,
\end{cases}
\tag{9.43}
$$

其中, $C^2 = \int_{-1/2}^{1/2} W_n^2(\omega)\mathrm{d}\omega / K_n$.

这里, 我们略去定理 9.4 的证明. 感兴趣的读者可参阅文献 [23]. 从定理 9.4 可知, 加窗谱估计 $\hat{f}(\omega)$ 是谱密度 $f(\omega)$ 的渐近无偏估计和均方相合估计. 因此, 方差 $\mathrm{Var}[\hat{f}(\omega)]$ 的大小表示了加窗谱估计 $\hat{f}(\omega)$ 的估计精度的高低. 恰当的谱窗 (或时窗) 会使得 $\mathrm{Var}[\hat{f}(\omega)]$ 较小, 一

般会得到较好的估计精度. 从 (9.42) 式可以看出, 当 K_n 相同时, 要比较不同的加窗谱估计的方差的大小, 只需要比较 C^2 的大小. 经过计算表明, 在相同的 K_n 下, 截断窗的 $C^2 = 2$; Bartlett 窗的 $C^2 = 0.6667$; Daniell 窗的 $C^2 = 1$. 可见, 在相同的 K_n 下, 截断窗的谱估计的方差最大. 需要指出的是, 对于固定的窗, 尽管加窗谱估计的方差随着 K_n 的减小而减小, 但是如果过分追求较小方差, 就会增加估计的偏差和降低谱估计的分辨率.

加窗谱估计的好坏也可根据其分辨率高低进行比较. 这是因为谱估计的目的之一是要揭示数据谱密度的频率特征, 因此, 一般需要找到谱密度的峰值个数和峰值的位置. 如果谱密度 $f(\omega)$ 在 ω_1 和 ω_2 处分别有峰值, 那么好的加窗谱估计应当能够把这两个峰值区分开, 即好的加窗谱估计也应当分别在 ω_1 和 ω_2 处有峰值. 加窗谱估计区分不同峰值的能力越强, 我们就称该估计分辨率越高. 为了方便地描述加窗谱估计的分辨率, 需要引入谱密度带宽的概念. 由于带宽的选择既需要一定的理论依据又需要丰富的实际经验, 所以带宽选择是个棘手的问题. 在文献中, 有多种不同的带宽定义, 各有优劣. 感兴趣的读者可参阅文献 [8]. 下面的带宽概念比较容易理解.

设谱密度 $f(\omega)$ 连续, 在 ω_0 处有明显的峰值, 如果当 $\omega_1 < \omega_0 < \omega_2$ 时, 满足

$$f(\omega_1) = f(\omega_2) = \frac{1}{2}f(\omega_0), \quad f(\omega) > \frac{1}{2}f(\omega_0), \quad \omega \in (\omega_1, \omega_2), \tag{9.44}$$

称 $\omega_2 - \omega_1$ 是 $f(\omega)$ 在 ω_0 处的带宽. 类似地, 如果 $f(\omega)$ 在 ω_0 处有明显的低谷, 且当 $\omega_1 < \omega_0 < \omega_2$ 时, 满足

$$f(\omega_1) = f(\omega_2) = 2f(\omega_0), \quad f(\omega) < 2f(\omega_0), \quad \omega \in (\omega_1, \omega_2), \tag{9.45}$$

称 $\omega_2 - \omega_1$ 是 $f(\omega)$ 在 ω_0 处的带宽. $f(\omega)$ 在 ω_0 处的带宽, 记作 $BW_f(\omega_0)$. 当 ω_0 靠近 $\pm 1/2$ 时, 应当对 $f(\omega)$ 作周期为 1 的延拓.

一般地, 加窗谱估计的带宽由谱窗的带宽决定, 所以对于谱密度 $f(\omega)$ 进行加窗谱估计时, 应当要求谱窗的带宽比谱密度的带宽小很多. 只有这样, 加窗谱估计才能分辨出谱密度的峰值情况, 从而得到原平稳序列的频率特征.

经常使用的谱窗 $W_n(\omega)$ 和时窗 $\lambda_n(k)$ 的带宽有以下几种:

I 半功率带宽 $B_{HP} = 2\theta$, 其中 θ 由 $W_n(\theta) = 1/(2W_n(0))$ 决定. 因为谱窗在 $\omega = 0$ 处有一个峰值, 所以半功率带宽和 (9.44) 式中的带宽定义是一致的.

II Parzen 带宽 $B_P = 1/W_n(0)$. 例如, Daniell 窗的 Parzen 带宽为 $B_P = 1/K_n$.

III Jenkin 带宽 $B_J = 1/(\sum_{|k| \leqslant n-1} \lambda_n^2(k))$.

需要指出的是, 通常情况下, 降低谱窗的带宽可以提高加窗谱估计的分辨率, 而降低谱窗的带宽就要增加 K_n. 根据 (9.43) 式可知, 这会导致加窗谱估计的方差增大.

9.3.3　谱密度的参数估计

假定数据可以由 ARMA(p, q) 模型

$$x_t = \mu + \phi_1 x_{t-1} + \phi_2 x_{t-2} + \cdots + \phi_p x_{t-p} + \varepsilon_t - \theta_1 \varepsilon_{t-1} - \theta_2 \varepsilon_{t-2} - \cdots - \theta_q \varepsilon_{t-q}$$

拟合, 其中 ε_t 是零均值白噪声, 且方差为 σ_ε^2. 估计谱密度的一个非常好的方法是首先由前面章节学到的参数估计方法得到估计量 $\hat{\mu}, \hat{\phi}_k, 1 \leqslant k \leqslant p, \hat{\theta}_i, 1 \leqslant i \leqslant q, \hat{\sigma}_\varepsilon^2$, 然后代入 (9.22) 式, 就得到任意频率处的谱密度估计值. 对于极大似然估计 $\hat{\mu}, \hat{\phi}_k, 1 \leqslant k \leqslant p, \hat{\theta}_i, 1 \leqslant i \leqslant q, \hat{\sigma}_\varepsilon^2$, 如果模型设定是正确的, 那么当样本容量增大时, 估计量将会越来越接近真实值, 因此, 谱密度的估计量也应该随着样本量的增大逐渐接近真实值.

9.4 案例分析

本节我们利用澳大利亚糖尿病药品的月销售数据来阐述谱分析的应用. 首先, 绘制时序图. 具体命令如下, 运行结果见图 9.10.

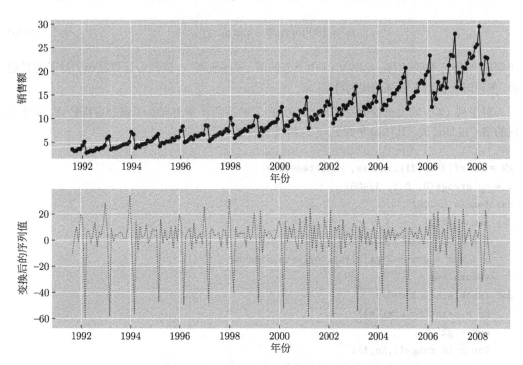

图 9.10 澳大利亚糖尿病药品的月销售额及其差分序列的时序图

```
drug_data = np.loadtxt("drug.txt")
Index = pd.date_range(start="1991-07", end="2008-07", freq="M")
drug_ts = pd.Series(drug_data, index=Index)
drug_dif = 100*np.log(drug_ts).diff()[1:]
fig = plt.figure(figsize=(12,8), dpi=150)
ax1 = fig.add_subplot(211)
ax1.plot(drug_ts, marker="o", linestyle="-", color='blue')
ax1.set_ylabel(ylabel="销售额", fontsize=17)
ax1.set_xlabel(xlabel="年份", fontsize=17)
```

```
plt.xticks(fontsize=15); plt.yticks(fontsize=15)
ax2 = fig.add_subplot(212)
ax2.plot(drug_dif, linestyle=":", color='green')
ax2.set_ylabel(ylabel="变换后的序列值", fontsize=17)
ax2.set_xlabel(xlabel="年份", fontsize=17)
plt.xticks(fontsize=15); plt.yticks(fontsize=15)
fig.tight_layout(); plt.savefig(fname='fig/9_10.png')
```

图 9.10 中上方的图表明, 澳大利亚糖尿病药品的月销售额序列 (记为 $\{y_t\}$) 不但有逐年增长的趋势, 而且存在非常强的季节特征, 即每年 1 月销售额突然增加后立刻回落, 而在 12 月又存在一次异常增加. 这可能是假期因素导致的药品销售额的季节性变化. 为了消除递增趋势, 我们对序列 $\{y_t\}$ 取对数后作了一阶差分, 并将差分序列乘以 100, 即作如下变换

$$x_t = 100[\log(y_t) - \log(y_{t-1})]. \tag{9.46}$$

绘制序列 $\{x_t\}$ 的时序图, 见图 9.10 中下方的图. 该图表明, 一阶差分运算已经去掉了增长趋势, 但同时仍保留了较强的周期特征.

对序列 $\{x_t\}$ 的谱密度分别作形如 (9.30) 式的谱估计和 Bartlett 窗加窗谱估计, 并作相应的谱密度估计图. 具体命令如下, 运行结果见图 9.11.

```
gk = acovf(drug_dif.values, adjusted=True)
w = np.arange(0, 0.5, 1/406)
def func(s,n=203):
    sum = gk[0]
    for k in range(1,n,1):
        sum = sum + 2*gk[k]*np.cos(2*np.pi*s*k)
    return sum
def funcb(s,n=203,c=3):
    Kn = c*int(np.sqrt(n))
    sum = gk[0]
    for k in range(1,Kn,1):
        sum = sum + 2*(1-(k/Kn))*gk[k]*np.cos(2*np.pi*s*k)
    return sum
fig = plt.figure(figsize=(12,4), dpi=150)
ax = fig.add_subplot(111)
ax.plot(w, func(w), linestyle="-", color='green')
ax.scatter(w, funcb(w), marker="o", s=6, color='blue')
ax.legend(loc=2, labels=['无加窗谱估计','Bartlett 窗加窗谱估计'],
          fontsize=13)
ax.set_xlabel(xlabel="$\omega_{j}=j/203$", fontsize=17)
plt.xticks(fontsize=15); plt.yticks(fontsize=15)
fig.tight_layout(); plt.savefig(fname='fig/9_11.png')
```

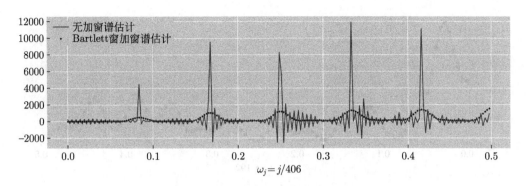

图 9.11   澳大利亚糖尿病药品的月销售额差分序列的谱密度估计图

由图 9.11 可知, 第一个峰值出现在频率 $\omega_{35} = 35/406$ 附近, 对应的周期长度为大约 11.6 个月. 这自然地与销售额增长率具有 12 个月的周期波动相联系, 且曲线下方的面积可以告诉我们月度销售增长率的波动在多大程度上是由这个周期频率引起的. 接下来的四个峰值对应的周期长度分别为 5.8 个月, 3.8 个月, 2.9 个月和 2.3 个月, 可以看作其他的季节效应或月历效应.

由于该药品销售额在每年 1 月突然增加后立刻回落, 而在 12 月又存在一次异常增加, 所以会引起序列 (9.46) 出现负的一阶序列相关性, 兼之 $\{x_t\}$ 的各种日历效应, 这些都可能是图 9.11 出现高频峰值的原因. 基于上述考虑, 我们可以采用如下去趋势的方式:

$$z_t = 100[\log(y_t) - \log(y_{t-12})]. \tag{9.47}$$

对序列 $\{z_t\}$ 谱密度作 Bartlett 窗加窗谱估计, 并绘制谱估计图. 具体命令如下, 运行结果见图 9.12.

```
drug_diff = 100*np.log(drug_ts).diff(periods=12)[12:]
gkf = acovf(drug_diff.values, adjusted=True)
wf = np.arange(0, 0.5, 1/192)
def funcbf(s,n=192,c=3):
    Kn = c*int(np.sqrt(n))
    sum = gkf[0]
    for k in range(1,Kn,1):
        sum = sum + 2*(1-(k/Kn))*gkf[k]*np.cos(2*np.pi*s*k)
    return sum
fig = plt.figure(figsize=(12,4), dpi=150)
ax = fig.add_subplot(111)
ax.plot(wf, funcbf(wf), marker="o", linestyle="-", color='blue')
ax.set_xlabel(xlabel="$\omega_{j}=j/192$", fontsize=17)
plt.xticks(fontsize=15); plt.yticks(fontsize=15)
fig.tight_layout(); plt.savefig(fname='fig/9_12.png')
```

图 9.12 表明, 当数据以 (9.47) 式的方式去趋势后, 剩余的方差主要与月度销售增长率的周期频率相关.

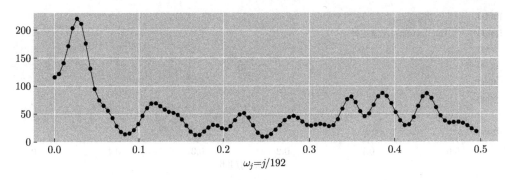

图 9.12　澳大利亚糖尿病药品的月销售额差分序列的谱密度的估计图

第9章学习指导

习题 9

1. 已知序列 $\{x_t\}$ 满足

$$x_t = \mu + \sum_{i=1}^{\infty} a_i \cos(2\pi\omega_i t) + \sum_{i=1}^{\infty} b_i \sin(2\pi\omega_i t),$$

其中, $0 < \omega_1 < \omega_2 < \cdots < 1/2$ 是一列频率, $\{a_i, b_i\}_{i=1}^{\infty}$ 是互不相关的零均值随机变量序列, 且 $\mathrm{Var}(a_i) = \mathrm{Var}(b_i) = \sigma_i^2$, 证明: 序列 $\{x_t\}$ 的自协方差序列 $\{\gamma_k\}$ 满足

$$\gamma_k = \sum_{i=1}^{\infty} \sigma_i^2 \cos(2\pi k\omega_i).$$

2. 求下列平稳序列的谱密度:

(1) $x_t = 1.5x_{t-1} - 0.75x_{t-2} + \varepsilon_t$;　　(2) $x_t = 0.1x_{t-1} + 0.4x_{t-2} + \varepsilon_t$;

(3) $x_t = 0.5x_{t-1} + \varepsilon_t + 0.8\varepsilon_{t-2}$;　　(4) $x_t = \varepsilon_t + 0.4\varepsilon_{t-1} + 0.9\varepsilon_{t-12} + 0.36\varepsilon_{t-13}$.

3. 模拟第 2 题中各个序列, 并产生样本量 $n = 500$ 个数据. 利用产生的数据对第 2 题中各个序列的谱密度分别进行周期图估计、截断窗谱估计、Bartlett 窗谱估计和 Daniell 窗谱估计.

4. 某科研人员让机器人完成一连串动作, 并记录每次到达位置与目标位置间的距离 (单位: 英寸), 得到序列 $\{x_t\}$. 表 9.1 中的数据为序列 $\{x_t\}$ 乘以 10^4 后所得的数据. 利用表 9.1 中的数据估计 $\{x_t\}$ 的谱密度, 绘制出谱密度估计图, 并尝试从频率角度给出解释.

表 9.1　机器人到达位置与目标位置间的距离 (行数据)

11	11	24	0	−18	55	55	15	47	−1	31	31	52	34	27
41	41	34	67	28	83	83	30	32	35	41	41	53	26	74
11	11	−1	8	4	0	0	−9	38	54	2	2	36	−4	17
0	0	47	21	80	29	29	42	52	56	55	55	10	43	6
13	13	8	23	43	13	13	45	37	15	13	13	29	39	
−18	16	16	−3	0	9	17	17	30	−1	70	−8	−8	9	25
31	2	2	22	20	3	33	33	44	−10	48	19	19	31	20
17	14	14	39	52	20	12	12	31						

5. 表 9.2 为某地区月度牛奶产量序列 $\{x_t\}$ (单位: 万吨). 请估计 $\{x_t\}$ 的谱密度, 绘制出谱密度估计图, 并尝试从频率角度给出解释.

表 9.2　英国 (英格兰及威尔士) 绵羊数量 (行数据)

1343	1236	1401	1396	1457	1388	1389	1369	1318	1354
1312	1370	1404	1295	1453	1427	1484	1421	1414	1375
1331	1364	1320	1380	1415	1348	1469	1441	1479	1398
1400	1382	1342	1391	1350	1418	1433	1328	1500	1474
1529	1471	1473	1446	1377	1416	1369	1438	1466	1347
1515	1501	1556	1477	1468	1443	1386	1446	1407	1489
1518	1404	1585	1554	1610	1516	1498	1487	1445	1491
1459	1538	1579	1506	1632	1593	1636	1547	1561	1525
1464	1511	1459	1519	1549	1431	1599	1571	1632	1555
1552	1520	1472	1522	1485	1549	1591	1472	1654	1621
1678	1587								

第10章 基于深度学习的时间序列预测

学习目标与要求

1. 理解多层感知机的概念和训练原理, 并掌握其预测方法.
2. 理解循环神经网络的概念和训练原理, 并掌握其预测方法.
3. 了解长短期记忆网络模型和门控循环网络模型.
4. 了解卷积神经网络的概念, 并掌握其预测方法.

10.1 基于多层感知机的时间序列预测

在前面的章节中, 我们曾学习过时间序列的经典统计预测方法. 我们知道, 时间序列预测的本质是如何找到一个恰当的预测函数, 使得未来时刻的序列预测值能够表示为该函数关于观测样本的函数值. 在本章中, 我们将简要介绍三种基于神经网络寻找预测函数的方法, 其中, 每种方法都包含了如何构建一个神经网络结构, 然后使用反向传播算法或其变体来训练该网络. 我们将通过网络架构的解释来阐述这些方法, 并将其应用于时间序列的预测.

10.1.1 多层感知机概述

多层感知机 (**multi-layer perceptrons, MLP**) 是神经网络最基本的形式. 一个 MLP 一般由三部分构成: **输入层 (input)**、**隐藏层 (hidden)**和**输出层 (output)**. 输入层表示一个回归向量或输入特征, 比如, t 时刻之前的 p 个观察值 $\{x_{t-1}, x_{t-2}, \cdots, x_{t-p}\}$. 将输入特征提供给具有 n 个神经元的隐藏层, 其中的每个神经元对输入特征都实施一次线性变换和非线性激活. 神经元的输出为 $g_i = h(\boldsymbol{w}_i \boldsymbol{x} + b_i)$, 其中 $\boldsymbol{w}_i$ 和 b_i 分别是权系数和偏差, h 是一个非线性激活函数. 非线性激活函数使得神经网络能够模拟解释变量和目标变量之间复杂的非线性关系. 通常, h 取为 S 形函数

$$\text{sigmoid}(z) = \frac{1}{1 + e^{-z}},$$

该函数能够将任意实数压缩到区间 [0, 1]. 基于此, 经常用 S 形函数来产生二进制类概率, 因而一般用于分类模型中. 另外一个非线性激活函数是双曲正切函数

$$\tanh(z) = \frac{1 - e^{-2z}}{1 + e^{-2z}},$$

该函数可将任意实数变换到区间 $[-1, 1]$.

在单个隐藏层的神经网络中 (如图 10.1 (a) 所示), 每个神经元实施一次线性变换和一次非线性激活后, 生成的目标变量被传递给输出层, 在时间序列预测中, 这就是序列在 t 时刻的预测值. 在多层感知机中 (如图 10.1 (b) 所示), 多个隐藏层彼此堆叠在一起, 其中一个隐藏层中的神经元的输出被输入到下一个隐藏层, 然后在该隐藏层的神经元对输入进行变换, 再传递到下一个隐藏层, 最终, 最后一个隐藏层中的神经元将其输出传递给输出层. MLP 的隐藏层也被称为**稠密层 (dense layers)**, 有时也被称为**全连接层 (full-connected layers)**. 稠密层的所有神经元都连接着前一层和后一层的所有神经元. 如果前一层是输入层, 那么所有的输入特征都将传递给隐藏层的每个神经元. 由于输入层与第一稠密层之间以及稠密层之间存在多对多的连接, 因此 MLP 存在大量需要训练的权重值. 例如, 如果输入特征是 p 个, 且有 3 个稠密层, 每个稠密层分别有 n_1, n_2, n_3 个神经元, 那么需要训练的权重数为 $p \times n_1 + n_1 \times n_2 + n_2 \times n_3 + n_3$. 一般地, 深度 MLP 有多个稠密层, 而且每层中有成百上千, 甚至成千上万个神经元. 因此, 在深度 MLP 中, 需训练的权重数非常巨大.

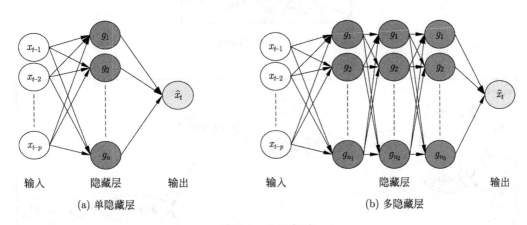

(a) 单隐藏层   (b) 多隐藏层

图 10.1   多层感知机

10.1.2 多层感知机的训练

通过梯度优化算法, 我们能够得到神经网络的权值. 例如, 对于预测时网络产生的损失函数或误差 L, 我们可以利用随机梯度下降算法将其最小化, 从而求出权值. 回归问题中常用的损失函数是均方误差 MSE 和平均绝对误差 MAE, 而交叉熵误差是分类问题中常用的损失函数. 就时间序列的预测而言, MSE 和 MAE 更适于训练神经模型.

梯度下降算法是沿着梯度路径移动权值而实现的. 梯度是损失函数 L 关于权值的偏导数. 更新权值最简单的规则是, 权值 w、L 关于权值的偏导数以及学习率 α 满足

$$w_{n+1} = w_n - \alpha \frac{\partial L}{\partial w_n},$$

其中, 学习率 α 是个超参数, 用来决定更新幅度, 可以预先指定. 这条基本更新规则有几种变化形式, 且不同形式的变化都对梯度算法的收敛性产生影响. 由于深度神经网络大都有数以百万计的权值, 所以偏导数的计算是个庞大的运算任务. 不过, **反向传播算法 (back propagation, BP)** 可以有效地解决这个问题.

为了理解 BP 算法, 我们首先介绍计算图及其计算原理. 考虑一个单隐藏层神经网络, 如图 10.2 所示. 整个网络有两个输入变量 $[x_1,\ x_2]$; 有两个隐藏神经元, 且每个隐藏神经元都有一个 S 形激活; 输出单元是其输入量的线性变换. 权值标记在图 10.2 网络图的边上. 网络经过一系列的四则运算和 S 函数的作用将输入量转化为预测量 $\hat{y}$. 输入量转变为预测量这个过程称为神经网络的**向前传播 (forward propagation)**. 图 10.3 展示了输入对 $\{-1,2\}$ 通过计算图进行向前传播的过程. 每次计算都会产生一个中间输出 p_i, 其中 p_7 和 p_8 是隐藏神经元 g_1 和 g_2 的输出. 在训练过程中, 损失函数也在向前传递的过程被计算出. 此时, 应用 BP 算法计算出链接两个节点的边上的偏导数.

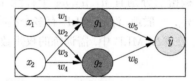

图 10.2　单层感知机

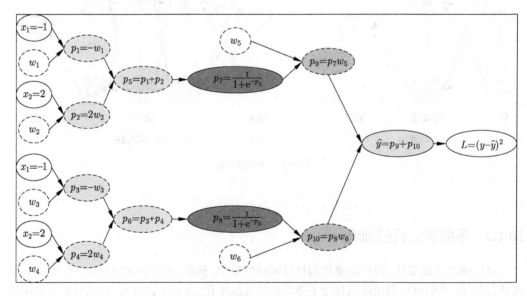

图 10.3　具有两个隐藏神经元的单层感知机的计算图

在图 10.4 中, 计算偏导数的向后遍历被称为**向后传递**. 在每个节点上进行偏导数运算, 并将运算所得的偏导数赋给沿计算图连接上游节点的相应边. 根据链式法则, 通过将权值节点与损失节点连接的所有边上的偏导数相乘进行偏导数的计算. 如果权值节点与损失节点之间存在多条路径, 那么将每条路径上的偏导数相加, 就得到损失关于权值的偏导数. 这种基于图形的向前和向后传递技术是深度学习库中广泛使用的基本计算技巧. 图 10.4 对向后传递技

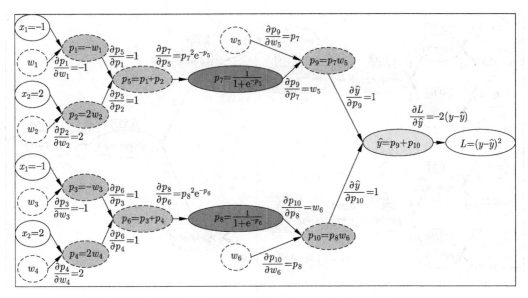

图 10.4　计算图中偏导数的计算

术进行了图解. 图中计算损失关于权值的偏导数的链式法则如下:

$$\frac{\partial L}{\partial w_5} = \frac{\partial L}{\partial \hat{y}}\frac{\partial \hat{y}}{\partial p_9}\frac{\partial p_9}{\partial w_5} = -2(y - \hat{y}) \cdot 1 \cdot p_7,$$

$$\frac{\partial L}{\partial w_6} = \frac{\partial L}{\partial \hat{y}}\frac{\partial \hat{y}}{\partial p_{10}}\frac{\partial p_{10}}{\partial w_6} = -2(y - \hat{y}) \cdot 1 \cdot p_8,$$

$$\frac{\partial L}{\partial w_1} = \frac{\partial L}{\partial \hat{y}}\frac{\partial \hat{y}}{\partial p_9}\frac{\partial p_9}{\partial p_7}\frac{\partial p_7}{\partial p_5}\frac{\partial p_5}{\partial p_1}\frac{\partial p_1}{\partial w_1} = -2(y - \hat{y}) \cdot 1 \cdot w_5 \cdot p_7^2 e^{-p_5} \cdot 1 \cdot (-1),$$

$$\frac{\partial L}{\partial w_2} = \frac{\partial L}{\partial \hat{y}}\frac{\partial \hat{y}}{\partial p_9}\frac{\partial p_9}{\partial p_7}\frac{\partial p_7}{\partial p_5}\frac{\partial p_5}{\partial p_2}\frac{\partial p_2}{\partial w_2} = -2(y - \hat{y}) \cdot 1 \cdot w_5 \cdot p_7^2 e^{-p_5} \cdot 1 \cdot 2,$$

$$\frac{\partial L}{\partial w_3} = \frac{\partial L}{\partial \hat{y}}\frac{\partial \hat{y}}{\partial p_{10}}\frac{\partial p_{10}}{\partial p_8}\frac{\partial p_8}{\partial p_6}\frac{\partial p_6}{\partial p_3}\frac{\partial p_3}{\partial w_3} = -2(y - \hat{y}) \cdot 1 \cdot w_6 \cdot p_8^2 e^{-p_6} \cdot 1 \cdot (-1),$$

$$\frac{\partial L}{\partial w_4} = \frac{\partial L}{\partial \hat{y}}\frac{\partial \hat{y}}{\partial p_{10}}\frac{\partial p_{10}}{\partial p_8}\frac{\partial p_8}{\partial p_6}\frac{\partial p_6}{\partial p_4}\frac{\partial p_4}{\partial w_4} = -2(y - \hat{y}) \cdot 1 \cdot w_6 \cdot p_8^2 e^{-p_6} \cdot 1 \cdot 2.$$

在训练过程中, 首先用随机数字初始化权值, 这些随机数通常取自均匀分布 $U[-1, 1]$ 或标准正态分布. 假设权值初始值来自均匀分布 $U[-1, 1]$, 比如得到初始值 $w_1 = -0.33, w_2 = -0.33, w_3 = 0.57, w_4 = -0.01, w_5 = 0.07$ 以及 $w_6 = 0.82$. 用这些值在计算图上进行向前和向后传递, 并用加边框的数字表示前向传递过程中计算的值, 不加边框的数字表示后向传递过程中计算的梯度值, 如图 10.5 所示. 在本例中, 我们取目标变量的真实值为 $y = 1$. 如前所述, 一旦计算出沿着各边的梯度, 那么关于权值的偏导数只是链式法则的应用:

$$\frac{\partial L}{\partial w_5} = -0.919 \times 1 \times 0.418 = -0.384,$$

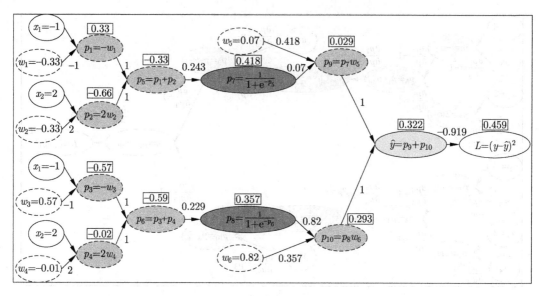

图 10.5　在计算图中的向前 (加边框的数字) 和向后 (不加边框的数字) 传递

$$\frac{\partial L}{\partial w_6} = -0.919 \times 1 \times 0.357 = -0.328,$$

$$\frac{\partial L}{\partial w_1} = -0.919 \times 1 \times 0.07 \times 0.243 \times 1 \times (-1) = 0.016,$$

$$\frac{\partial L}{\partial w_2} = -0.919 \times 1 \times 0.07 \times 0.243 \times 1 \times 2 = -0.032,$$

$$\frac{\partial L}{\partial w_3} = -0.919 \times 1 \times 0.82 \times 0.229 \times 1 \times (-1) = 0.173,$$

$$\frac{\partial L}{\partial w_4} = -0.919 \times 1 \times 0.82 \times 0.229 \times 1 \times 2 = -0.346.$$

接下来, 应用梯度下降算法更新权值. 如果学习率 $\alpha = 0.01$, 那么新的权值 $w_6 = 0.07 - 0.01 \times (-0.384) = 0.0738$. 类似地, 可以得到其余更新值. 一般地, 权值更新将会进行多次. 在训练数据的过程中, 权值更新的次数被称为期 (epochs) 数或传递 (passes) 数. 通常情况下, 期数由损失函数的容错标准决定.

　　由上可见, BP 算法连同基于梯度的优化过程一同决定了神经网络的权值. 幸运的是, 我们可以利用强大的深度学习库, 如 Tensorflow、Theano 和 CNTK, 来训练极其复杂的神经网络. 这些库提供内置的支持, 可以在多维数组上以数学运算的形式进行计算, 还可以充分利用 GPU 进行更快的计算.

10.1.3　案例分析

　　现在, 讨论如何使用多层感知机进行时间序列的预测. 在下面的叙述中, 我们使用北京市 PM2.5 数据集. 有关该数据集的说明以及下载, 请读者登录网页 https://archive.ics.uci.edu/

ml/datasets/Beijing+PM2.5+Data 查寻. 在该数据集中, 不但有北京市 PM2.5 的数据, 而且还有其他相关的数据, 如气压、气温、露点等数据.

首先, 使用多层感知机对数据集中的气压值数据 (PRES) 构成的时间序列进行预测. 读入数据, 并对数据进行认识. 具体命令及运行结果如下:

```
import datetime; import sys
df = pd.read_csv('PRSA_data_2010.1.1-2014.12.31.csv')
print('Shape of the dataframe:', df.shape) #显示数据行列数
输出结果:
Shape of the dataframe: (43824, 13)
df.head()                                 #显示数据前5行
输出结果:
   No year month day hour pm2.5 DEWP TEMP  PRES  cbwd Iws  Is Ir
0  1  2010  1    1   0    NaN  -21  -11.0 1021.0 NW  1.79  0  0
1  2  2010  1    1   1    NaN  -21  -12.0 1020.0 NW  4.92  0  0
2  3  2010  1    1   2    NaN  -21  -11.0 1019.0 NW  6.71  0  0
3  4  2010  1    1   3    NaN  -21  -14.0 1019.0 NW  9.84  0  0
4  5  2010  1    1   4    NaN  -20  -12.0 1018.0 NW  12.97 0  0
```

在数据表里增加题头为 datetime 的列. 该列以升序的方式把原数据表里的 year、month、day、hour 集成在一起, 生成 Python 的 datetime.datetime 对象. 具体命令如下:

```
df['datetime'] = df[['year', 'month', 'day', 'hour']].apply(lambda
    row: datetime.datetime(year=row['year'], month=row['month'],
    day=row['day'], hour=row['hour']), axis=1)
df.sort_values('datetime', ascending=True, inplace=True)
```

画出气压值数据的箱线图和时序图, 以便观察该序列的趋势以及有无离差值. 具体命令如下, 运行结果见图 10.6.

```
fig = plt.figure(figsize=(12,4), dpi=150)
ax1 = fig.add_subplot(121)
df['PRES'].plot.box(patch_artist=True,boxprops = {'color':'black',
                    'facecolor':'blue'})
plt.xticks(fontsize=15); plt.yticks(fontsize=15)
ax2 = fig.add_subplot(122)
ax2.plot(df['PRES'], linestyle="-", color='blue')
ax2.set_ylabel(ylabel="气压值（单位: Pa)",fontsize=17)
ax2.set_xlabel(xlabel="Index", fontsize=17)
plt.xticks(fontsize=15); plt.yticks(fontsize=15)
fig.tight_layout(); plt.savefig('fig/10_1.png')
```

虽然箱线图不能完全展示出时间序列的走势, 但是可用来识别是否存在离差值. 一般地, 如果样本落在 25% 分位数减去箱体的 1.5 倍与 75% 分位数加上箱体的 1.5 倍范围之外, 那

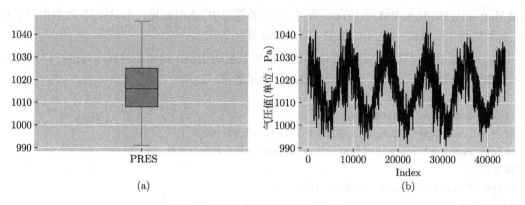

图 10.6　气压值的箱线图和时序图

么这样的样本值就为离差值. 随后, 我们将会看到离差值的出现将会决定采用何种损失函数对神经网络进行训练. 图 10.6 (a) 中的箱线图表明, 样本中没有离差值. 图 10.6 (b) 为气压值序列的时序图, 该图表明, 气压值序列是平稳序列, 且具有周期性.

一般地, 当变量取值于区间 $[-1, 1]$ 上时, 梯度下降算法表现更好. 有些情况下, 取值区间放宽到 $[-3, 3]$ 上时, 梯度下降算法表现也不错. 对一个变量 x 作如下变换:

$$x_{\text{scaled}} = \frac{x - x_{\min}}{x_{\max} - x_{\min}}, \tag{10.1}$$

则有 $x_{\text{scaled}} \in [0, 1]$. 将气压值序列实施 (10.1) 式的变换, 并将变换后的序列添加到数据框中, 其题头命名为 scaled_PRES. 具体命令如下:

```
from sklearn.preprocessing import MinMaxScaler
scaler = MinMaxScaler(feature_range=(0, 1))
df['scaled_PRES'] = scaler.fit_transform(np.array(df['PRES'])
                    .reshape(-1, 1))
```

下面, 先应用变换后的序列 scaled_PRES 进行建模预测, 然后通过实施相应的逆变换得到气压值序列的预测值. 为了训练模型, 通常把数据集分成训练集和测试集两部分. 神经网络将在训练集上进行模型训练, 也就是说, 在训练集上利用梯度下降算法进行损失函数、反向传播和权值更新的计算. 测试集用作评估模型和确定训练的期数. 一般来说, 增加训练的期数会降低训练集上的损失函数值, 但是可能导致过度拟合, 从而在测试集上的损失函数值会增大, 因此, 可通过不断地计算测试集上的损失函数值来控制训练的期数. 我们用带有 TensorFlow 后台的 Keras 来定义和训练模型. 在模型训练和测试过程中, 每一步运行都需调用 Keras 的应用程序接口才能得以实现.

数据集中的气压值数据从 2010 年 1 月 1 日开始, 结束于 2014 年 12 月 31 日. 我们将 2010 年至 2013 年的气压值数据作为训练集, 而 2014 年的气压值数据作为测试集. 具体命令如下:

```
split_date = datetime.datetime(year=2014, month=1, day=1, hour=0)
df_train = df.loc[df['datetime']<split_date]
```

```
df_val = df.loc[df['datetime']>=split_date]
df_val.reset_index(drop=True, inplace=True) #重新设置测试集的指标
```

分别绘制训练集和测试集中序列 scaled_PRES 的时序图. 具体命令如下, 运行结果见图 10.7.

```
fig = plt.figure(figsize=(12,4), dpi=300)
ax1 = fig.add_subplot(121)
ax1.plot(df_train['scaled_PRES'], linestyle="-", color='blue')
ax1.set_ylabel(ylabel="scaled_PRES", fontsize=17)
ax1.set_xlabel(xlabel="Index",fontsize=18)
plt.xticks(fontsize=15); plt.yticks(fontsize=15)
ax2 = fig.add_subplot(122)
ax2.plot(df_val['scaled_PRES'], linestyle="-", color='red')
ax2.set_ylabel(ylabel="scaled_PRES", fontsize=17)
ax2.set_xlabel(xlabel="Index", fontsize=17)
plt.xticks(fontsize=15); plt.yticks(fontsize=15)
fig.tight_layout(); plt.savefig('fig/exam10_7.png')
```

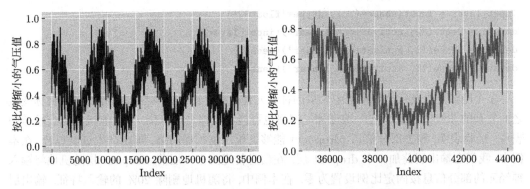

图 10.7 在训练集和测试集中序列 scaled_PRES 的时序图

现在定义一个函数 makeXy(ts, timesteps), 用来产生解释变量 X 和目标变量 y, 其中解释变量 X 为二维数组; 目标变量 y 为一维数组. 函数 makeXy(ts, timesteps) 的自变量 ts 为原始时间序列, 本例中为数据框中的 scaled_PRES; 自变量 timesteps 为间隔步数. 具体命令如下:

```
def makeXy(ts, timesteps):
    X = []
    y = []
    for i in range(nb_timesteps, ts.shape[0]):
        X.append(list(ts.loc[i-nb_timesteps:i-1]))
        y.append(ts.loc[i])
    X, y = np.array(X), np.array(y)
    return X, y
```

在训练集和测试集下, 用函数 makeXy(ts, timesteps) 分别生成解释变量 X_train 和 X_val, 以及目标变量 y_train 和 y_val. 间隔步数 timesteps 设定为 7, 这是因为我们想用每 7 天的气压观察值来预测下一天的气压值, 这相当于 AR(7) 模型. 具体命令如下:

```
X_train, y_train = makeXy(df_train['scaled_PRES'], 7)
X_val, y_val = makeXy(df_val['scaled_PRES'], 7)
```

到现在为止, 我们仅仅进行了数据预处理. 下面, 我们建立时间序列预测模型. 为了使用 Keras 模块的应用程序接口定义多层感知机, 我们导入相应的函数或类. 具体命令如下:

```
from keras.layers import Dense, Input, Dropout
from tensorflow.keras.optimizers import SGD
from keras.models import Model
from keras.models import load_model
from keras.callbacks import ModelCheckpoint
```

MLP 包括彼此级联的输入和输出层. 输入层的形状为 (None, 7), 数据类型为 float32. 稠密层的激活为线性激活. 具体命令如下:

```
input_layer = Input(shape=(7,), dtype='float32')
dense1 = Dense(32, activation='linear')(input_layer)
dense2 = Dense(16, activation='linear')(dense1)
dense3 = Dense(16, activation='linear')(dense2)
```

多个隐藏层以及每个隐藏层中大量的神经元使得神经网络能够模拟解释变量和目标变量之间复杂的非线性关系. 不过, 深度神经网络也可能过度拟合训练集, 并在测试集上有较差的表现. 经验表明, 删去部分信息 (dropout) 能够调整深度神经网络, 防止产生过度拟合. 在本例中, 我们在输出层前加一个 dropout 层. 在信息传递到下一层前, dropout 层随机地将输入神经元的部分信息按固定比例设置为零. 在本例中, 将随机地删除 20% 的输入特征. 输出层将对接下来一天的气压值进行预测. 具体命令如下:

```
dropout_layer = Dropout(0.2)(dense3)
output_layer = Dense(1, activation='linear')(dropout_layer)
```

我们将输入层、稠密层和输出层打包成一个模型, 其中损失函数取为均方误差 (MSE), 并用亚当 (Adam) 算法进行优化. Adam 算法是一种自适应矩估计, 也是当前进行深度神经网络训练的热门算法. 与随机梯度下降算法不同的是, Adam 算法对每个权值使用不同的学习率, 并在训练过程中分别更新它们, 而权值的学习率是基于权值的梯度和梯度平方的指数加权移动平均来进行更新的. 具体命令及运行结果如下:

```
ts_model = Model(inputs=input_layer, outputs=output_layer)
ts_model.compile(loss='mean_squared_error', optimizer='adam')
ts_model.summary()
输出结果:
```

```
Model: "functional_1"
_____
Layer (type)              Output Shape            Param
input_1 (InputLayer)      [(None, 7)]             0
dense (Dense)             (None, 32)              256
dense_1 (Dense)           (None, 16)              528
dense_2 (Dense)           (None, 16)              272
dropout (Dropout)         (None, 16)              0
dense_3 (Dense)           (None, 1)               17
===============================================================
Total params: 1,073
Trainable params: 1,073
Non-trainable params: 0
```

模型训练通过调用 fit() 函数, 并输入数据 X_train 和 y_train 来实现. 训练期数 epochs 预先指定, 此外, batch_size 定义了每一轮训练时输入的样本数量. 在每期训练完成后, 用测试集来评估模型. 函数 ModelCheckpoint() 跟踪测试集中的损失函数, 并将损失函数最小的那期模型保存起来. 具体命令如下:

```
save_weights_at = os.path.join('keras_models', 'PRSA_data_Air
        _Pressure_MLP_weights.{epoch:02d}-{val_loss:.4f}.hdf5')
save_best = ModelCheckpoint(save_weights_at, monitor='val_loss',
        verbose=0, save_best_only=True, save_weights_only=False,
        mode='min', save_freq='epoch')
ts_model.fit(x=X_train, y=y_train, batch_size=16, epochs=20,
        verbose=1, callbacks=[save_best], validation_data=(X_val,
        y_val), shuffle=True)
```

用保存下的模型进行预测, 并通过 (10.1) 式的逆变换得到对原气压值的预测, 进一步计算拟合优度. 具体命令及运行结果如下:

```
best_model = load_model(os.path.join('keras_models',
            'PRSA_data_Air_Pressure_MLP_weights.20-0.0001.hdf5'))
preds = best_model.predict(X_val)
pred_PRES = scaler.inverse_transform(preds)
pred_PRES = np.squeeze(pred_PRES)
from sklearn.metrics import r2_score
r2 = r2_score(df_val['PRES'].loc[7:], pred_PRES)
print('R-squared for the validation set:', round(r2,4))
输出结果:
R-squared for the validation set: 0.9958
```

最后, 绘制前 50 个气压真实值和预测值的时序图. 具体命令如下, 运行结果见图 10.8.

```
fig = plt.figure(figsize=(12,4),dpi=300)
ax = fig.add_subplot(111)
ax.plot(range(50), df_val['PRES'].loc[7:56], linestyle='-',
        marker='*', color='r')
ax.plot(range(50), pred_PRES[:50], linestyle='-', marker='.',
        color='b')
ax.legend(['Actual','Predicted'], loc=2,fontsize=13)
ax.set_ylabel(ylabel="Air Pressure", fontsize=17)
ax.set_xlabel(xlabel="Index", fontsize=17)
plt.xticks(fontsize=15); plt.yticks(fontsize=15)
fig.tight_layout(); plt.savefig("fig/exam10_8.png")
```

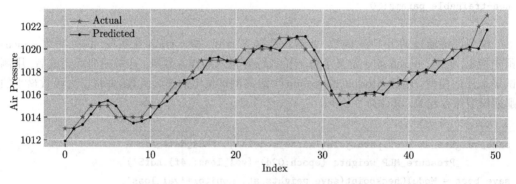

图 10.8 前 50 个气压真实值和预测值的时序图

现在, 使用多层感知机对数据集中的 PM 2.5 进行建模预测. 与气压值的预测类似, 首先读取数据, 并进行认识和整理. 具体命令如下:

```
df = pd.read_csv('PRSA_data_2010.1.1-2014.12.31.csv')
df.dropna(subset=['pm2.5'], axis=0, inplace=True)  #删去缺失值
df.reset_index(drop=True, inplace=True)           #重设指标
df['datetime'] = df[['year', 'month', 'day', 'hour']].apply(lambda
  row: datetime.datetime(year=row['year'], month=row['month'], day
  =row['day'], hour=row['hour']), axis=1)
df.sort_values('datetime', ascending=True, inplace=True)
```

绘制 PM 2.5 的箱线图和时序图, 具体命令如下, 运行结果见图 10.9:

```
fig = plt.figure(figsize=(12,4),dpi=300)
ax1 = fig.add_subplot(121)
df['pm2.5'].plot.box(patch_artist=True,
          boxprops = {'color':'black','facecolor':'blue'})
plt.xticks(fontsize=15); plt.yticks(fontsize=15)
ax2 = fig.add_subplot(122)
ax2.plot(df['pm2.5'], linestyle="-", color='blue')
```

```
ax2.set_ylabel(ylabel="pm2.5", fontsize=17)
ax2.set_xlabel(xlabel="Index", fontsize=17)
plt.xticks(fontsize=15); plt.yticks(fontsize=15)
fig.tight_layout(); plt.savefig('fig/exam10_9.png')
```

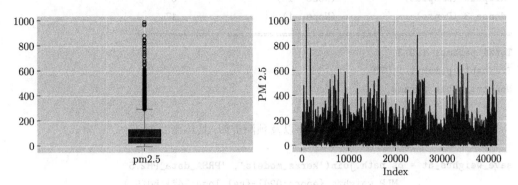

图 10.9　　PM 2.5 箱线图和时序图

　　图 10.9 表明, PM 2.5 具有异常值, 因此, 选用 MSE 作为损失函数来训练 MLP 已经不合适. 这主要是因为 MSE 是真实值与预测值差的平方的平均数, 异常值的出现会引起 MSE 出现大的振动, 从而导致梯度下降算法不稳定, 影响算法的收敛性. MAE 受异常值的影响不明显, 因此, 常作为损失函数来训练神经网络.

　　接下来, 像前面一样用 (10.1) 式对数据进行变换, 并将数据分为训练集和测试集两部分; 然后, 定义函数 makeXy(), 并用其生成解释变量 X_train 和 X_val, 以及 y_train 和 y_val. 由于程序语句与前面气压值的操作一致, 故略去.

　　现在开始建立预测模型. 我们仍然用含有三个稠密层的 MLP, 其中第一、二层和三层分别含有 32 个、16 个 和 16 个神经元. 由于异常值的出现, 所以每层的激活函数都采用 tanh(z); 输出层的激活为线性激活; 以 MAE 作为损失函数; 并用 Adam 算法来训练神经网络. 具体命令及运行结果如下:

```
input_layer = Input(shape=(7,), dtype='float32')
dense1 = Dense(32, activation='tanh')(input_layer)
dense2 = Dense(16, activation='tanh')(dense1)
dense3 = Dense(16, activation='tanh')(dense2)
dropout_layer = Dropout(0.2)(dense3)
output_layer = Dense(1, activation='linear')(dropout_layer)
ts_model = Model(inputs=input_layer, outputs=output_layer)
ts_model.compile(loss='mean_absolute_error', optimizer='adam')
ts_model.summary()
输出结果:
Model: "model"
_____
 Layer (type)                Output Shape              Param
```

```
input_1 (InputLayer)          [(None, 7)]              0
dense (Dense)                 (None, 32)               256
dense_1 (Dense)               (None, 16)               528
dense_2 (Dense)               (None, 16)               272
dropout (Dropout)             (None, 16)               0
dense_3 (Dense)               (None, 1)                17
=================================================================
Total params: 1,073
Trainable params: 1,073
Non-trainable params: 0
```

接下来, 与前面气压值的训练、保存以及预测类似, 具体命令如下:

```
save_weights_at = os.path.join('keras_models', 'PRSA_data_PM2.5
            _MLP_weights.{epoch:02d}-{val_loss:.4f}.hdf5')
save_best = ModelCheckpoint(save_weights_at, monitor='val_loss',
        verbose=0, save_best_only=True, save_weights_only=
        False, mode='min', save_freq='epoch')
ts_model.fit(x=X_train, y=y_train, batch_size=16, epochs=20,
        verbose=1, callbacks=[save_best], validation_data=
        (X_val, y_val), shuffle=True)
best_model = load_model(os.path.join('keras_models', 'PRSA_data
        _PM2.5_MLP_weights.16-0.0119.hdf5'))
preds = best_model.predict(X_val)
pred_pm25 = scaler.inverse_transform(preds)
pred_pm25 = np.squeeze(pred_pm25)
from sklearn.metrics import mean_absolute_error
mae = mean_absolute_error(df_val['pm2.5'].loc[7:], pred_pm25)
print('MAE for the validation set:', round(mae, 4))
输出结果:
MAE for the validation set: 11.8386
```

最优模型在测试集上的 MAE 值为 11.8386. 最后, 绘制前 50 个 PM 2.5 真实值和预测值的时序图. 具体命令如下, 运行结果见图 10.10.

```
fig = plt.figure(figsize=(12,4),dpi=300)
ax = fig.add_subplot(111)
ax.plot(range(50), df_val['pm2.5'].loc[7:56], linestyle='-',
        marker='*', color='r')
ax.plot(range(50), pred_pm25[:50], linestyle='-', marker='.',
        color='b')
ax.set_ylabel(ylabel="PM 2.5",fontsize=17)
ax.set_xlabel(xlabel="Index",fontsize=17)
```

```
plt.xticks(fontsize=15); plt.yticks(fontsize=15)
fig.tight_layout(); plt.savefig('fig/exam10_10.png')
```

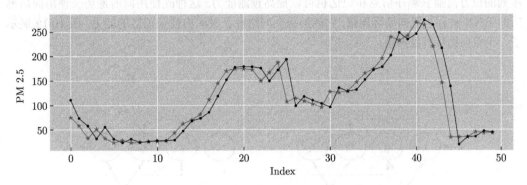

图 10.10　前 50 个 PM 2.5 真实值和预测值的时序图

10.2　基于循环神经网络的时间序列预测

本节讨论在架构上完全不同于多层感知机的**循环神经网络 (recurrent neural network, RNN)**, 它适于拟合有顺序的数据, 因而成为开发语言模型的很好选择. 目前, RNN 已被广泛用于文本分类、情感预测、语言翻译等问题中, 并可以与卷积神经网络一起通过文本生成来描绘图像.

10.2.1　循环神经网络的概念

(1) 循环神经网络

图 10.11 展示了一个 RNN. 假如用该 RNN 来开发一个时间序列预测模型的话, 那么其中的输入序列 $\{x_{t-1}, x_{t-2}, \cdots, x_{t-p}\}$ 被传递给 RNN 的相应单元, 最后一步的输出就是基于输入序列的预测值 $\hat{x}_t$. 在 RNN 中, 每个单元的内部状态是 s_t. 在每个单元中, 隐藏的神经元的个数是内部状态的维数, 内部状态传递着时间序列的记忆信息. RNN 也可被设计成每步都返回输出结果的情形, 此时, 常常用于语言翻译模型. 需要指出的是, 在 RNN 中, 权值和 x_t 在每步都共享, 这样, 网络训练的参数数量就保持在较低水平.

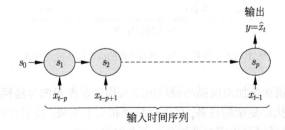

图 10.11　具有 p 个单元的循环神经网络

(2) 双向循环神经网络

前面讨论的 RNN 是单向, 而且是沿着原序列的方向进行的. 然而, 在许多情况下, 沿着序列的反方向捕获顺序信息和记忆也可以提高预测能力. 这种既使用向前遍历又使用向后遍历的 RNN 被称为**双向循环网络**, 它能够提高网络在长时间内捕获记忆的能力. 图 10.12 展示了一个双向循环神经网络.

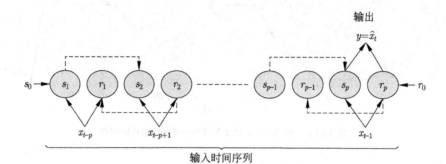

图 10.12　具有 p 个单元的双向循环神经网络

(3) 深度循环神经网络

深度学习的优势在于能够相互叠加出多个计算层. 多层感知机的隐藏层依次相邻放置. 如果将多个 RNN 在顶端依次叠加就构成了**深度循环神经网络**. 在深度循环神经网络中, 一个循环层的输入序列是前一个循环层的输出序列. 预测来自最后一层的最后一步. 图 10.13 展示了一个带有 p 个序列输入值的深度循环神经网络.

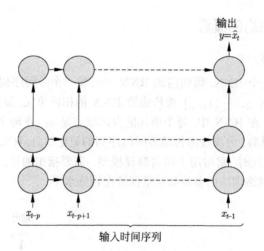

图 10.13　具有 p 个序列输入值的深度循环神经网络

我们还可以通过依次叠加双向循环神经网络来构造**深度双向神经网络**. 这种深度双向循环神经网络能够用来执行复杂的任务, 如语言翻译和文本生成, 甚至可对图像进行文字描述. 显然, 深度双向循环神经网络也需要训练数百万个网络权值.

10.2.2 循环神经网络的训练

我们前面所讨论的 RNN 在训练过程中会出现梯度的消失和爆破, 从而产生不稳定的结果, 这给 RNN 学习长期相依关系造成困难. 因此, 在利用 RNN 进行时间序列预测时, 使用太多的过去序列值经常出现问题. 为了处理这些问题, 我们引入一些特殊类型的 RNN, 如**长短期记忆 (long short-term memory, LSTM) 型**、**门控循环单元 (gated recurrent unit, GRU) 型**等. 在此之前, 我们首先讨论 RNN 是如何通过**基于时间的反向传播算法 (back-propagation through time, BPTT)** 来训练的.

现在, 考虑一个用于时间序列预测的 RNN 计算图. 图 10.14 表明了梯度计算. 对于权重 V, 只有一条计算偏导数的路径, 即

$$\frac{\partial L}{\partial V} = \frac{\partial L}{\partial \hat{x}_t} \frac{\partial \hat{x}_t}{\partial V}.$$

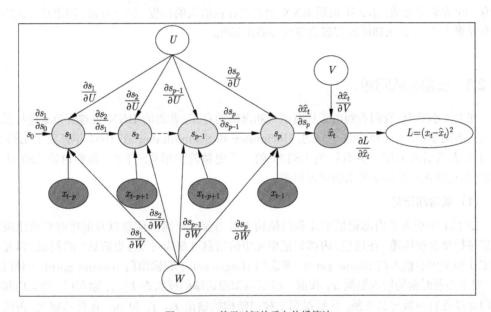

图 10.14　基于时间的反向传播算法

然而, 由于 RNN 具有序列结构, 所以权值和损失之间存在多条路径, 故有

$$\frac{\partial L}{\partial W} = \frac{\partial L}{\partial \hat{x}_t} \frac{\partial \hat{x}_t}{\partial s_p} \frac{\partial s_p}{\partial W} + \frac{\partial L}{\partial \hat{x}_t} \frac{\partial \hat{x}_t}{\partial s_p} \frac{\partial s_p}{\partial s_{p-1}} \frac{\partial s_{p-1}}{\partial W} + \cdots + \frac{\partial L}{\partial \hat{x}_t} \frac{\partial \hat{x}_t}{\partial s_p} \frac{\partial s_p}{\partial s_{p-1}} \cdots \frac{\partial s_2}{\partial s_1} \frac{\partial s_1}{\partial W},$$

$$\frac{\partial L}{\partial U} = \frac{\partial L}{\partial \hat{x}_t} \frac{\partial \hat{x}_t}{\partial s_p} \frac{\partial s_p}{\partial U} + \frac{\partial L}{\partial \hat{x}_t} \frac{\partial \hat{x}_t}{\partial s_p} \frac{\partial s_p}{\partial s_{p-1}} \frac{\partial s_{p-1}}{\partial U} + \cdots + \frac{\partial L}{\partial \hat{x}_t} \frac{\partial \hat{x}_t}{\partial s_p} \frac{\partial s_p}{\partial s_{p-1}} \cdots \frac{\partial s_2}{\partial s_1} \frac{\partial s_1}{\partial U}.$$

上述计算梯度的技术就是所谓的 BPTT 算法, 这是反向传播算法的一种特殊情形. 在长期 RNN 中消失梯度的问题归因于 BPTT 梯度计算中的乘项. 这是因为一方面, 沿着损失节点和第 i 个单元之间的路径计算的梯度值为

$$\frac{\partial L}{\partial \hat{x}_t} \frac{\partial \hat{x}_t}{\partial s_p} \frac{\partial s_p}{\partial s_{p-1}} \cdots \frac{\partial s_{i+1}}{\partial s_i} \frac{\partial s_i}{\partial W}.$$

另一方面, 各单元内部的激活函数或者是 $\tanh(z)$ 或者是 $\mathrm{sigmoid}(z)$, $\tanh(z)$ 的一阶导数是

$$\tanh'(z) = \frac{4\mathrm{e}^{-2z}}{(1+\mathrm{e}^{-2z})^2},$$

$\mathrm{sigmoid}(z)$ 的一阶导数是

$$\mathrm{sigmoid}'(z) = \frac{\mathrm{e}^{-z}}{(1+\mathrm{e}^{-z})^2}.$$

它们的值域分别是 $[0,1)$ 和 $(0,1/4]$, 从而, 梯度值都是正分数. 因此, 对于长期 RNN 来说, 将这些分数相乘最终会使得梯度值小到可以忽略. 同时, U, $\frac{\partial s_i}{\partial s_{i-1}}$ 和 $\frac{\partial s_i}{\partial W}$ 是矩阵, 因而最后的输出量是通过矩阵乘法和加法来计算的. 矩阵的一阶导数被称为雅可比矩阵. 如果雅可比矩阵中有一个元素是分数, 那么在长期 RNN 中就会存在消失的梯度. 另一方面, 如果雅可比矩阵中有元素大于 1, 那么训练过程就会受到爆破的影响.

10.2.3　长期相依问题

在上一小节中, 我们看到由于梯度消失和爆破的存在, 普通的 RNN 很难有效地进行长期相依关系的学习. 为了解决这个问题, Hochreiter 和 Schmidhuber 在 1997 年开发了 LSTM. 2014 年人们引入 GRU, 并且给出 LSTM 的一个更精简的形式. 下面, 我们讨论 LSTM 和 GRU 如何解决长期相依关系的学习问题.

(1)　长短期记忆

LSTM 中引入了内部记忆单元和门结构来对当前时刻输入信息以及前序时刻所生成的信息进行整合和传递. 在这里, 内部记忆单元中的信息可视为对 "历史信息" 的积累. 常见的 LSTM 模型中有输入门 (input gate)、遗忘门 (forget gate) 和输出门 (output gate) 三种门结构. 对于当前时刻的输入数据 $\boldsymbol{x}_t$ 和前一时刻内部隐式编码或状态 $\boldsymbol{h}_{t-1}$, 输入门、遗忘门和输出门通过各自参数对其变换, 分别得到三种门结构的输出 $\boldsymbol{i}_t$、$\boldsymbol{f}_t$ 和 $\boldsymbol{o}_t$. 在此基础上, 再结合前一时刻内部记忆单元信息 $\boldsymbol{c}_{t-1}$ 来更新当前时刻内部记忆单元信息 $\boldsymbol{c}_t$, 最终得到当前时刻内部隐式状态 $\boldsymbol{h}_t$.

表 10.1 中描述了 LSTM 中所需符号及其含义. 图 10.15 表明了 LSTM 的工作原理. 输入门、遗忘门和输出门通过各自参数对当前时刻输入数据 $\boldsymbol{x}_t$ 和前一时刻隐式状态 $\boldsymbol{h}_{t-1}$ 处理后, 利用 $\mathrm{sigmoid}(z)$ 对处理结果进行非线性映射, 因此三种门的输出 $\boldsymbol{i}_t$、$\boldsymbol{f}_t$ 和 $\boldsymbol{o}_t$ 值域为 $(0,1)$. 由于三个门的输出值为位于 0 到 1 之间的向量, 所以其在信息处理中起到了 "调控开关" 的 "门" 作用. 三个门所输出向量的维数、内部记忆单元的维数和隐式状态的维数均相等. 以输入门 $\boldsymbol{i}_t$ 为例, 在函数 $\mathrm{sigmoid}(z)$ 作用下, 如果 $\boldsymbol{i}_t$ 的取值为 $(0.05, 0.1, 0.8)$, 那么通过 $\boldsymbol{i}_t \odot \tanh(W_{xc}\boldsymbol{x}_t + W_{hc}\boldsymbol{h}_{t-1} + b_c)$ 运算输入门会阻断一些信息进行后继操作 (如 0.05 和 0.1 按位相乘的对应信息), 也会放入一些信息进行后继操作 (如 0.8 按位相乘的对应信息). 当然, 如果门的某一位取值为 0, 表示这一位所对应信息为全闭, 禁止信息通过; 如果门的某一位取

值为 1, 表示这一位所对应的信息全开, 允许信息全部通过. 遗忘门不允许一些信息向后传递, 从另一个方面来说也是为了关注需要关注的信息. 内部记忆单元的输出 c_t 不仅依赖于当前时刻的输入信息 i_t, 还涉及遗忘门信息、$t-1$ 时刻所对应的内部记忆单元中的信息、输入门信息和 $t-1$ 时刻的隐式状态信息. 内部记忆单元和隐式状态中使用了 $\tanh(z)$ 函数, 而没有继续使用 $\mathrm{sigmoid}(z)$ 函数, 其原因在于 $\tanh(z)$ 函数的值域为 $(-1, 1)$, 使得其在进行信息整合时可起到信息 "增 (为正)" 或 "减 (为负)" 的效果.

表 10.1 LSTM 中所用符号及其含义

符号	内容描述
$\boldsymbol{x}_t$	时刻 t 的输入数据
$\boldsymbol{i}_t$	输入门的输出: $\boldsymbol{i}_t = \mathrm{sigmoid}(W_{xi}\boldsymbol{x}_t + W_{hi}\boldsymbol{h}_{t-1} + b_i)$, 其中 W_{xi}, W_{hi} 和 b_i 为输入门的参数
$\boldsymbol{f}_t$	遗忘门的输出: $\boldsymbol{f}_t = \mathrm{sigmoid}(W_{xf}\boldsymbol{x}_t + W_{hf}\boldsymbol{h}_{t-1} + b_f)$, 其中 W_{xf}, W_{hf} 和 b_f 为遗忘门的参数
$\boldsymbol{o}_t$	输出门的输出: $\boldsymbol{o}_t = \mathrm{sigmoid}(W_{xo}\boldsymbol{x}_t + W_{ho}\boldsymbol{h}_{t-1} + b_o)$, 其中 W_{xo}, W_{ho} 和 b_o 为输出门的参数
$\boldsymbol{c}_t$	内部记忆单元的输出: $\boldsymbol{c}_t = \boldsymbol{f}_t \odot \boldsymbol{c}_{t-1} + \boldsymbol{i}_t \odot \tanh(W_{xc}\boldsymbol{x}_t + W_{hc}\boldsymbol{h}_{t-1} + b_c)$, 其中 W_{xc}, W_{hc}, b_c 为记忆单元的参数; $\boldsymbol{i}_t$ 控制有多少信息流入当前时刻内部记忆单元 $\boldsymbol{c}_t$; $\boldsymbol{f}_t$ 控制上一时刻内部记忆单元 $\boldsymbol{c}_{t-1}$ 中有多少信息可积累到当前时刻内部记忆单元 $\boldsymbol{c}_t$
$\boldsymbol{h}_t$	时刻 t 输入数据的隐式状态: $\boldsymbol{h}_t = \boldsymbol{o}_t \odot \tanh(\boldsymbol{c}_t)$
$\odot$	为向量的 Hadamard 积, 即两个向量中对应元素按位相乘 (element-wise product)

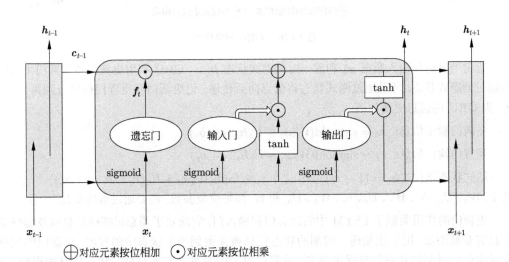

图 10.15 LSTM 网络模型

下面解释 LSTM 是如何避免梯度消失问题的. 对于 $\boldsymbol{c}_t = \boldsymbol{f}_t \odot \boldsymbol{c}_{t-1} + \boldsymbol{i}_t \odot \tanh(W_{xc}\boldsymbol{x}_t + W_{hc}\boldsymbol{h}_{t-1} + b_c)$, 有如下求导结果

$$\frac{\partial \boldsymbol{c}_t}{\partial \boldsymbol{c}_{t-1}} = \boldsymbol{f}_t + \frac{\partial \boldsymbol{f}_t}{\partial \boldsymbol{c}_{t-1}} \cdot \boldsymbol{c}_{t-1} + \cdots.$$

可见, $\dfrac{\partial \boldsymbol{c}_t}{\partial \boldsymbol{c}_{t-1}}$ 求导的结果至少大于等于 $\boldsymbol{f}_t$, 即遗忘门的输出结果. 如果遗忘门选择保留了旧状

态, 则这一求导结果就接近 1 (或者接近向量 1), 使得梯度是存在的, 从而避免了梯度消失问题. 也就是说, LSTM 通过引入门结构, 在从 t 到 $t+1$ 过程中引入加法来进行信息更新, 避免了梯度消失问题.

整体来看, 内部记忆单元 c_t 和隐式状态 h_t 起到了传递序列信息的作用. 内部记忆单元 c_t 好比人脑的长期记忆, 隐式状态 h_t 代表了短期记忆.

(2) 门控循环单元

GRU 是一种对 LSTM 简化的深度学习模型. 与 LSTM 相比较, GRU 不再使用记忆单元来传递信息, 仅使用隐藏状态来进行信息传递, 因此 GRU 有更高的计算速度. GRU 仅有两个内部门, 即更新门 (update gate) 和 重置门 (reset gate), 如图 10.16 所示.

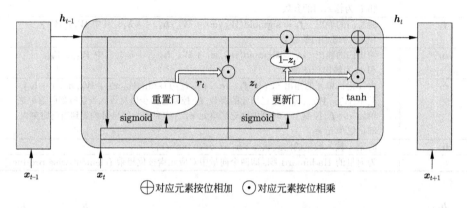

图 10.16 GRU 网络模型

给定当前时刻输入数据 x_t 和前一时刻隐式状态 h_{t-1}, GRU 利用更新门和重置门来输出当前时刻隐式状态, 并且通过隐式状态将信息向后传递. 记更新门和重置门信息分别为 z_t 和 r_t, 则 GRU 的信息更新如下:

更新门输出信息: $z_t = \text{sigmoid}(W_z x_t + U_z h_{t-1} + b_z)$

重置门输出信息: $r_t = \text{sigmoid}(W_r x_t + U_r h_{t-1} + b_r)$

隐式状态输出: $h_t = (1 - z_t) \odot h_{t-1} + z_t \odot \tanh(W_h x_t + U_h(r_t \odot h_{t-1} + b_h))$

其中, W_z、U_z、b_z、W_r、U_r、b_r、W_h、U_h 和 b_h 都是模型参数, 需要通过训练优化.

更新门的作用类似于 LSTM 中的遗忘门和输入门. 它决定了要忘记哪些信息以及哪些新信息需要被添加, 用于控制前一时刻的状态信息被保留到当前状态中的程度, 更新门的值越大说明前一时刻的状态信息保留越多. 重置门用于控制忽略前一时刻的状态信息的程度, 重置门的值越小说明信息可通过的程度越低, 信息被忽略得越多.

既然 LSTM 和 GRU 都能够处理长期循环网络上的记忆, 那么在实际问题中到底选择那个方法更好呢? 一直以来, LSTM 都是语言模型的首选, 其广泛用于语言翻译、文本生成以及情感分类中. 与 LSTM 相比较, GRU 的明显优势是待训练的权重更少, 因而它常被用于 LSTM 以前占主导地位的任务中. 然而, 经验研究表明, 这两种方法几乎在所有的任务中彼此都不占优. 调整模型的超级参数, 如隐藏单元的维数, 均会提高模型的预测精度. 通常情况下, 如果训练数据较少, 那么需要训练的权重也少, 此时, 使用 GRU 方便; 如果训练数据较多, 那么相应需训练的权重也较大, 此时, 使用 LSTM 较为方便.

10.2.4 案例分析

在本小节中, 仍然利用空气污染数据集来说明 RNN 的预测. 我们用 LSTM 网络模型预测空气压力, 而用 GRU 网络模型预测 PM 2.5. 数据的读取和预处理与在多层感知机中的做法一样. 我们将原数据集分成训练集和验证集, 分别用来训练和验证模型. 用函数 makeXy() 产生解释变量和目标变量: X_train, X_val, y_train 和 y_val, 其中 X_train 和 X_val 是由样本量和间隔数构成的二维数组. 然而, 循环神经网络层的输入结构为由样本量、间隔数和特征数构成的三维数组. 因此, 我们将 X_train 和 X_val 转为三维数组, 并且取特征数为 1, 间隔数为 7, 样本量与 X_train 和 X_val 中的样本量一样. 具体命令如下:

```
X_train, y_train = makeXy(df_train['scaled_PRES'], 7)
X_val, y_val = makeXy(df_val['scaled_PRES'], 7)
X_train, X_val = X_train.reshape((X_train.shape[0],
        X_train.shape[1], 1)), X_val.reshape((X_val.shape[0],
        X_val.shape[1], 1))
```

与多层感知机建模相比, 建立 LSTM 网络模型还需要导入函数 LSTM():

```
from keras.layers.recurrent import LSTM
```

下面定义输入层和 LSTM 层. 输入层注入到 LSTM 层. LSTM 层有 7 步, 最后一步返回输出值. 由于 LSTM 的每一步都有 64 个隐藏神经元, 所以 LSTM 的输出有 64 个特征. 具体命令如下:

```
input_layer = Input(shape=(7,1), dtype='float32')
lstm_layer = LSTM(64, input_shape=(7,1), return_sequences=False)
            (input_layer)
```

加入损失层, 并将 LSTM 层的输出信息传递到损失层, 在此, 随机地减少 20% 的输入, 然后传递到输出层. 输出层里设置一个线性激活神经元. 具体命令如下:

```
dropout_layer = Dropout(0.2)(lstm_layer)
output_layer = Dense(1, activation='linear')(dropout_layer)
```

将上面的所有层打包为 keras.models.Model 模型, 并设置损失函数为 MSE, 优化算法为 Adam. 具体命令如下:

```
ts_model = Model(inputs=input_layer, outputs=output_layer)
ts_model.compile(loss='mae', optimizer='adam')
```

用上述模型进行 20 期训练, 将 ModelCheckpoint 作为调回函数, 跟踪测试集中的 MSE, 并将在测试集上误差最小的那期权值保存起来. 具体命令如下:

```
save_weights_at = os.path.join('keras_models', 'PRSA_data
                _Air_Pressure_LSTM_weights.{epoch:02d}
```

```
                        -{val_loss:.4f}.hdf5')
save_best = ModelCheckpoint(save_weights_at, monitor='val_loss',
            verbose=0, save_best_only=True, save_weights_only=
            False, mode='min', period=1)
ts_model.fit(x=X_train, y=y_train, batch_size=16, epochs=20,
            verbose=1, callbacks=[save_best], validation_data=
            (X_val, y_val), shuffle=True)
```

最后, 用最优模型进行时间序列预测, 并用 (10.1) 式的逆变换还原为预测气压值, 同时计算拟合优度. 具体命令及运行结果如下:

```
best_model = load_model(os.path.join('keras_models', 'PRSA_data_Air
                        _Pressure_LSTM_weights.11-0.0086.hdf5'))
preds = best_model.predict(X_val)
pred_PRES = scaler.inverse_transform(preds)
pred_PRES = np.squeeze(pred_PRES)
from sklearn.metrics import r2_score
r2 = r2_score(df_val['PRES'].loc[7:], pred_PRES)
print('R-squared on validation set of the air pressure:',r2)
运行结果:
R-squared on validation set of the air pressure: 0.9958098
```

预测完成之后, 绘制前 50 个气压实际值和预测值的时序图. 具体命令如下, 运行结果见图 10.17.

```
fig = plt.figure(figsize=(12,4),dpi=300)
ax = fig.add_subplot(111)
ax.plot(range(50), df_val['PRES'].loc[7:56], linestyle='-',
        marker='*', color='r')
ax.plot(range(50), pred_PRES[:50], linestyle='-', marker='.',
        color='b')
ax.legend(['实际值','预测值'], loc=2)
ax.set_ylabel(ylabel="气压值 (Pa)", fontsize=17)
ax.set_xlabel(xlabel="Index",f ontsize=17)
plt.xticks(fontsize=15); plt.yticks(fontsize=15)
fig.tight_layout(); plt.savefig('fig/exam10_17.png')
```

现在, 我们使用两层堆叠的 GRU 来开发基于循环神经网络的 PM 2.5 的时间序列预测模型. 数据预处理与多层感知机的 PM 2.5 预测类似, 需要注意的是, 循环神经网络层的输入为三维数组, 在此略去. 为定义 GRU 层, 还需要引入函数 GRU(). 具体命令如下:

```
from keras.layers.recurrent import GRU
```

下面, 建立两层堆叠的 GRU 网络预测模型. 具体命令如下:

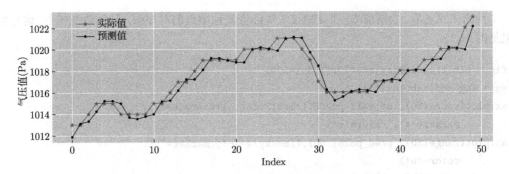

图 10.17 前 50 个气压实际值和预测值的时序图

```
input_layer = Input(shape=(7,1), dtype='float32')
gru_layer1 = GRU(64, input_shape=(7,1), return_sequences=
            True)(input_layer)
gru_layer2 = GRU(32, input_shape=(7,64), return_sequences=
            False)(gru_layer1)
dropout_layer = Dropout(0.2)(gru_layer2)
output_layer = Dense(1, activation='linear')(dropout_layer)
ts_model = Model(inputs=input_layer, outputs=output_layer)
ts_model.compile(loss='mean_absolute_error', optimizer='adam')
```

利用所建立的模型进行预测, 并将最佳模拟结果保存起来. 具体命令如下:

```
save_weights_at = os.path.join('keras_models', 'PRSA_data
    _PM2.5_GRU_weights.{epoch:02d}-{val_loss:.4f}.hdf5')
save_best = ModelCheckpoint(save_weights_at, monitor='val
    _loss', verbose=0, save_best_only=True, save_weights
    _only=False, mode='min', save_freq='epoch')
ts_model.fit(x=X_train, y=y_train, batch_size=16, epochs=20,
            verbose=1, callbacks=[save_best], validation_data
            =(X_val, y_val), shuffle=True)
```

最后, 调用最佳模型进行预测, 并计算测试集的 MAE. 具体命令及运算结果如下:

```
best_model = load_model(os.path.join('keras_models',
    'PRSA_data_PM2.5_GRU_weights.12-0.0117.hdf5'))
preds = best_model.predict(X_val)
pred_pm25 = scaler.inverse_transform(preds)
pred_pm25 = np.squeeze(pred_pm25)
from sklearn.metrics import mean_absolute_error
mae = mean_absolute_error(df_val['pm2.5'].loc[7:], pred_pm25)
print('MAE for the validation set:', round(mae, 4))
运行结果:
MAE for the validation set: 11.6028
```

　　预测完成之后, 绘制前 50 个 PM 2.5 实际值和预测值的时序图. 具体命令如下, 运行结果见图 10.18.

```
fig = plt.figure(figsize=(12,4),dpi=300)
ax = fig.add_subplot(111)
ax.plot(range(50), df_val['pm2.5'].loc[7:56], linestyle='-',
        marker='*', color='r')
ax.plot(range(50), pred_pm25[:50],linestyle='-', marker='.',
        color='b')
ax.legend(['实际值','预测值'], loc=2)
ax.set_ylabel(ylabel="PM 2.5",fontsize=18)
ax.set_xlabel(xlabel="Index",fontsize=18)
plt.xticks(fontsize=15);plt.yticks(fontsize=15)
fig.tight_layout(); plt.savefig('fig/exam10_18.png')
```

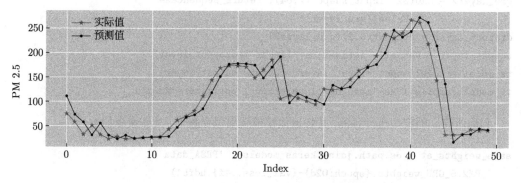

图 10.18　前 50 个 PM 2.5 实际值和 GRU 预测值的时序图

10.3　基于卷积神经网络的时间序列预测

　　在本小节中, 我们介绍主要用于开发有监督和无监督学习的**卷积神经网络 (convolution neural network, CNN)**. 一般地, 二维卷积神经网络用于处理图像, 而一维卷积神经网络用于捕获时间相关性. 本节用 CNN 探索开发时间序列预测模型.

10.3.1　二维卷积与一维卷积

　　我们首先介绍二维卷积神经网络, 然后作为它的特殊情况推导出一维神经网络. 卷积神经网络借用了图像的二维结构. 图像有 $h \times w \times c$ 形式的结构, 其中 h, w 和 c 分别是图像的高度、宽度和深度. 如果是黑白图像, 那么深度为 1 (因为只有 1 个通道); 如果是彩色图像, 那么深度为 3 (因为有 R、G、B 3 个通道). 像素的颜色值是输入到模型的特征. 例如, 在数据集 CIFAR-10 (一个用于训练图像识别的数据集) 中, 一张彩色图像有 $32 \times 32 \times 3 = 3072$ 个颜色特征, 而数据集 CIFAR-10 有 60000 幅彩色图像, 其中 50000 幅属于训练集, 10000 幅属于测试集. 因此, 训练图像的稠密层会产生巨大的计算量.

卷积神经网络通过把神经元连接到图像的局部区域解决了上述问题. 如图 10.19 所示, 将过滤器 (filter) 应用于图像局部区域, 使得过滤器的深度与图像的彩色通道数相同, 用过滤器中神经元的权值与图像中的相应像素相乘, 将乘积求和, 并有选择地加上一个偏差, 然后将这个和经激活函数传递下去, 最终就得到该局部区域的特征. 激活函数常选用修正线性单元 (rectified linear unit, ReLu):

$$\text{ReLu}(z) = \begin{cases} 0, & z \leqslant 0; \\ z, & z > 0. \end{cases}$$

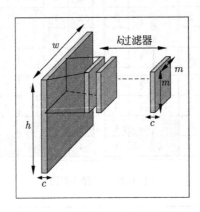

图 10.19　过滤器在生成特征时的作用

ReLu 的一阶导数或者是 0, 或者是 1, 从而具有良好的梯度流动性, 因此, 它是训练深度卷积网络的首选. 图 10.19 展示了一个卷积层. 为了学习不同的特征, 卷积层通常有多个过滤器.

将过滤器在整个图像上按照水平和垂直步幅移动形成特征图 (feature map) 的过程称为**卷积 (convolutions)**. 现在, 我们来阐释卷积是如何生成特征图的. 为此, 考虑一个单色通道图形, 其像素值如图 10.20 所示. 我们用一个 2×2 过滤器, 并且将其水平移动一个像素单位, 垂直移动一个像素单位. 第一次卷积的计算为 $1 \times (-1) + 2 \times 1 + 2 \times 2 + 1 \times 1 = 6$. 其他卷积的特征也以类似的方式计算. 在本例中, 所有计算值都为正, 因此, ReLu 激活就像一个恒等函数. 这个卷积过程创建了一个特征图, 如图 10.20 所示. 值得注意的是, 一个 2×2 过滤器将 4×4 图像缩小到 3×3. 有时为了保持生成的特征图与原图像的大小一致, 我们在原图像的水平和垂直边界上添加一些值为零的像素, 然后再用过滤器进行卷积. 添加零值像素称为补零, 在图 10.21 中, 我们将 4×4 补零成为 6×6, 然后用 3×3 过滤器进行卷积生成 4×4 特征图.

由卷积层生成的特征图被传递给下游的卷积层, 就像原始输入被传递给第一卷积层一样. 通过多个卷积层相互叠加, 原始图像能够生成更好的特征, 然后将这些特征传递给下游的全连接稠密层. 全连接稠密层在对象类的集合上生成柔性最大输出 (softmax output).

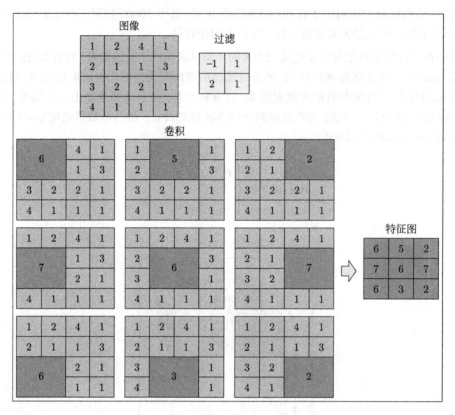

图 10.20   二维卷积图

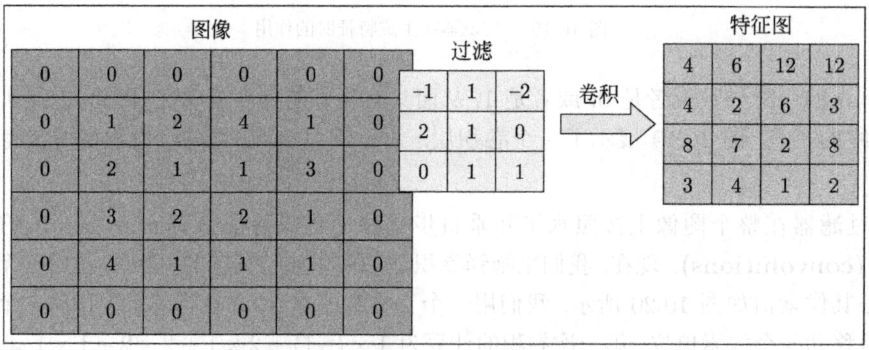

图 10.21   二维卷积生成的特征图

在大多数关于图像的深度学习模型中, 卷积层并不用于降低对原始图像或中间特征图的采样. 如果事实如此, 那么当卷积层的输出信息被传递到稠密层时, 可训练权值的数目仍是巨大的. 这样, 卷积层也没有什么作用了. 我们怎么才能够降低对特征图的抽样以减少稠密层中的可训练权值数呢?

首先, 尽管我们能够在卷积层中实现降低采样, 但是卷积层更适合用于提取图形特征, 如边、角、形状等. 其次, 降低采样是由池化层 (pooling) 实现的. 池化层在特征图像的局部碎片上应用过滤器, 并计算单个特征. 过滤器在整个特征图像上进行卷积. 池化层通过卷积生成降低采样的特征图. 池化层没有可训练的权值, 但是应用简单函数运算, 如求最大值或平均值, 能够生成其输出特征图. 研究表明, 最大池化层 (maxpooling) 可以提取有用的图像特征, 从而能够提高图像识别的准确性. 图 10.22 表明一个 2×2 最大池化层如何生成特征图.

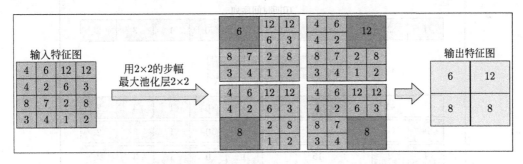

图 10.22   二维最大池化层图例

图 10.23 展现了一个用于图像识别的神经网络. 在该图中, 两块卷积层的后面紧接着一块全连接稠密层. 如果将带标签的图像输入该网络, 那么网络输出的是标签类上的概率. 例如, 使用有手写数字 $(0, 1, 2, \cdots, 9)$ 的 t 个灰度图像的 MNIST 数据集训练数字识别模型时, 将灰度图像输入神经网络, 如图 10.23 所示, 网络的最后一层是柔性最大层, 该层给出 10 位数类以上的预测概率. 最高概率类就是预测数字.

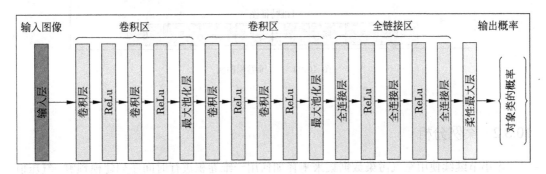

图 10.23   用于图像分类的深度卷积神经网络的结构

一维卷积层可用来开发时间序列预测模型. 具有 m 个观察值的一元时间序列就像高度为单个像素的 m 维图像. 此时, 可以把一维卷积视为使用 1×3 过滤器的二维卷积. 而且, 过滤器仅沿着水平方向移动 $m - 3 + 1$ 个单位时间步幅.

下面解释一维卷积的工作原理. 观察图 10.24, 该图中的第一行为一个时间序列的 10 个观察值. 第二行为一个 1×3 过滤器. 过滤器沿着观察值以单位水平步幅移动进行卷积: 第一个卷积值为 $1 \times (-1) + 2 \times 1 + (-1) \times 2 = -1$; 第二个卷积值为 $2 \times (-1) + (-1) \times 1 + 4 \times 2 = 5$; 其余以此类推. 最终, 得到一维特征图, 即图 10.24 中的最后一行. 我们没有在原序列进行补零, 因此, 特征图比原序列短 2 个单位. 池化层与卷积层叠加在一起可以对特征图降低抽样. 上面使用 1×3 过滤器的方式相当于训练几个局部的三阶自回归模型. 这些局部模型在输入时间序列的短期子集上生成特征. 当在一维卷积层之后使用平均池化层时, 它就会在前一个卷积层生成的特征图上创建移动平均. 此外, 如果将一维卷积层和池化层相互叠加, 就会更有力地从原序列中提取图像特征. 因此, 在处理诸如声波、语音等复杂的非线性时间序列问题方面, 卷积神经网络常常是有效的. 事实上, 卷积神经网络已经成功地应用于声波分类.

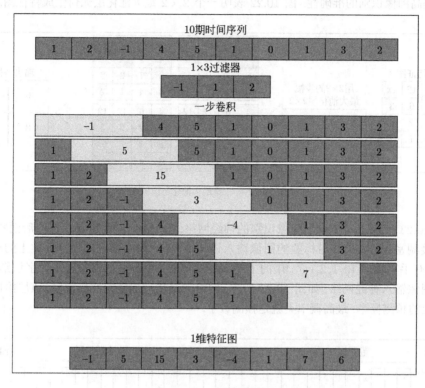

图 10.24　　一维卷积图例

10.3.2　案例分析

本小节继续使用空气污染数据集来阐释如何用一维卷积进行时间序列建模预测. 气压值和 PM 2.5 数据的预处理仍然如上所述, 需要指出的是, 卷积层的输入形式为样本量、间隔数和特征数构成的三维数组, 其中间隔数取为 7, 特征数取为 1. 为了应用卷积神经网络, 还需要引入新的函数类:

```
from keras.layers.convolutional import ZeroPadding1D
from keras.layers.convolutional import Conv1D
from keras.layers.pooling import AveragePooling1D
from keras.layers import Flatten
```

首先构建气压值的预测模型. 在输入层之后加入补零层, 这样, 我们可以在每个序列前端和后端进行补零. 补零确保了输入卷积层的序列和输出卷积层的序列在维数上一致. 接着, 我们建立了一维卷积层, 它的第一个参数设置了过滤器的个数, 同时也决定了卷积层输出的特征数; 它的第二个参数表示一维卷积窗口的长度; 它的第三个参数表示将要移动的卷积窗口的位置数. 在卷积层之后, 加入平均池化层, 这可以视为三阶移动平均. 池化层的输出信息为一个三维数组, 因此, 加入平化 (flatten) 层, 将其变形为由样本量和间隔数与特征数的乘积构成的二维数组, 然后通过 Dropout 层, 传递给输出层. 最后, 将各层打包成预测模型, 其中损失函数取为 MAE, 优化算法采用 Adam 算法. 具体命令如下:

```
input_layer = Input(shape=(7,1), dtype='float32')
zeropadding_layer = ZeroPadding1D(padding=1)(input_layer)
conv1D_layer = Conv1D(64, 3, strides=1, use_bias=True)
                    (zeropadding_layer)
avgpooling_layer = AveragePooling1D(pool_size=3, strides=1)
                                   (conv1D_layer)
flatten_layer = Flatten()(avgpooling_layer)
dropout_layer = Dropout(0.2)(flatten_layer)
output_layer = Dense(1, activation='linear')(dropout_layer)
ts_model = Model(inputs=input_layer, outputs=output_layer)
ts_model.compile(loss='mean_absolute_error', optimizer='adam')
```

现在构建 PM 2.5 的预测模型. 我们使用了两层卷积层和两层稠密层, 具体命令如下:

```
input_layer = Input(shape=(7,1), dtype='float32')
zeropadding_layer = ZeroPadding1D(padding=1)(input_layer)
conv1D_layer1 = Conv1D(64, 3, strides=1, use_bias=True)
                     (zeropadding_layer)
conv1D_layer2 = Conv1D(32, 3, strides=1, use_bias=True)
                     (conv1D_layer1)
avgpooling_layer = AveragePooling1D(pool_size=3, strides=1)
                                   (conv1D_layer2)
flatten_layer = Flatten()(avgpooling_layer)
dense_layer1 = Dense(32)(avgpooling_layer)
dense_layer2 = Dense(16)(dense_layer1)
dropout_layer = Dropout(0.2)(flatten_layer)
output_layer = Dense(1, activation='linear')(dropout_layer)
ts_model = Model(inputs=input_layer, outputs=output_layer)
ts_model.compile(loss='mean_absolute_error', optimizer='adam')
```

在模型建立之后, 可以按照 10.2.4 节的方法进行训练和预测. 为节省篇幅, 这里我们略去训练和预测.

习题 10

第10章学习指导

1. 概述多层感知机的构造方式, 并阐释其训练原理.

2. 据美国国家安全委员会统计, 1973 年 1 月至 1978 年 12 月美国月度事故死亡数据如表 10.2 所示 (行数据). 请用 1973 年 1 月至 1978 年 10 月的数据建立恰当的多层感知机预测模型, 并用该模型预测 1978 年最后两个月的事故死亡人数.

表 10.2　美国月度事故死亡数据 (行数据)

9007	8162	7792	8106	7306	6957	8928	8124	7726	9137
7870	8106	10017	9387	8890	10826	9556	9299	11317	10093
10625	10744	9620	9302	9713	8285	8314	9938	8433	8850
9161	8160	8265	8927	8034	8796	7750	7717	7836	6981
7461	6892	8038	7776	7791	8422	7925	8129	8714	8634
9115	9512	8945	9434	10120	10078	10484	9823	9179	9827
8743	8037	9110	9129	8488	9070	8710	7874	8633	8680
8647	9240								

3. 阐述循环神经网络的概念及其训练原理.

4. 阐述长短期记忆网络模型和门控循环网络模型的工作原理.

5. 1985 年 1 月至 1994 年 12 月, 在库欣 (CUSHING) 现货交易的原油价格 (单位: 美元/桶) 如表 10.3 所示 (行数据). 请用该数据建立恰当的循环神经网络预测模型, 并用该模型预测 1995 年 1 月至 3 月的原油价格.

表 10.3　库欣 (CUSHING) 现货交易的原油价格 (行数据)

22.93	15.45	12.61	12.84	15.38	13.43	11.58	15.1	14.87	14.9	15.22
16.11	18.65	17.75	18.3	18.68	19.44	20.07	21.34	20.31	19.53	19.86
18.85	17.27	17.13	16.8	16.2	17.86	17.42	16.53	15.5	15.52	14.54
13.77	14.14	16.38	18.02	17.94	19.48	21.07	20.12	20.05	19.78	18.58
19.59	20.1	19.86	21.1	22.86	22.11	20.39	18.43	18.2	16.7	18.45
27.31	33.51	36.04	32.33	27.28	25.23	20.48	19.9	20.83	21.23	20.19
21.4	21.69	21.89	23.23	22.46	19.5	18.79	19.01	18.92	20.23	20.98
22.38	21.77	21.34	21.88	21.68	20.34	19.41	19.03	20.09	20.32	20.25
19.95	19.09	17.89	18.01	17.5	18.15	16.61	14.51	15.03	14.78	14.68
16.42	17.89	19.06	19.65	18.38	17.43	17.72	18.07	17.16	18.04	18.57
18.54	19.9	19.74	18.45	17.32	18.02	18.23	17.43	17.99	19.03	

6. 简述一维、二维卷积神经网络及其训练原理.

7. 表 10.4 为某地区月度用煤量序列 $\{x_t\}$, 单位: 万吨. 请建立恰当的卷积神经网络预测模型, 并用该模型预测序列 $\{x_t\}$ 未来 5 个月中每月用煤量.

表 10.4　某地区月度用煤量 (单位: 万吨) (行数据)

21343	21236	21401	21396	21457	21388	21389	21369	21318	21354
21312	21370	21404	21295	21453	21427	21484	21421	21414	21375
21331	21364	21320	21380	21415	21348	21469	21441	21479	21398
21500	21382	21342	21391	21350	21418	21433	21328	21500	21474
21529	21471	21473	21446	21377	21416	21369	21438	21466	21347
21515	21501	21556	21477	21468	21443	21386	21446	21407	21489
21518	21404	21585	21554	21610	21516	21498	21487	21445	21491
21459	21538	21579	21506	21632	21593	21636	21547	21561	21525
21464	21511	21459	21519	21549	21431	21599	21571	21632	21555
21552	21520	21472	21522	21485	21549	21591	21472	21654	21621
21678	21587								

附录数据资源

附录　Python 入门

1　Python 简介

Python 是一个结合了解释性、编译性、互动性和面向对象的高级程序设计语言. 它以 "优雅、明确、简单" 为设计哲学, 用它编写的程序简单易懂、易于维护, 具有很强的亲和力. 它免费开源, 具有很强的移植性、扩展性和嵌入性, 不但能够在各平台上顺利工作, 而且能够调用 C/C++ 的代码实现快速运行, 也可被集成到 C/C++ 中, 给用户提供脚本功能. 此外, Python 的库资源非常丰富, 可适于各种问题的处理, 大大节省了编写底层代码的时间. 用 Python 进行数据分析, 优势明显, 因而, 近些年 Python 拥有大量用户, 并已逐渐成为最受用户喜爱的编程软件.

在使用 Python 编写程序时, 会遇到如下一些问题: (1) Python 代码写在哪里? 即需要一个编辑器, 如 Jupyter Notebook、Jupyter Lab、Spyder、RStudio 和 iPython 等; (2) Python 代码用什么执行? 即需要一个解释器, 如 CPython、JPython、Ironpython 和 PyIy 等; (3) Python 开发还需要什么? 即需要安装一些程序包, 比如, Pandas: 可以想象成一个强大的电子表格, Numpy: 用于向量和数组, Scikit_learn: 用于机器学习, Statsmodels: 用于统计学建模和高级分析, 等等, 目前它有超过 80000 个包; (4) 包的下载、更新、删除等如何进行? 即需要一个包管理器, 如 Pip 和 Conda.

Python 的核心发行版只包含了通用编程的基本功能, 它甚至都没有专门高效处理向量和矩阵的模块. 不过, 一些 Python 的发行版汇总了一些重要的包, 建议读者使用其中一个. 目前, WinPython 和 Anaconda 是比较流行的两个发行版. WinPython 适合 Windows 用户; Anaconda 适合 Windows、Mac 和 Linux 用户. 作者推荐使用 Anaconda 集成套件 (即发行版), 因为它集成了 Python 编程所需的编辑器、解释器、包和包管理器, 也不需要手动配置它们的关联参数, 特别适合初学者. 本书在 Windows 10 专业版的 64 位操作系统下, 选用 Anaconda 的 Python 3.8. 作为程序运行环境.

2　Anaconda 环境搭建及界面介绍

2.1　Anaconda 的安装

Anaconda 作为一个集成套件, 搭建了适于 Python 编程的生态环境, 其安装过程就是 Python 编程环境的搭建过程. 从官网 (URL: https://www.anaconda.com/download/) 下载 Anaconda 是最简单直接的方式. 官网提供了 Windows、Mac 和 Linux 三种系统下的 Anaconda 安装包, 并提供了与之相对应的 Python 3.x 和 Python 2.x 两个版本. 需要指出的是, Python 2.x 和 Python 3.x 在语法上不兼容, 且官网宣布 Python 2.7 只维护到 2020 年, 已经过了维护期. 作者推荐使用 Python 3.x, 不过, 通过环境管理, 可以很方便地切换运行时的 Python 版本. 通常官网下载速度很慢, 此时, 可到清华大学开源软件镜像站 (URL: https://www.mirrors.tuna.tsinghua.edu.cn/) 下载. 在 Windows 系统下, 应选择下载与本地 Windows 操作系统的位数 (如 64 位还是 32 位) 一致的 Anaconda 版本.

Anaconda 安装包下载完成之后, 双击可执行程序 (EXE 文件), 按照提示和说明就可完成安装. 在 Windows 系统下, 安装路径中不要包含 '中文''空格' 和 '其他非英文常用字符', 不然, 在日后使用过程可能会出错. 另外需要注意的是, 在安装过程中会有一个复选框需要确认, 即 (1) "Add Anaconda to the system PATH envirnment variables" 意思是, "是否要将 Anaconda 添加到 PATH 环境变量中"; (2) "Register Anaconda as the system Python 3.8" 意思是, "是否要将下载的 Anaconda 中对应的 Python 版本设置为默认版本". 对于复选框中的第一条, 建议不要勾选, 因为勾选之后, Windows 菜单中将找不到 Anaconda 菜单项, 还需其他操作才能进入. 对于复选框中的第二条, 可以根据使用 Python 版本的实际情况进行选择. 安装完成后, 打开 CMD 窗口, 输入 Conda 命令可测试安装结果. 如果出现 'conda 不是内部或者外部命令', 那么只需在 Windows 中添加环境变量即可, 具体地, 右键单击此电脑 → 单击属性 → 单击高级系统设置 → 单击环境变量 → 双击 Path, 添加安装路径 "xxx:\Anaconda\" 和 "xxx:\Anaconda\Scripts\". 成功安装 Anaconda 后, 在【开始】菜单中会发现 Anaconda 3 的文件夹, 其中含有如下几个应用.

(1) Anaconda Navigator: Anaconda 的图形用户界面 (GUI), 统一显示 Anaconda 的各组成部分, 不但提供了工具包和环境的管理功能, 而且也提供了学习和互动资源.

(2) Anaconda Prompt: 用于管理工具包和环境的命令行界面. 在此输入/执行 Pip 命令和 Conda 命令. Pip 仅用于管理 Python 语言包, 对应的包服务器为 PyPI(Python Packages Index), URL: http://pypi.org/; Conda 用于管理多种语言包, 对应的包服务器为 Conda, URL: https://conda.io.

(3) Jupyter Notebook: 用于 Python 编程的集成开发环境 (intergreated development environment, IDE), 在此输入和执行 Python 源代码.

(4) Spyder: 用于 Python 编程的另一 IDE, 本书一般不使用.

需要提醒读者的是, 在安装额外的包碰到困难时, 可试试 Christopy Gohlke 的预编译好的包. 在 https://www.lfd.uci.edu/~gohlke/pythonlibs/ 网页里, 可下载针对目前 Python 版 xxx 本 xxx_x.whl 文件, 可用命令 pip install xxx.whl 进行安装.

对于熟悉 R 语言的用户, 如果希望用 Python 实现 R 的某些功能, 那么在安装 R 和 Python 之后, 在 Anaconda Prompt 命令行界面键入

```
pip install rpy2
```

就可以安装 rpy2 这个包. 通过这个包可给 Python 赋予 R 的某些功能.

2.2　环境管理

Anaconda Navigator 和 Anaconda Prompt 都可用来管理环境和工具包, 区别在于 Anaconda Navigator 采用图形用户界面, 所见即所得, 操作简单、明了; Anaconda Prompt 则采用命令行界面, 为编程人员喜爱. 在 Anaconda Navigator 的 Environments 界面下, 可轻松完成环境及工具包的创建、克隆、激活、删除、搜索、引用和更新等一系列操作. 下面基于 Anaconda Prompt 的命令行界面, 说明 Conda 对环境和包的管理.

在安装了 Anaconda 之后, 使用 Conda 命令之前, 最好更新一下 Conda. 在 Anaconda Prompt 界面输入

```
conda update conda
```

运行后, 如果 Conda 报告有更新版本可用, 那么请输入 y 进行更新. 如果更新报错, 比如出现如下错误日志:

```
UnavailableInvalidChannel: The channel is not accessible or is
invalid.
  channel name: simple
  channel url: http://pypi.douban.com/simple
  error code: 404
```

意思是资源路径无效或无法访问: 资源的 url 地址是 http://pypi.douban.com/simple, 错误代码是 404. 解决办法是, 首先恢复配置:

```
conda config --remove-key channels
```

然后, 再配置镜像:

```
conda config --add channels https://repo.continuum.io/pkgs/free/win
-64/
conda config --add channels https://repo.continuum.io/pkgs/main/win
-64/
conda config --set show_channel_urls yes
```

还可以键入如下命令

```
conda config --show channels
```

查看配置信息. 由于 Anaconda.org 的服务器在国外, 所以进行升级、下载和安装时可能会遭受连接失败而收到错误提示. 此时, 可以找到清华 TUNA 镜像网址, 通过上述配置镜像的命令, 添加 Anaconda 的清华 TUNA 镜像. 添加好国内镜像后, 升级、下载和安装软件包的速度会明显改善. 更新完 Conda 之后, 可以查看当前 Conda 的版本号等信息:

```
conda --version        #显示当前 Conda 的版本
conda info             #显示 Conda 和 Python 的版本及镜像路径等多种信息
```

Conda 具有强大的环境管理功能. 它不仅能够创建、导出、删除和更新环境, 而且允许在各环境之间自由切换和共享环境工具. Conda 本身自带一个名为 base 的基础环境, 但是为了

保护基础环境不被破坏, 程序一般不放入基础环境中, 而是将程序放入一个新创建的环境, 并使不同程序彼此隔离. 创建环境可以使用如下命令:

```
conda create -n envname                    #创建一个环境名为 envname 的新环境
conda create -n envname python=3.8 #创建一个带有 Python 3.8 的环境
conda create -n envname pandas             #创建一个带有 pandas 工具包的环境
conda create -n envname scipy=1.6.2 #创建一个带有特定版本的工具包环境
conda create -n envname python=3.8 scipy=1.6.2 astroid babel
#创建带有 Python 3.8 和多个包的环境
#上述 envname 可替换为读者自己的环境名称
```

这些创建的环境安装在 Conda 目录下的 envs 文件夹中. 另外, 为了减少程序的冲突, 最好在创建环境时, 将所需的全部程序同时安装.

当需要制作环境副本时, 可使用克隆环境命令.

```
conda create -n envclone --clone envname
#将 envclone 替换为新环境, envname 替换为现有环境
```

环境的激活和停用能够实现不同环境之间的切换. 需要注意的是, 在激活一个环境之前, 最好先停用正在运行的环境.

```
activate envname            #激活环境
conda deactivate            #停用环境
```

下列命令可查看已安装的环境和列表:

```
conda info -e               #查看环境列表, 当前环境用 '*' 号标识
conda env list              #查看环境列表, 当前环境用 '*' 号标识
conda list -n envname       #查看未激活环境 envname 的安装包列表
conda list                  #查看已激活环境的安装包列表
conda list -n envname scipy #查看环境 envname 是否安装了scipy 包
```

Conda 能够对环境实施保存、共享和删除等操作.

```
conda env export > enviroment.yaml  #将当前环境保存在 YAML 文件中
conda remove -n envname --all       #删除环境
conda env remove --name envname     #删除环境
```

YAML 文件中包含环境的 pip 包和 conda 包, 将该文件发送给某人, 他可以用下列代码创建同样的环境, 从而实现环境共享.

```
conda env create -f environment.yaml #YAML文件的第一行将设置新环境的名称
```

Conda 能够轻松实现工具包的管理. 搜索和安装包的命令如下:

```
conda search scipy          #搜索 scipy 包
conda install scipy         #将 scipy 包安装至当前环境
```

```
conda install -n envname scipy  #将 scipy 包安装至 envname 环境
conda install scipy = 1.7.1      #将特定版本的 scipy 安装至当前环境
conda install scipy curl         #一次安装 scipy 和 curl 两个包
```

pip 只是一个 Python 工具包管理器, 它不能进行环境管理. pip 无法更新 Python, 不过, 在安装一些非 conda 包时很有用. pip 和 conda 包存在一些兼容性问题, 解决办法是, 在当前激活的环境中安装 pip, 然后使用 pip 安装该软件包.

```
activate envname        #激活环境
conda install pip       #在当前环境中安装 pip
pip install see         #用 pip 安装 see 软件包
```

查看已安装的软件包列表, 可用下列语句.

```
conda list              #查看当前环境中安装的软件包列表
pip list                #查看当前环境中安装的软件包列表
conda list -n envname   #查看 envname 环境中安装的软件包列表
```

为使用方便, 在工具包刚安装好时应进行更新.

```
conda update --all           #更新所有工具包
conda updata pandas          #更新 pandas 包
conda update python          #更新 Python
conda update conda           #更新 Conda
conda update anaconda        #更新 Anaconda 元数据包
pip install --upgrade pandas #更新 pandas 包
```

下列命令能够删除不同环境下的工具包.

```
conda remove -n envname scipy  #删除 envname 环境中的 scipy 软件包
conda remove scipy             #删除当前环境的 scipy 软件包
conda remove scipy curl        #删除当前环境的 scipy 和 curl 两个软件包
conda uninstall scipy          #删除当前环境的 scipy 软件包
pip uninstall pandas           #删除当前环境的 pandas 软件包
```

2.3 Jupyter Notebook 界面与使用简介

打开 Jupyter Notebook, 会在默认 Web 浏览器中看到 Notebook Dashboard 界面. 它的顶部有 Files、Running 和 Clusters 三个选项, 其中 Files 中列出了所有文件夹和文件, Running 显示已经打开的终端和笔记本, Clusters 是由 IPython parallel 提供. 在 Files 下, 选中某个 Notebook 文件前面的复选框, 则列表顶部会显示一系列控件, 如附图 2 所示, 单击其中某个按钮, 就可以实现复制、重命名等相应操作. 单击附图 1 中顶部 Running 按钮, 可以查看所有正在运行的 Notebook 文件, 单击某个正在运行的 Notebook 文件的右侧关闭按钮, 可关闭该文件. 单击附图 1 右上角 Upload 按钮, 可将某个 Notebook 文件上传至当前目录. 单击 New 按钮, 会显示 4 个选项, (1) Python 2/3: 单击该选项会创建一个基于 Python

附图 1　　Notebook Dashboard 界面

附图 2　　文件列表顶部出现的控件

2/3 的 Notebook 编辑器; (2) Text File (文本文档): 单击该选项会新建一个空白页面, 相当于一个文本编辑器, 既可以输入文字, 也可以编写程序脚本; (3) Folder (文件夹): 单击该选项就可以编辑文件夹列表, 既可以创建一个新文件夹, 又可以修改文件夹的名称或删除文件夹等; (4) Terminal (终端): 单击该选项会在 Web 浏览器中创建终端支持, 在其中输入 Python, 就可以写 Python 脚本. 需要注意的是, Jupyter Notebook 是以 B/S 模式运行的, 黑色窗口是 Server 端, 不能关闭它.

　　Notebook 编辑器是 Python 编程的主阵地. 当打开或创建了一个 Notebook 编辑器时, 会显示如附图 3 所示的窗口: 单击笔记本名称会弹出一个对话框, 可进行重命名. 菜单栏包含用于笔记本操作的不同选项. 单击工具栏图标可快速执行笔记本中常用的操作. 模式指示器用于显示 Notebook 当前所处模式: 没有图标显示表示处于命令模式; 显示铅笔图标表示处于编辑模式. 内核显示器能够显示当前内核所处状态: 空心圆环表示内核空闲; 实心圆环表示内核在运行. 一般地, 编程操作均在代码单元格中进行.

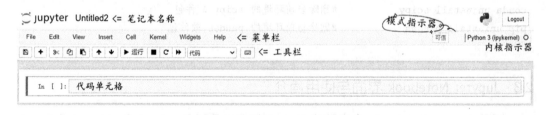

附图 3　　Notebook 编辑器界面

　　Notebook 包含了一系列单元格 (Cell). 工具栏代码下拉列表提供了单元格的三种类型: 代码 (Code)、标记 (Markdown) 和原生 (Raw NBConvert). 在代码单元格中, 可以编写代码. Notebook 中的单元格有两种模式: 编辑模式和命令模式. 在编辑模式下, 单元格边框呈现绿色, 单元格中出现光标, 表明单元格处于可编辑状态, 此时, 模式指示器出现小铅笔图标. 在命令模式下, 单元格左边显示蓝色, 边框为灰色, 单元格中无光标, 表明单元格处于可操作状态, 可对单元格进行删除、切换等操作, 此时, 模式指示器中无图标. 进入编辑模式的快捷键是 Enter; 进入命令模式的快捷键是 Esc, 想要了解更多快捷键操作和编辑方法, 可以在 Help 中找到. 单击工具栏中运行按钮, 或者使用快捷键 Shift + Enter, 开始运行代码, 代码运行中, 单元格前方括号里出现 [*], 同时下方产生新的单元格. 运行结束后, 单元格前方的括号里会显示运行的顺序. 附图 4 中, In[1] 的含义是, 该输入单元格在当前会话中被执行的序号为 1; Out[2] 的含义是, 该输出对应的单元格的序号为 2. 用 print() 函数输出时, 输出结果中没有 Out[] 编号. 单击菜单栏中的 Cell 选项, 其下拉菜单中有多种单元格运行方式可供选择. 如果需要停止正在运行的代码, 那么单击工具栏中的方格即可, 或者在命令模式下连续按两次 I 键, 或者单击菜单栏中 Kernel 选项, 其下拉菜单中有多种停止方式. '#' 为注释符号, 以它为开头的语句, 为注释语句, 不参与程序运行.

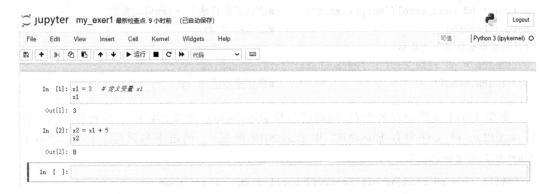

附图 4 Notebook 编辑器用法

Notebook 可自动存储, 默认存储格式为 .ipynb. 如果想要改变其存储格式, 那么单击菜单栏中 File 选项, 其下拉菜单中的 Download as 有多种存储格式供选择. 此外, Notebook 还可轻松地进行幻灯片的制作和展示. 在菜单栏中选择 View→Cell Toolbar→ 幻灯片命令, 此时, 在每个单元格右侧显示幻灯片类型的下拉菜单, 根据需要进行选择即可. 当编写好幻灯片形式的 Notebook 之后, 需要在终端中使用 nbconvert 来进行展示:

```
jupyter nbconvert xxx.ipynb --to slides --post serve
```

其中, xxx.ipynb 为要展示的文件名.

3 Python 基础

3.1 数据的读写

在读入数据之前, 首先将当前工作目录更改至数据存放的位置.

```
import os            #加载 Python 的标准模块 os
os.getcwd()          #查看当前工作路径
os.chdir('D:\DATA')  #将工作目录改至 D:\DATA
```

Pandas 提供了丰富的数据读写函数, 常用的数据读取函数有: read_csv(), read_excel(), read_hdf(), read_sql(), read_json(), read_html(), read_stata(), read_sas(), read_clipboard(), read_pickle() 等. 相应地, Pandas 也提供了对应格式的写文件函数: to_csv(), to_excel(), to_hdf(), to_sql(), to_json(), to_html(), to_stata(), to_sas(), to_clipboard(), to_pickle() 等. 此外, Pandas 还支持读取数据库、网页、网络文件等. 我们以最常用的 read_csv()、read_excel() 函数为例进行讲解, 其他格式的文件读取类似.

```
import pandas as pd                        #加载 Pandas 模块
football_12c = pd.read_csv('Eueo2012.csv')#读取当前目录下.csv格式数据
football_12c.head(4)                       #显示前 4 行
hotpot = pd.read_excel('hotpot.xlsx')      #读取当前目录下.xlsx格式数据
hotpot.head(6)                             #显示前 6 行
#读取非当前目录下的数据
economics = pd.read_csv('D:/PythonData1/data/economics.csv')
economics.head()                          #默认显示前 5 行
```

如果 Excel 文件中有多个表, 则通过参数 sheet_name 可以指定读入哪个表. 比如, 在 Eueo2012_excel 文件中有 Eueo2011 和 Eueo2012 两张表, 通过下列语句, 可分别读取表 Eueo2011 和 Eueo2012.

```
football_11 = pd.read_excel('Eueo2012_excel.xlsx', sheet_name =
                    'Eueo2011')           #读取表 Eueo2011
football_12 = pd.read_excel('Eueo2012_excel.xlsx', sheet_name =
                    'Eueo2012')           #读取表 Eueo2012
```

在写入 Excel 文件之前, 首先安装 openpyxl 和 xlwt 两个库. 在 Anaconda Prompt 输入

```
conda install openpyxl                    #安装 openpyxl
conda install xlwt                        #安装 xlwt
```

下面的代码, 将数据 football_11 写入到 Excel 文件中:

```
#写入到 single_11.xlsx 文件中
football_11.to_excel('single_11.xlsx')
#写入到 single_11r.xlsx 文件的 eu2011 表中
football_11.to_excel('single_11r.xlsx', sheet_name = 'eu2011')
```

我们还可以将不同的数据框写入到同一个 Excel 文件的不同表中.

```
from pandas import ExcelWriter    #从 Pandas 包导入函数 ExcelWriter
#将数据框 football_11 和 football_12 写入到 merge 文件的两个表中
with ExcelWriter('merge.xlsx') as writer:
    football_11.to_excel(writer, sheet_name = 'eu11')
    football_12.to_excel(writer, sheet_name = 'eu12')
```

有时候利用 Python 的内置函数 open() 进行读写操作是方便的, 其基本语法如下:

```
newname = open("文件名", "打开模式")
```

其中, 控制打开文件的基本模式有 7 中. 'r' 模式为只读模式, 也是默认模式: 在文件不存在时报错. 'w' 模式为覆盖写模式: 文件不存在时, 新建一个文件, 然后写入; 文件存在时, 先清空文件内容, 然后再写入. 'x' 创建写模式: 文件存在时, 报错; 文件不存在时, 新建一个文件, 然后写入. 'a' 追加写模式: 文件不存在时, 新建一个文件, 然后写入; 文件存在时, 在文件的最后追加写入. 'b' 二进制文件模式. 't' 文本文件. '+' 与 'r/w/x/a' 一同使用: 在原功能基础上增加同时读写功能. open() 函数的使用逻辑是, 打开文件 – 读写文件 – 关闭文件.

```
#以 w 模式打开文件
pingpangball = open("goal.txt", "w")
#写两句话
pingpangball.write("2021年奥运会中国乒乓球取得好成绩!  \n 恭喜中国乒乓球队!\n")
#关闭打开的文件
pingpangball.close()
```

这样在工作目录中就会发现 goal.txt 文件.

3.2 编程基础

3.2.1 数据类型

Python 的数据类型大致可分为两种: Python 自带的内置数据类型和第三方扩展包中的数据类型. 内置数据类型包括可变数据类型: list(列表)、dic(字典) 和 set(集合), 不可变数据类型: int(整数)、float(浮点数)、complex(复数)、bool(布尔)、tuple(元组)、str(字符串) 和 frozenset(不变集合), 其中, tuple(元组)、str(字符串) 和 list(列表) 也称为序列类型. Pandas 中的 DataFrame(数据框) 属于第三方扩展包中的数据类型, 它们通常比 Python 自带的数据类型更高效、方便. 查看对象的数据类型使用内置函数 type() 和 dtypes(). 整数、浮点数、复

```
type(-30)              #返回值为 int
type(2.6)              #返回值为 float
type(1/2)              #返回值为 float
type(3+1j)             #返回值为 complex
(3+1j).real            #返回值为实部 3.0
(3+1j).imag            #返回值为虚部 1.0; 注: 如果虚部是1, 也要写出来
type((1 != 2)and(1==1))#返回值为 bool
type('Hello!')         #返回值为 str
football_11.dtypes     #返回 football_11 中所有字段的数据类型
```

数、布尔值和字符串是 Python 基本的数据类型, 其中布尔值只有 True 和 False 两个. Python 提供了 5 种字符串类型数据的常用操作, 分别是 "+"(字符串拼接)、"*"(复制)、"in"(是否在字符串中)、索引和 "len"(字符串长度). 用数据类型函数如: int、float、complex、list 等可实现数据类型的强制转换.

```
guoq = '纪念长津湖战役'
guoq + guoq                 #返回值为'纪念长津湖战役纪念长津湖战役'
guoq*2                      #返回值为'纪念长津湖战役纪念长津湖战役'
'长津湖' in guoq             #返回值为 True
guoq[2:5]                   #返回值为 '长津湖',注: Python中从0开始计数
len(guoq)                   #返回值为 7
x = 0
isinstance(x,int)           #判断 x 是否为整型, 返回值为 True
bool(x)                     #将整型转换成为布尔型, 返回值为 False
```

列表、元组、字典和集合是结构较为复杂的数据类型. (1) 列表是一种可变的有序容器,

```
type(['朝鲜战争','长津湖战役','-38'])        #返回值为 list
type((1,2,3,4,5,6))                      #返回值为 tuple
type({"a":0, "b": 1, "c":2})            #返回值为 dict
type({"2021奥运会","奖牌","88"})          #返回值为 set
```

其中每个元素都有自己的下标, 其形式为将不同元素放到 '[ ]' 中, 元素间用 ',' 隔开, 且元素的数据类型可以不同. 列表的索引形式为: 列表名 [索引数字]. 索引数字表示的是元素所在的位置, 正向索引从 0 开始, 负向索引从 -1 开始. 列表的切片形式为: 列表名 [起始元素: 终止元素: 步长值], 其中, 起始元素包含在切片中, 终止元素不包含在切片中. 操作列表常用的函数

```
LS = list("祝2022年北京-张家口冬季奥运会圆满成功! ") #将字符串转换为列表
#返回值为 ['祝', '2', '0', '2', '2', '年', '北', '京', '-', '张','家',
# '口', '冬', '季', '奥', '运', '会', '圆', ' 满', '成', '功', '! ']
LS[0]                       #返回值为'祝'
LS[7]                       #返回值为'京'
LS[-1]                      #返回值为'! '
LS[-8]                      #返回值为'奥'
LS[2:4]                     #返回值为['0', '2']
LS[7:11:2]                  #返回值为'京', '张']
LS[-2:-6:-1]                #返回值为'功', '成', '满', '圆']
LS[-2:-6:-2]                #返回值为'功', '满']
NS = ['祝',LS[7:11:2],LS[-2:-6:-1]]#列表嵌套
#NS返回结果为['祝', ['京', '张'], ['功', '成', '满', '圆']]
LS[7:11:2]+LS[-2:-6:-1]      #列表连接, 使用 '+' 号
#返回值为['京', '张', '功', '成', '满', '圆']
del NS[2]        #删除列表第 2 个元素, 返回值为['祝', ['京', '张']]
```

有: extend()、append() insert()、count() 等. (2) 元组是不可变的有序容器, 其形式为 '( )', 元素间用 ',' 号隔开. 与列表一样, 元组也可通过下标进行索引和切片; 与列表不同的是, 元组的元素是不可变的, 即不能对其元素进行增、删、插、改等操作. 但是元组可以被拼接和截取.

```
A1 = ('伟','大','的','祖','国')
A2 = ('繁','荣','昌','盛','!')
```

```
A1 + A2                  #元组拼接
#返回值为('伟', '大', '的', '祖', '国', '繁', '荣', '昌', '盛', '!')
(A1 + A2)[3:7]           #元组切片, 返回值为 ('祖', '国', '繁', '荣')
```

(3) 字典是用 '{}' 括起来的键 - 值对, 其中键和值之间用 ':' 隔开, 键 - 值对之间用 ',' 号隔开.
下面是字典的一些操作:

```
Z1 = {'年级数': 6, '班级数':36}      #创建字典
Z1['年级数']                        #返回值为 6
Z1['教师'] = 148                    #给字典添加新的键-值对
Z1              #返回值为{'年级数': 6, '班级数': 36, '教师': 148}
Z1['教师'] = 162                   #将教师的值从 148 改为 162
Z1.keys()  #返回值为 dict_keys(['年级数', '班级数', '教师'])
Z1.values()  #返回值为 dict_values([6, 36, 162])
del Z1['教师']                     #删除键-值对 '教师'
del Z1                             #删除字典
```

(4) Python 的集合可以理解为数学意义上的集合, 如具有无序性、不重复性、不可变性 (确
定性) 以及集合运算, 其创建方法有两种, 第一种是, 直接用 '{}' 将数值、字符串和元组等
元素括起来, 注意不能把列表, 字典当作元素; 第二种是, 用 set() 函数, 此时, 可用列表、元
素、字符串来创建集合. 此外, Python 基本语法中没有直接提供时间数据类型, 其定义需用

```
S1 = {1,2,'a',1,'a','2'}  #用 {} 创建集合, 返回值为{1, 2, '2', 'a'}
S2 = set([2,5,'八'])      #用 set() 函数创建集合, 返回值为{2, 5, '八'}
S1 - S2                   #差集, 返回值为{1, '2', 'a'}
S1|S2                     #并集, 返回值为{1, 2, '2', 5, 'a', '八'}
S1 & S2                   #交集, 返回值为{2}
S1.add(3)                 #用 add() 函数,往 S1 中添加元素 3
S2.remove('八')          #用 remove() 函数, 删去 S2 中的 '八'
S1.clear()               #用 clear() 函数, 清空 S2
```

datetime 包, 而要实现时间类型数据的格式转化, 还需要 dateutil、Pandas 包. Python 中标
准日期格式形如: 2021-10-10 12:00:00, 非标准格式可以用 dateutil 包中的 parser() 或 Pandas
包中的 to_datetime() 转化为标准形式.

```
import datetime as dt          #导入 datatime 包
my_time1 = dt.time(10,30,26)   #定义时间类型数据
print("my_time1:", my_time1)   #返回值为 my_time: 10:30:26
#定义日期类型的数据, 其中 year, month, day 为必选参数
my_time2 = dt.datatime(year = 2021, month = 10, day =12, hour = 12)
print("my_time2:", my_time)    #返回值为 my_time: 2021-10-10 12:00:00
from dateutil import parser    #从 dateutil包导入 parser()
data1 = parser.parse("3th of July,2018")
#转化为标准形式 2018-07-03 00:00:00
import pandas as pd
```

```
data2 = pd.to_datetime("2021-3-6")  #转化为标准形式 2021-03-06 00:00:00
dt.datetime.now()                   #显示系统当前时间
```

3.2.2 控制语句

(1) if 语句

if 语句有两种写法: 语句式写法 (即多行写法) 和单行表达式 (即单行写法), 比较如下例子.

```
Class = int(input('班级人数: '))
if (Class > 30):
    print('班级人数太多')          #注意缩进
else:
    print('班级人数适合')
```

```
Class = int(input('班级人数: '))
print('班级人数太多')if Class > 30 else print('班级人数适合')
```

```
Class = int(input('班级人数: '))
if (Class > 80):
    print('班级人数太多')
elif (30 <= Class <= 80):
    print('班级人数较多')
else:
    print('班级人数适合')
```

注意: if 语句中每一部分均不能为空, 否则报错, 不过, 可在空的部分写 pass.

(2) for 语句

下列语句给出了 for 语句的结构形式.

```
sum = 0
for i in (1,2,3): #i 是循环变量, (1,2,3) 称为容器
    sum = sum + i  #容器可以是列表、元组、字典、字符串、range(),甚至文件等
    print(i,sum)
else:                #可以附加 else
    print("here is else")
```

```
for k in range(0,16,2): #range()的使用格式: range(初始值,终止值,步长)
    if(k==8):            #range()返还范围为左闭右开
        break            #跳出循环
    print(k)             #返回值为 0 2 4 6
```

```
for k in range(0,16,2): #range()的使用格式: range(初始值,终止值,步长)
    if(k==8):
        continue         #返回循环
    print(k)             #返回值为 0 2 4 6 10 12 14
```

(3) while 语句

在 Python 中, while 语句较为简单, 请看下面例子, 体会用法.

```
i=1;sum=0
while(i <= 10):
    sum = sum + i
    i += 1
    if(i==6):
        continue            #返回到 while
    if(i==9):
        break               #跳出整个循环
    print(i,sum)
else:
    print("here is else") #运行结果为2 1,3 3,4 6,5 10,7 21,8 28
```

3.2.3 函数

Python 的函数分为内置函数、模块函数和用户自定义函数三类, 其中用户自定义函数可以放在类内, 也可以放在类外, 当将其写成单行函数时, 称为 lambda 函数. 内置函数可用函数名直接调用; 模块函数可以先导入模块, 后通过模块名或模块别名调用. 自定义函数一般直接调用.

```
i = 20; type(i)            #内置函数type(), 直接调用
dir(__builtins__)          #查看内置函数. 内置函数 help() 很有用
import math as mt          #导入模块 math, 将其简记为 mt
mt.sin(1.5)                #调用 mt 内sin()函数
from math import cos       #导入 math 中的函数 cos
cos(1.5)                   #直接使用
```

用户自定义函数的格式如下:

```
def 函数名 (参数列表):      #多个参数时用逗号隔开
    函数体
    return 返回值列表
```

Python 中函数内可嵌套函数, 因此函数中的变量分全局变量、局部变量和非局部变量. 函数的形式参数分必选参数 (无默认值) 和可选参数 (有默认值) 两种, 其中含有可变的 * 参数 (对应实参为元组) 和 ** 参数 (对应实参为字典). 单行匿名函数 lambda 的形式为

```
# lambda 形式参数: 函数返回值
y = lambda x:x+3
y(2)                                    #返回值为 5
# lambda 函数通常以另一个函数的参数形式使用, 以filter()函数为例
my_list = [1,2,3,4,5,6,7,8,9,10]
#filter 函数返回迭代器, 需强制类型转换, 才可见
list(filter(lambda x:x%3==0,my_list)) #返回值为 [3,6,9]
```

3.2.4 面向对象编程

面向对象编程需要"类"和"对象"来实现. 所谓类, 可理解为具有相同属性和行为的一类实体; 所谓对象, 可理解为类的具体表现或实例. Python 中类的基本形式为:

```
class 类名:           #类名以大写字母开头, 第二个单词也如此
    statement         #类体由属性、方法等构成, 如果想空下, 那么写 pass
```

类的属性是类中的变量, 方法是以关键字 def 开头定义的函数. Python 中属性有 public、protected (以一个下划线 '_' 开头) 和 private (以两个下划线 '_' 开头) 三种. 方法的第一个参数一般都是 self.

```
class Census:
    nationality = '中华人民共和国'        #public 属性
    _deposit = 10e10                       #protected 属性
    __gender = '男'                        #private 属性
    def __init__(self, name, age):         #初始化函数, 根据需要而定义
        self.name = name                   #实例属性
        self.age = age


    def goal(self):                        #定义goal()函数, 即方法
        print('Summary: ')


    def basic(self,hight,weight):          #定义basic()函数
        self.hight = hight
        self.weight = weight
        print(self.name,'年龄: %d, 身高: %d cm, 体重: %d kg'
              %(self.age,self.hight,self.weight))
```

用 dir() 函数可以查看类的属性与方法. 根据类的模板可创建对象, 对象名的首字母须为小写字母.

```
cen1 = Census("张伟",28)      #创建  Census 类的对象 cen1
cen1.nationality              #查看对象属性, 返回值为 '中华人民共和国'
cen1._deposit = 100000        #修改对象属性
cen1._deposit                 #返回值为 100000
cen1.goal()                   #返回值为 Summary:
cenl.basic(180,90)            #返回值为张伟 年龄: 28, 身高: 180 cm, 体重: 90 kg
```

继承是两个类或多个类之间的父子关系, 子类能够继承父类的属性和方法. 继承的格式如下:

```
class 类名 (父类名):
    statement
```

一般一个老方案需要补充或修改成为一个新方案时, 就需要用到继承. 看下面例子:

```
class NewCensus(Census):                   #子类
```

```
    def __init__(self,name,age,occupation):
        Census.__init__(self,name,age)    #用父类的构造方法
        self.occupation = occupation
    def basic(self,hight,weight):         #覆写父类方法
        self.hight = hight
        self.weight = weight
        print(self.name,self.occupation,'年龄: %d, 身高: %d cm,
            体重: %d kg'%(self.age,self.hight,self.weight))

newcen = NewCensus('张伟',28,'歌手')        #实例对象
newcen.basic(180,90)                        #对象方法 basic 的引用
#返回值为 张伟 歌手 年龄: 28, 身高: 180 cm, 体重: 90 kg
```

4　几个模块入门

4.1　Numpy

Numpy 是使用最广泛的模块之一, 多用于科学计算中存储和处理数组及矩阵.

4.1.1　数组的操作

(1) 数组的创建

一般用 np.array() 和 np.arange() 创建数组. np.arange() 与 range() 功能类似.

```
import numpy as np       #导入 numpy包, 并简记为 np
x = np.array([1,3,5,7]) #创建一维数组, 返回值 array([1, 3, 5, 7])
y = np.array([[1,3,5,7],[2,4,6,8]])#创建二维数组, 返回值为 2×4 矩阵
z = np.array([[[1,3,5],[2,4,6]],[[7,9,11],[8,10,12]]]) #创建三维数组
#返回值为 2×2×3 数组:
array([[[ 1,  3,  5],
        [ 2,  4,  6]],

       [[ 7,  9, 11],
        [ 8, 10, 12]]])
u = np.arange(1,5)     #创建一维数组, 返回值为 array([1, 2, 3, 4])
v = np.arange(2,10,2)#返回值为 array([2, 4, 6, 8]), 以最后的2为步长
```

数组作为一个数据类型有自己的属性, 下面的语句给出了查看数组属性的方法.

```
z.ndim      #数组z的维度, 返回值为 3
z.shape     #返回数组行列纵三个维度, 返回值为(2,2,3)
z.size      #数组中全部元素的个数, 返回值为 12
z.dtype     #数组元素的类型, 返回值为 dtype('int32')
```

　　一般地, 在 Numpy 中使用函数 'np. 数据类型 ()' 可将数据转换成对应类型的数据, 如运行 np.float(5), 会将整数转换成浮点数 5.0, 等等. 此外, 用户也可以定义自己的数据类型. 例如, 要统计个人信息, 一般包含姓名、性别、职业、年龄、身高和体重等字段, 此时, 可以先使用 dtype() 函数来定义这些字段的类型, 然后创建相应类型的数组.

```
#自定义数据类型
information = np.dtype([('姓名',np.str_,10),('性别',np.str_,10),
                        ('职业',np.str_,10),('年龄',np.int64),
                        ('身高',np.float64),('体重',np.float64)])
#创建数组
informstats = np.array([('张伟','男','歌手','28','1.88','62.6'),
                        ('谢梅','女','主持人','38','1.58','52.6')])
```

(2) 数据存取

　　下面的语句把随机产生的数据矩阵存入到具有不同分隔符格式的文件中, 然后再把数据从文件中提取出来.

```
x = np.random.randn(2,5)  #产生一个由标准正态随机数组成的 2×5 矩阵
#保存成以制表符分隔的文件
np.savetxt('D:/TSBOOKDATA/Appendix/A/exer1.txt',x)
#保存成以逗号分隔的文件
np.savetxt('D:/TSBOOKDATA/Appendix/A/exer2.csv',x,delimiter=',')
#读取以制表符分隔的文件
y = np.loadtxt('D:/TSBOOKDATA/Appendix/A/exer1.txt')
#读取以逗号分隔的文件
z = np.loadtxt('D:/TSBOOKDATA/Appendix/A/exer2.csv',delimiter=',')
```

(3) 索引

　　在 Numpy 中, 数组的索引与前面的列表索引方法相似.

```
my_array = np.array(range(0,10))    #创立数组
my_array[1:9:2]                     #返回值为 array([1, 3, 5, 7])
my_array[[1,3,5]]                   #返回值为 array([1, 3, 5])
```

(4) 数组的赋值

　　数组可按某一维度或某一块来赋值, 看下面的例子, 体会用法.

```
d = np.random.randn(4,5)   #由标准正态分布产生一个 4×5 矩阵
d[0,:] = np.pi             #第一行元素全部赋值为 π
print(d)
d[0:3,0:3] = 0            #前3行和前3列都是零(不包含终止值)
print(d)
d[:,2] = np.arange(4)     #第2列赋值为0,1,2,3
print(d)
```

```
d[1:3,2:4] = np.array([[10,11],[12,13]])#第2,3行第3,4列交叉位置元素赋值(不包含终止
值)
print(d)
```

(5) 形状与重构

在 Numpy 中, 使用函数 reshape() 和 resize() 更改数组的形状, 其中 reshape() 不会改变数组本身, resize() 会改变数组本身的形状. 此外, flatten() 可将多维数组转化成一维数组. astype() 可重设数组元素的类型.

```
my_array1 = np.arange(1,21)                    #创建数组
my_array2 = my_array1.reshape([4,5])           #用1-20的整数,作一个 4×5矩阵
array([[ 1,  2,  3,  4,  5],                   #返回值
       [ 6,  7,  8,  9, 10],
       [11, 12, 13, 14, 15],
       [16, 17, 18, 19, 20]])
my_array2[[1,3],3]                              #索引返值为array([ 9, 19])
my_array1                                       #返还值为原数组
my_array1.resize(5,4)
my_array1                                       #返还值为 5×4矩阵
array([[ 1,  2,  3,  4],
       [ 5,  6,  7,  8],
       [ 9, 10, 11, 12],
       [13, 14, 15, 16],
       [17, 18, 19, 20]])
my_array1.T                                     #返还值为my_array1的转置矩阵
my_array1.swapaxes(0,1)                         #返还值为my_array1的转置矩阵
```

(6) 数组的计算

在 Numpy 中, 数组可以做元素对元素的运算, 但是要注意数据类型. 如果两个数组都是整数型的, 那么加减乘运算结果也是整数型的, 但只要有一个是浮点型的, 则运算结果就是浮点型的.

```
u = np.array([1,3,5]);v = np.array([2,4,6])    #创建整数型数组
print(u*v,u/v)          #返回值为 [ 2 12 30] [0.5  0.75  0.83333333]
```

下面给出向量的和、累积和、乘积、累积乘积、差分以及舍入运算的一些例子. 请读者自行运行体会.

```
my_exam1 = np.array([123.858,-23.6,112.9652,-16.4278])
print(np.sum(my_exam1),'\n',np.cumsum(my_exam1))    #元素和,元素累积和
print(np.prod(my_exam1),'\n',np.cumprod(my_exam1))#元素积,元素累积乘积
print(np.diff(my_exam1))                            #差分
my_exam1.shape = 2,2                                #将 my_exam1转换成2×2矩阵
print(my_exam1)
```

```
print(np.diff(x,axis=0))                        #按行差分
print(np.diff(x,axis=1))                        #按列差分
print(np.around(my_exam1,2))                    #四舍五入
#my_exam1的整数部分，大于等于 my_exam1的最小整数
print(np.floor(my_exam1),np.ceil(my_exam1))
my_exam2 = np.array([2,5,8,-1,-7,-9]).reshape(2,3)#创建矩阵
print('sign(my_exam2)=','\n',np.sign(my_exam2))   #被符号函数作用
print('exp(my_exam2)=','\n',np.exp(my_exam2))     #被指数函数作用
```

4.1.2 简单的代数运算

(1) 矩阵乘法

运行下列语句, 体会矩阵乘法.

```
x = np.arange(1,10,.5)      #创建从1到10(不含10)等间隔为0.5的数列
y = np.arange(1,6)          #创建从1到5的自然数数组
print(x[:,np.newaxis])      #创建18×1矩阵
print(y[np.newaxis,:])      #创建 1×5矩阵
print(x[:,np.newaxis].dot(y[np.newaxis,:]))  #创建 18×5矩阵
print(np.dot(x.reshape(len(x),1),y.reshape(1,len(y))))#同上
u = [[1,2],[3,4]]
v = np.asmatrix(u)          #转为矩阵
print(v, type(v))
print(v.transpose()*v)      #v.transpose()为v的转置
print(v.T*v == v.T.dot(v))
print(v.transpose()*v == v.T*v)
```

(2) 矩阵合并

类似于 R 中的 cbind() 和 rbind(), 在 Numpy 中也有横向合并 (axis=1) 和纵向合并 (axis=0).

```
a = np.array([[1,2,3],[4,5,6]])
b = np.array([[1,3,5,7],[2,4,6,8]])
c = np.array([[1,3,5],[2,4,6],[7,8,9]])
print(a.shape,b.shape,c.shape)
f = np.concatenate((a,b),axis = 1) #横向合并
g = np.concatenate((a,c),axis = 0) #纵向合并
print(f,f.shape,'\n',g,g.shape)
f1 = np.hstack((a,b))              #同f的合并
g1 = np.vstack((a,c))              #同g的合并
print(f1,'\n',g1)
```

(3) 特殊矩阵

下面的语句产生一些特殊矩阵.

```
print(np.ones((2,4,6)))          #生成元素都是1的2×4×6数组
print(np.zeros((2,4,6)))         #生成元素都是0的2×4×6数组
print(np.eye(3))                 #生产3维单位阵
e = np.array([[1,2,3],[4,5,6],[7,8,9],[2,4,8]])
e1 = np.diag(e)                  #e的对角型元素
e2 = np.diag(e1)                 #以e1为对角线元素的方阵
print('e=\n{}\ndiag(e)=\n{}\ndiag(e1)=\n{}'.format(e,e1,e2))
print('np.triu(e)=\n',np.triu(e)) #e的上三角矩阵
print('np.tril(e)=\n',np.tril(e)) #e的下三角矩阵
```

(4) 矩阵的逆、特征值分解、奇异值分解

在 Numpy 中, 可以很轻松求出矩阵的逆和行列式.

```
np.random.seed(1)
A = np.random.randn(3,3)
np.random.seed(2)
B = np.random.randn(3,4)
C = np.array([[1,-2j],[2j,5]])
print(np.linalg.inv(A))          #A的逆
print(np.linalg.det(A))          #A的行列式
b = np.random.randn(3)           # 3×1 向量
print(np.linalg.solve(A,b))      #得方程 Ax=b 的解
va,ve = np.linalg.eig(A)         #A的特征值和特征向量(矩阵的列向量)
print('eigen value = \n{}\neigen vectors =\n{}'.format(va,ve))
u,d,v = np.linalg.svd(B)         #奇异值分解
print(u)                         #左奇异矩阵
print(v)                         #右奇异矩阵
print(np.diag(d))                #奇异值构成的对角阵
L = np.linalg.cholesky(C)        #Cholesky分解
print(L.T.conj())                #L的共轭转置
print(np.dot(L,L.T.conj()))      #L与L的共轭转置的乘积
```

4.2 Pandas

Pandas 包功能强大, 内容繁多, 本小节只讲解最常用的函数的使用.

4.2.1 序列和数据框

Pandas 常用的数据结构是序列 (Series) 和数据框 (DataFrame). Series 是一种 key-value 型数据结构, 即每个元素由 key 和 value 两部分组成, 其中 key 由 index 构成, 每个 index 对应一个 value. 观察下列操作的结果, 体会 Series 的用法.

```
import pandas as pd
#my_series1 具有隐式 index; my_series2具有显式 index
```

```
my_series1 = pd.Series(data = [11,12,13,14,15,16])
my_series2 = pd.Series(data = [11,12,13,14,15,16],
           index = ['a','b','c','d','e','f'])
print(my_series1);print(my_series2)
#查看显示 index 和 values
print(my_series2.index);print(my_series2.values)
#通过 index 查看元素, 支持切片
print(my_series2['a'])       #查看元素
print(my_series2[['a','c']])#切片操作
print(my_series2['a':'d'])
print(my_series2[1:4:2])      #隐式 index 读取元素
```

DataFrame 是一种类似 Excel 表的数据结构, 用 pd.DataFrame() 可直接创建, 更常用的直接导入, 如使用 pd.read_csv(), pd.read_excel() 等. 一些常用的操作, 体会下面例子.

```
import pandas as pd
import numpy as np
#DataFrame() 的参数可以是列表,字典,元组,序列等
x1 = pd.DataFrame(np.arange(6).reshape(2,3))
a1 = {'x':1,'y':9};a2 = {'x':2,'y':8,'z':7}
x2 = pd.DataFrame([a1,a2])
print(x1,'\n',x2,'\n',x2[['x','y']])
x3 = pd.read_csv('D:/TSBOOKDATA/Appendix/A/diag_data.csv')
x3.tail()        #显示后五行
x4 = x3[['id','diagnosis','area_mean']] #提取3列
print(x4.head())        #显示前五行
print(x4.index,x4.index.size,'\n',x4.columns,'\n',x4.columns.size,
    x4.shape)
#行和列的读取
print(x4["id"].head(),"\n",x4.id.head())
print(x4["id"][2],"\n",x4.id[2])
#行和列的删除和过滤
x5 = x4.drop([3])   #删除第3行, x4不变
x6 = x4.drop([3,4],axis = 0) #删除第3,4行, x4不变
x4.drop(["id"],axis = 1,inplace = True)#删除第id列, x4改变
x7 = x4[x4.area_mean > 1000] #过滤掉area_mean小于等于1000的
```

4.2.2 运算与统计

在 Pandas 中, 可以对数据框做各种运算, 也可初步做些统计:

```
import pandas as pd
import numpy as np
np.random.seed(8)         #设置种子数
name = ['A','B','C','D']
```

```
a = pd.DataFrame(np.random.randn(8,4),columns = name)
np.random.seed(9)
b = pd.DataFrame(np.random.randn(2,3),columns=["A","C","D"])
print(a.describe()) #汇总统计: 极值、均值、分位数、计数等
print("Transpose of a = \n",a.T) #转置
print('a+b = \n',a + b)            #加
print('a**2+2*np.exp(a) = \n',a**2+2*np.exp(a)) #按照逐个元素计算
```

另外, .duplicated() 可判断是否存在重复值; .drop_duplicates() 可丢弃重复值; .isnull() 判断是否有缺失元素; .notnull() 判断数据框中元素是否为空; .dropna() 丢弃缺失值; .add(,fill_value =),.fillna() 可插补值; pd.groupby() 可按值分组; pd.agg() 可合并计算; pd.merge() 合并表格; pd.concat() 链接两张表. 此外, 注意灵活使用.apply() 调用各种函数.

4.3 Matplotlib

Matplotlib 是 Python 最重要的绘图模块, 其他绘图模块大都以其为底层基石. 此外, 还有 Seaborn, Bokeh, Plotly , Vispy, Vega 等各种风格的绘图模块, 各有其优点.

4.3.1 绘图准备

(1) 构建画布

绘图的第一步是构建画布. 在包 Matplotlib 中, 函数 plt.figure() 可建立一个白板, 其参数 figsize 给出白板的大小, 如: figsize = (12,4). 函数 fig.add_subplot() 可创建相互独立的子图, 其参数 index 给出子图的位置. plt.show() 可展示画布; plt.close() 可销毁画布.

```
import matplotlib.pyplot as plt #导入 Matplotlib 中绘图函数 pyplot
fig = plt.figure(figsize=(18,6))#创建画布
a1 = fig.add_subplot(1,2,1)      #创建1*2张图, a1为第一张
a2 = fig.add_subplot(1,2,2)      #创建1*2张图, a1为第二张
plt.show()                        #显示画布
plt.close()                       #关闭画布, 注意显示完成要及时关闭
```

(2) 指定字体

Matplotlib 默认显示字体为英文, 遇到中文字体显示长方形的方块. 因此, 如果希望输入中文字体, 那么必须换成本地计算机的字体路径. plt.style.use() 是更改主题背景的函数. 通过 plt.style.available 可以查看到所有主题, 常用的主题有: 'ggplot', 'seaborn-deep', 'seaborn-white' 等.

```
import matplotlib.font_manager as mfm   #导入字体管理, 并简记为 mfm
font_path = "../simfang.ttf"             #本地计算机字体路径
prop = mfm.FontProperties(fname=font_path)

plt.style.use('ggplot')                  #可以加入画布背景主题
fig = plt.figure()
```

```
a1 = fig.add_subplot(1,1,1)
a1.set_title('您好!',fontproperties=prop,fontsize=20)
plt.show()
plt.close
```

下面是常用配置函数, a1 为子图的变量.

```
a1.set_ylim()  #限定 y 轴的范围
a1.set_xlim()  #限定 x 轴的范围
a1.set_xlabel()#设置 x 轴的标签
a1.set_ylabel()#设置 y 轴的标签
a1.set_title() #设置标题
a1.legend()    #设置图例
a1.set_xticks()#设置 x 轴刻度的间距
a1.set_yticks()#设置 y 轴刻度的间距
a1.hlines()    #设置水平线
a1.vlines()    #设置垂直线
a2 = a1.twinx()#子图 a1,a2 共享 x 轴
a2 = a1.twiny()#子图 a1,a2 共享 y 轴
a1.set_xticklabels() #设置 x 轴刻度的显示值
a1.set_yticklabels() #设置 y 轴刻度的显示值
plt.savefig()        #保存图片
```

4.3.2 绘图

.scatter() 和.plot() 是分别绘制散点图和线图的两个函数, 它们有许多共同的参数. 运行下列语句, 体会用法. 其他众多的绘图函数, 以及美化功能, 大家可自己探索.

```
import numpy as np
import pandas as pd
import matplotlib.font_manager as mfm
font_path = "D:/TSBOOKDATA/Appendix/A/simfang.ttf"
prop = mfm.FontProperties(fname=font_path)
economics = pd.read_csv('D:/TSBOOKDATA/Appendix/A/economics.csv')
unemploy = economics['unemploy']
pce = economics['pce']

fig = plt.figure(figsize=(10,6))
a1 = fig.add_subplot(1,2,1)
a2 = fig.add_subplot(1,2,2)

a1.set_title('个人消费支出物价指数失业人数关系图',fontproperties=prop,
            fontsize=20)
a1.set_xlabel('个人消费支出物价指数',fontproperties=prop,fontsize=15)
a1.set_ylabel('失业人数',fontproperties=prop,fontsize=15)
```

```
a2.set_title('个人消费支出物价指数失业人数关系图',fontproperties=prop,
            fontsize=20)
a2.set_xlabel('个人消费支出物价指数',fontproperties=prop,fontsize=15)
a2.set_ylabel('失业人数',fontproperties=prop,fontsize=15)

a1.scatter(y=unemploy,x=pce,color='b',marker='o')
x = pce;y = unemploy
a2.plot(x,y,color='r',marker='x')
plt.show()
plt.close()
```

附录学习指导

Scipy、Statsmodels 和 Scikit-learn 三个模块是 Python 统计建模的常用模块, 读者需要时可查阅相关资料学习.

参考文献

[1] Box GEP, Jenkins GM. Time series analysis: Forecasting and control. San Francisco: Holden-Day, 1970.

[2] Cryer J D, Chan S. Time Series Analysis with Applications in R[M]. 2nd ed. New York: Springer, 2008.

[3] Hamilton J D. Time Series Analysis[M]. New Jersey: Princeton University Press, 1994.

[4] Kirchgässner G, Wolters J, Hassler U. Introduction to Modern Time Series Analysis[M]. 2nd ed. Berlin Heidelberg: Springer-Verlag, 2013.

[5] Shumway R H, Stoffer D S. Time Series Analysis and Its Applications: With R Examples[M]. 3rd ed. New York: Springer, 2011.

[6] Tsay R S. Analysis of Financial Time Series[M]. 3rd ed. New Jersey: Wiley, 2010.

[7] Tsay R S. An Introduction to Analysis of Financial Data with R [M]. New Jersey: Wiley, 2013.

[8] Tsay R S. Multivariate Time Series Analysis: With R and Financial Applications[M]. New Jersey: Wiley, 2014.

[9] Priestley MB. Spectral Analysis and Time Series [M]. Volumes 1 and 2. New York: Academic Press, 1994.

[10] Fuller Wayne A. Introduction to Statistical Time Series [M]. New York: Wiley, 1996.

[11] Avishek P, Pks P. Practical Time Series Analysis [M]. Birmingham: Packt Publishing Ltd., 2017.

[12] 吴喜之, 刘苗. 应用时间序列分析 [M]. 北京: 机械工业出版社, 2014.

[13] 史代敏, 谢小燕. 应用时间序列分析 [M]. 北京: 高等教育出版社, 2011.

[14] 王燕. 时间序列分析 [M]. 北京: 中国人民大学出版社, 2015.

[15] 赵华. 时间序列数据分析 [M]. 北京: 清华大学出版社, 2016.

[16] 肖枝洪, 郭明月. 时间序列分析与 SAS 应用 [M]. 武汉: 武汉大学出版社, 2012.

[17] 王振龙, 胡永宏. 应用时间序列分析 [M]. 北京: 科学出版社, 2012.

[18] 何书元. 应用时间序列分析 [M]. 北京: 北京大学出版社, 2003.

[19] 周永道, 王会琦, 吕王勇. 时间序列分析及应用 [M]. 北京: 高等教育出版社, 2015.

[20] 孙祝岭. 时间序列与多元统计分析 [M]. 上海: 上海交通大学出版社, 2016.

[21] 张树京, 齐立心. 时间序列分析简明教程 [M]. 北京: 北京交通大学出版社, 2003.

[22] 易丹辉. 时间序列分析: 方法与应用 [M]. 北京: 中国人民大学出版社, 2011.

[23] 彭作祥. 金融时间序列建模分析 [M]. 成都: 西南财经大学出版社, 2006.

[24] 王黎明, 王连, 杨楠. 应用时间序列分析 [M]. 上海: 复旦大学出版社, 2009.

[25] 刘伟. 金融时间序列分析案例集 [M]. 北京: 清华大学出版社, 2016.

[26] 张世英. 协整理论与波动模型 [M]. 北京: 清华大学出版社, 2013.

[27] 谢衷洁. 时间序列分析 [M]. 北京: 北京大学出版社, 1990.